"十二五"职业教育国家规划教材

经全国职业教育教材审定委员会审定

纺织厂空调与除尘

（第 3 版）

严立三　陈建华　主编

中国纺织出版社

内 容 提 要

《纺织厂空调与除尘(第3版)》比较系统地叙述了纺织厂空气调节和除尘的重要意义,空气调节与除尘的基础理论,国内外空调除尘的先进技术等。内容包括空气条件对人体健康和纺织生产的影响、湿空气的物理性质与焓湿图、空气调节的基本原理、空气处理设备、冷源与热源、空气输送原理与设备、温湿度调节与管理、纺织厂除尘、空调除尘测量测试技术。每章后均附有习题。

《纺织厂空调与除尘(第3版)》可供纺织高职高专院校作为教材使用,也可供中等纺织专业学校、纺织技工学校及相关培训班使用,还可供纺织厂有关技术人员参考。

图书在版编目(CIP)数据

纺织厂空调与除尘/严立三,陈建华主编. —3 版. —北京:中国纺织出版社,2014.10(2021.2重印)
"十二五"职业教育国家规划教材
ISBN 978 – 7 – 5180 – 0917 – 6

Ⅰ. ①纺… Ⅱ. ①严… ②陈 Ⅲ. ①纺织厂—空气调节—高等职业教育—教材 ②纺织厂—除尘设备—高等职业教育—教材 Ⅳ. ①TS108.6

中国版本图书馆 CIP 数据核字(2014)第 198103 号

策划编辑:孔会云 责任编辑:符 芬 责任校对:寇晨晨
责任设计:何 建 责任印制:何 建

中国纺织出版社出版发行
地址:北京市朝阳区百子湾东里 A407 号楼 邮政编码:100124
销售电话:010—67004422 传真:010—87155801
http://www. c-textilep. com
E-mail:faxing @ c-textilep. com
中国纺织出版社天猫旗舰店
官方微博 http://weibo. com/2119887771
北京虎彩文化传播有限公司印刷 各地新华书店经销
1998 年 12 月第 1 版 2009 年 3 月第 2 版
2014 年 10 月第 3 版 2021 年 2 月第 13 次印刷
开本:787×1092 1/16 印张:17.75 插页:1
字数:350 千字 定价:48.00 元

第3版前言

本教材缘起于20世纪90年代末,由当时的中国纺织总会教育部组织编写的中等纺织专业学校教材《纺织厂空调与除尘》一书。此书的出版填补了纺织中等专科学校没有空调课程相关教材的空白,并首次采用了法定计量单位和提出了空气新鲜度的概念。由于此书兼具的其他一些特点,一经出版便得到了社会的认可。在一些纺织中等专科学校升格为纺织职业技术学院时,中国纺织出版社于2008年1月组织有关人员召开了此书的修订工作会议,将此书相应升格为纺织高职高专教育教材,并于2009年3月出版《纺织厂空调与除尘(第2版)》。2013年伊始,中国纺织出版社通知申报"十二五"职业教育国家规划教材,于是立即着手对第2版教材进行修订。

回顾本教材的成书过程,一直以来都是在中国纺织总会、中国纺织出版社的领导和指导下开展工作的,编者深感责任重大。此次修订是基于重新审视第2版全书的内容编排,对其中的不足之处予以补充和完善。按修订计划,在每章开端导入了知识点以提示重点难点,并在每章结束适当增加了一些习题。同时,结合当前生产实际,增加了对节能空调新技术的介绍,如大、小环境分区空调系统、双露点空调送风系统以及间接蒸发冷却技术等,充实了教学内容。

参加本次修订工作的人员为:南通纺织职业技术学院退休高级讲师严立三(前言、绪论、第一章、第二章、第四章、第六章、第八章)、常州纺织服装职业技术学院副教授陈建华(第三章、第五章、第七章、第九章)。本书由严立三、陈建华主编,陈建华负责统稿。

本书修订过程中,引用了有关专业书籍资料,除在书后参考文献中提到外,特在此表示衷心感谢。

由于修订者水平有限,书中存在缺点和错误在所难免,欢迎广大师生在使用过程中提出宝贵意见,敬请有关技术人员和读者赐教、指正。

编者

2013.12

第1版前言

为适应我国纺织工业建设事业对专业技术人才的需要,加速纺织中等专业教育的发展,进一步提高教学质量水平,我部自1995年以来组织编写了纺织类10个专业和财经类1个专业的指导性教学计划和教学大纲。《纺织厂空调与除尘》一书是根据纺纱专业教学指导委员会新编的纺织工程教学计划和教学大纲的要求编写的。本书是纺织系统中等专业学校纺织工程(包括棉纺、毛纺、麻纺、机织、针织、丝织等)专业的一门基础课程教材。可供职业中专、职工中专、技工学校选用,也可以作为业务培训教材和广大企业职工自学读物。

《纺织厂空调与除尘》一书由严立三高级讲师主编。参加本书编写的有:南通纺织工业学校严立三(绪论、第一章、第二章、第七章),广东省纺织工业学校马兴建(第三章),辽宁省纺织工业学校杨振奎(第四章),常州纺织工业学校陈建华(第五章),河北省纺织工业学校李进良(第六章),河南省纺织工业学校蔡颖玲(第九章),蔡颖玲和杨振奎共同编写第八章。苏州丝绸工学院吴融如教授主审。

该书在编写审稿过程中,承蒙山东省纺织工业学校、沈阳市纺织轻工工业学校、山西省纺织工业学校、安徽省纺织工业学校、陕西省纺织工业学校等单位派员参加审稿会,并提出很多宝贵意见,在此一并表示感谢。

由于时间仓促,编者水平有限,书中难免有疏漏之处,敬请广大读者不吝赐教,以便修订,使之日臻完善。

中国纺织总会教育部

1997 年 11 月

第 2 版前言

　　《纺织厂空调与除尘》初版于 1998 年 12 月，是由中国纺织总会教育部组织编写的中等纺织专业学校教学用书。为了适应新的形势需要，为纺织高等职业教育提供合适教材，中国纺织出版社于 2008 年 1 月组织有关人员召开了《纺织厂空调与除尘》修订工作会议，开始了修订工作。

　　修订的指导思想是贯彻落实科学发展观，以人为本，走可持续发展的道路，不唯书，不求全，面向生产实际，面向未来，进一步更新教材内容，全面提高教学质量。基于以上原则，本次修订，在基本理论和实践技能方面总体保留，而对其他内容则做了较多的增补和删除。凡是纺织厂现在很少使用，或者虽仍在使用但发展前途不大的设备和技术，不在书中介绍；而对于许多当前尚未在纺织空调方面广泛应用，但已相当成熟、有望推广的新设备和新技术，例如蓄冷技术，热泵技术，空调自动调节以及空气负离子浓度测量等，则进行了必要的补充和介绍，以便学生在适应当前生产实际需要的同时，掌握纺织空调除尘专业发展的动态和趋势，放眼未来，与时俱进。

　　参加修订工作的人员为：南通纺织职业技术学院退休高级讲师严立三（前言、绪论、第一章、第二章）、常州纺织服装职业技术学院陈建华副教授（第三章、第五章、第九章）、山东科技职业学院纺织学院韩文泉副教授（第七章、第八章）、南通纺织职业技术学院董小飞副教授（第四章、第六章）。本书由严立三任主编并负责统稿，陈建华任副主编。

　　参加本书第一版编写的多位同仁，由于工作调动、升迁等种种原因，未能参加修订工作，但他们早就对本书升格事宜表示了关心。当他们愿望实现的时候，谨向他们致意。

　　在本书修订过程中，得到业内专家王建华、任伟民等的帮助，在此表示衷心感谢。

　　由于修订者水平有限，书中缺点和错误在所难免，欢迎广大师生在使用过程中提出宝贵意见。敬请有关技术人员和读者赐教指正。

编者

2009.1

课程设置指导

本课程设置意义　纺织厂空调与除尘是纺织企业不可缺少的重要组成部分,具有维持车间环境、确保工艺生产正常进行、提高产品质量、保护操作人员身体健康等作用。随着纺织技术的快速发展和设备的更新,对车间环境的要求越来越高,空调与除尘技术得到迅速提高,因此,作为纺织技术人员,了解空气环境的要求,掌握纺织厂空气调节的基本原理,应用新型空调除尘技术,更好地服务于纺织生产是很有必要的。

本课程教学建议　"纺织厂空调与除尘"课程作为现代纺织技术专业的专业基础课程,一般建议45学时,对于高等职业院校学生则重在掌握空调基本原理、设备结构与维护保养。

在教学过程中,可采用多媒体与现场教学相结合的方法讲解空调除尘设备的原理与结构,提高课时效率,增强学生的感性认识。

本课程教学目的　通过本课程的学习,学生应了解空气环境对纺织材料性能的影响,掌握纺织空调除尘、制冷的基本原理和设备结构,熟悉温湿度、压力测试方法,对新型空调除尘技术也应有一定的了解,具有空调除尘管理的基本能力。

目 录

绪　论

一、纺织厂空调与除尘的重要意义

纺织厂空气调节（简称为空调）工程是研究在纺织厂车间内创造和保持满足一定要求的空气条件,使其不因室外空气参数和室内各种因素的变化而变化的科学技术。所谓空气条件是指空气的温度、湿度、流动速度、含尘浓度和新鲜度（简称五度）。空气条件与人体健康、纺织工艺有密切的关系。除尘技术分为全面通风除尘和局部除尘,其目的是确保车间空气的含尘浓度降低到一定程度 。为了保证人体健康的空气调节称为舒适性空调,而为了满足生产工艺的空气调节称为工艺性空调。多数情况下,舒适性空调和工艺性空调是一致的,但是在有些情况下两者并不完全一致,这时就要求必须保证生产工艺的正常进行。空气调节通过全面送风和全面排风能够解决车间内的全面通风除尘,但不能解决生产主机的局部除尘问题,这就必须专门研究与主机设备配合的局部除尘设备,尽量减少散发到车间空气中的灰尘量。在现代纺织生产中,空调与除尘技术已成为纺织厂的一个不可分割的重要组成部分,与原料、设备、工艺、操作一起成为搞好纺织生产的五大基础之一。

空调和除尘技术对国民经济各部门的发展和对人民物质文化生活水平的提高起着非常重要的作用。随着我国社会主义建设事业的发展,工业、农业、国防、科研等部门,根据各自工艺生产的特点,对空气条件提出了一定的,甚至是特殊的要求。纺织工业生产有其自身的特点,主要是因为纺织工业使用的原料是纤维（天然纤维与化学纤维）。各种纤维在不同的温湿度条件下,它们的物理特性和机械特性（如回潮率、强力、伸长度、柔软性及导电性等）都将产生不同程度的变化,直接影响纺织各道工序的生产状况。如果温湿度控制不好,将会使生产状况恶化而直接影响半制品和成品的产量和质量,所以在湿度控制上尤其显得重要。另外,在纺织生产过程中还会产生大量飞花和灰尘,严重污染车间内的空气。由于这些灰尘是纤维性的灰尘,因而,纺织厂的空调设备、除尘设备与其他部门是有所区别的,这就使纺织厂空调与除尘成为一门学科。

二、纺织厂空调与除尘的基本方法

空气调节的基本方法是采取适当的手段,消除来自外部和内部影响空气条件的主要干扰量,从而达到控制一定空气条件的目的。

影响室内空气条件的因素很多,概括起来有两个方面,一是外界因素,如室外空气的温度、湿度、含尘浓度、太阳照射等的变化;二是室内机器设备、工艺过程、照明设备、人体等所散发的热量、湿量、灰尘、气味、有害气体等。这两方面都会对室内空气的温度、湿度、含尘浓度和新鲜度的稳定性产生干扰。来自外界因素的干扰叫外扰,来自内部因素的干扰叫内扰。对空调车间总的热干扰量称为余热量,总的湿干扰量称为余湿量。余热量为正值(即得热)时室内温度上升,反之则下降;余湿量为正值时室内湿度增加,反之则减少。所谓空调装置,就是一种反干扰的装置。反干扰常用的方法是以空气为介质,在夏季向车间送入清洁的冷风,同时把车间里的余热量、余湿量排出去,并且保证车间里空气的低含尘浓度与新鲜度;在冬季则是向车间里送清洁的热风,以补充车间内损耗的热量,同时把温度较低的空气和余湿量排出车间。这样就可以使车间内空气的热量、湿量总能处于平衡状态,从而保证车间内空气的温度、湿度、含尘浓度和新鲜度基本上处于稳定状态。

为了获得符合车间要求的冷风或热风,消除车间的热湿干扰,必须对空气进行调节。空调设备必须根据室外的气候条件和室内的情况,将空气先处理到所需要的状态后,再送入车间。空调的具体方法是采用空调室送风系统。根据对空气处理的方式不同,一般又分为下面两种方法。

(1)在空调室内设置热交换器,利用冷热媒与空气间存在的温差,通过管壁产生的间接热交换来对空气进行冷却或加热处理。

(2)在空调室内进行喷水,利用水滴与空气直接接触的方法来对空气进行处理。

第一种处理方式具有较大的局限性,仅能对空气进行冷却、加热、去湿处理,如需加湿还必须另外配备加湿设备,且不能使空气清洁。更重要的是由于金属对空气负离子的吸附作用,会减少空气中的负离子,从而影响到空气的新鲜度。第二种处理方式则具有很大的优越性,是既具有加热、冷却、加湿或去湿功能,又能通过水洗使空气清洁的一种比较完善且全能的空调设备。更重要的是它能利用压力水的喷射作用,使水滴在分裂时形成空气负离子,即所谓喷筒电效应,从而提高空气的新鲜度。由于纺织厂主要是在春、秋、冬三个季度对空气进行加湿处理的,因此目前国内外纺织厂多数都是采用第二种处理方法。采用这类设备可使工厂车间内部具有合理的换气和必需的换气次数,以消除生产过程中不断散发的余热量和余湿量,并稀释某些有害物质的浓度,使车间工作区空气中有害物质的浓度低于规定的最高允许浓度。

空调系统所用的设备包括三个方面。预先对空气(室外空气及一部分室内空气)进行冷却、去湿(一般夏季用)、加热、加湿(一般冬季用)等处理的设备称为空气处理设备;处理后的空气送入车间,需要输送空气和合理均匀分布空气的设备与部件,如风机、风道、送风口、回风口等;此外还需要供冷、供热系统,如冷水管、蒸汽管等管道系统。从更广的角度来说,空调冷源(天然冷源,如深井水系统及人工制冷装置)和热源(锅炉)也可以包括在空调系统中。

在纺织厂空调系统中,通常采用使水与空气直接接触的方法来处理空气。如果水温低于空气的露点温度,空气便能得到冷却、去湿处理;如果水温高于空气的湿球温度,空气则能得到加热和加湿处理。只要改变水温便可以得到各种处理。

由纺织厂空调系统示意图(图1)可以看出,空气在空气调节设备内可按不同的要求,先对其进行加热或冷却、加湿或去湿、或多种不同组合的综合处理后经风机、送风管道和管道上的空气分布器输送到车间内;进入车间后的空气在与车间内原有的空气进行热湿交换和稀释车间空气中有害物质的浓度后,由排风风机将污染的车间空气排至回风过滤器内过滤;过滤后的空气,可根据车间回风的使用情况,部分地回到空调室内继续被处理,或全部排至室外。这样,车间内

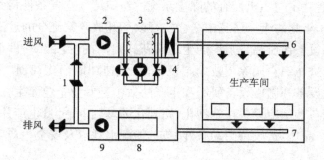

图1　纺织厂空调系统示意图
1—调节窗　2—送风风机　3—空气洗涤室　4—调节阀门　5—空气加热器
6—送风管道　7—排风管道　8—回风过滤器　9—排风风机

的空气经过连续不断地新陈代谢,就能够达到一定的温度、湿度、含尘浓度和新鲜度的要求。

需要说明的是,不是所有的空气状态变化过程都可以用水和空气直接接触的方法得到。

除尘的基本方法分全面除尘和局部除尘。全面除尘是通过向车间送入清洁的空气,同时排出肮脏的空气,不断降低车间空气的含尘浓度。局部除尘是指工艺设备上局部的除尘,如清花机上的吸落棉和梳棉机上的三吸等,采用抽气的方式,使含尘空气通过吸尘罩、管道、风机及除尘设备等,再经过过滤后回用或排至室外。

三、我国纺织空调与除尘技术的发展概况

新中国成立前,我国棉纺织厂的空调与除尘技术基本上近似空白,绝大多数工厂没有空调除尘设备,因而车间中空气条件十分恶劣。夏季车间温度经常高达39℃以上,时常发生女工中暑昏倒的情况,车间空气含尘浓度高达 $10 \sim 30mg/m^3$,致使部分工人患了棉肺病。解放后,由于资金和技术原因,50 年代初,大部分纺织厂仅设了一些单通风设备,也有将一些民用的小型冷气设备装进车间的,但是仍不能解决问题。而在除尘方面,只有清棉车间有依靠重力沉降的技术,地下尘室则用人工清扫。

我国纺织厂空调事业的真正建立是从 1954 年工厂企业公私合营开始的,大致可以分为三个阶段。

第一阶段是 1954 ~ 1965 年,属于在纺织厂中普及空调的阶段。主要表现为:在纺织厂的主要车间,如细纱和布机车间,建造冷风间(大型空气洗涤室),用深井水、天然冰(北方)作为冷源降温。当时,在前苏联的纺织空调理论和仿制苏联设备的基础上,初步建立了我国的纺织空调技术。在此过程中,一支基本上由纺织专业改行的空调专业技术队伍迅速建成。

第二阶段是 1965 ~ 1978 年,这是我国纺织空调与除尘事业在自力更生、艰苦奋斗的条件下,逐步提高、发展完善的阶段。在这个阶段中,空气洗涤室改造成为全能的空调室,前纺、筒摇、前织等原来没有空调的车间也建造了空调室。一些地区由于没有地下水或地下水的水温、水质不能满足要求,开始采用人工冷源,压缩式、吸收式、蒸喷式等各种制冷设备。同时,在纺织

厂的清棉、梳棉车间建立了与主机配合的除尘系统。纺织厂的空气条件得到很大的改善。

第三阶段是1978年党的十一届三中全会实行改革开放政策至今的近三十多年。这是我国纺织空调除尘技术及设备在质和量上均产生了飞跃式提高的阶段。20世纪80年代初,我国开始大量从西方各国引进纺织空调除尘技术与设备,并迅速加以消化、吸收,进而改造、创新。一批从事纺织空调除尘设备和制冷设备研制和生产的大中型专业企业诞生,一批具有国际先进水平的纺织空调除尘设备和制冷设备在定型化、系列化的基础上,批量生产并投入使用,对于纺织厂开发新品种、提高产品质量,改善劳动条件、节约能源消耗以及安全生产等方面都起到了非常重要的作用。

目前,我国从事纺织空调除尘领域的教学、科研、设计、制造、管理和销售人员的队伍日益壮大,正在为进一步降低夏季车间内空气的温度和含尘浓度进行不懈的努力,同时,还在进一步研究如何节约能源,并开发新能源,使空调除尘的能耗不断降低。这是摆在每一个从事纺织空调除尘工作人员面前的一项光荣而艰巨的任务。

第一章　空气条件对人体健康和纺织生产的影响

> **●本章知识点●**
>
> 掌握空气条件对人体健康和纺织生产的影响。
> 重点　空气条件(含尘浓度)对人体健康的影响。
> 难点　温湿度与纤维性能的关系。

第一节　空气条件对人体健康的影响

空气条件不仅影响职工的生理状况和健康,而且影响职工的情绪和生产效率。现将空气的温度、湿度、流动速度、含尘浓度和新鲜度对人体健康的影响分别阐述如下。

一、温度的影响

人类机体的活动和一切自然现象一样,都是遵守能量守恒定律的。在人体与周围环境之间保持热平衡,对人的健康与舒适来说是至关重要的。这种热平衡在于保持体内一定的温度(人的正常体温为 $36.5 \sim 37℃$),即使在外界条件有较大变化的情况下,波动也很小。

人体不但经常产生热量,而且还需要不断的、同时等量的把热量散发出去,这样才能使体温正常,保持人们正常的活动。如果高于或低于正常的体温时,人就会感到不舒服,甚至患病,严重时会导致死亡。人体这种调节热量、维持体温正常的机能叫做"体温调节"。

人体的热量是经人体皮肤的表面,以传导、对流、辐射和汗液的蒸发以及肺部的呼吸等几种方式散发出去的。热量散发的情况与周围空气的温度、湿度、流动速度有密切关系。如果周围的空气条件阻碍了人体向周围空气的散热,势必将加剧体温调节机构的紧张活动而使人感到不舒服,甚至会破坏热平衡。

当气温低的时候,人体散失的热量大于产生的热量,人就会感到冷,就需要多穿衣服以减少热量的散失,维持正常的体温。如果气温增高,散失的热量将小于体内产生的热量,人就会感到热,这时就需要减少衣服以增加热量的散失,使体温正常。当空气温度接近人体皮肤表面温度(约33℃)时,这时主要是依靠汗液的蒸发散热。当周围空气温度或附近设备温度高于人的正常体温时,人体不仅不能散热,而且还会从周围环境吸收热量,使体温升高,此时如果再进行繁重的体力劳动,人体发热量增加,促使多余的热量蓄积在体内,从而破坏了热平衡,体温就会升高,但是人的体温变化范围是很有限的,达到一定程度就会发生中暑晕倒的现象。

如果气温很低时,会使人体散发的热量远多于产生的热量。这时一方面使接近表皮的毛细血管收缩,使血液流量受到限制,血液循环速度降低,减少热量的散失;另一方面由于有意识的肌肉运动(搓手或顿足)和不由自主的发抖以增加热量的产生。如果仍然达不到热平衡,人体的温度就会缓慢下降,使温差缩小,减少散热量。当气温下降到5℃以下时,就会引起人体器官细胞机能的呆滞,产生疼痛、麻木的感觉,人就无法进行正常的活动。

二、相对湿度的影响

在夏季,相对湿度的高低主要影响人体蒸发散热的强弱,尤其是在高温时,影响更显著。如在同样高温情况下,空气很潮湿,水分蒸发就困难,因而人会感到闷热。而当相对湿度较低时,水分容易蒸发,有利于散热,人就感到凉爽。在雷雨之前,尽管温度不很高,但人们觉得很不舒服,就是因为此时空气相对湿度太高,使人体汗液不易蒸发的缘故。

在冬季,气温低,如果空气又潮湿,则由于潮湿空气的导热性能和吸收辐射热的能力较强,人就会感到更加阴冷。南方比北方在同样温度下要冷,原因就在于此。

三、空气流动速度的影响

空气流动速度的大小同样影响人体的散热,温度较高时,空气流速的增大,会促使皮肤表面的蒸发散热量增加,汗液容易蒸发,同时对流散热也增加,人体的热量散发就快,从而使人感觉凉爽。反之,当温度与湿度都比较高,而空气流速较低时,使人感到闷热。在高温条件下,空气流速的增大反会使人感到更热,这是因为人体从周围环境得到的热量大于汗液蒸发散失的热量。

在低温时,空气流速的增大,会加速皮肤表面的对流散热。这是因为风速大时,对流放热系数大,传湿系数也大,传导散失热量就多。因此,寒冷的冬天,在同样气温条件下,风速大时就觉得更冷,无风则冷感较弱。

使人感到舒适的温度与风速的对应关系见表1-1。

表1-1　温度和风速对应表

温度 t(℃)	24	25	26	27	28	29	30	31	32
风速 v(m/s)	0.15	0.29	0.41	0.51	0.67	0.80	0.93	1.06	1.19

通过以上分析可知,人感到冷或热绝不单独取决于空气温度的高低,还与空气的相对湿度以及空气流速的大小有关。显然,这些因素的多种不同组合,可以给人以一种相同的冷或热的感觉,通常把这三种因素对人体舒适感的综合影响称为实感温度。

根据实践,温度为16~26℃,相对湿度为40%~60%,空气流速为0.25m/s时,属于最适宜的劳动条件。为了保证必要的劳动条件,纺织厂各车间在春、秋、冬三季的温度要求保持在18~27℃,夏季温度要求在32℃以下,炎热地区工作地点的最高温度不得超过35℃。在考虑车间内劳动条件时,必须同时考虑温度、相对湿度、气流速度的相互配合。

四、含尘浓度的影响

在纺织厂里,空气含尘浓度的大小对人体健康有很大影响。纺织厂的各个车间都产生灰尘,这些灰尘主要来自由短纤维、碎叶片、籽壳、麻屑、细毛等所构成的植物性或动物性灰尘,以及纺织纤维在其生长、收获和运输过程中落入并掺杂的部分微粒所构成的矿物性灰尘。这两类灰尘在原料混合和加工过程中一起散发出来,使空气的含尘量增加,因此,原料初加工车间的空气含尘浓度最高。近年来在棉纺厂清棉和梳棉车间的灰尘中还发现含有二氧化硅的成分,这是一种能引起矽肺职业病的毒性粉尘。

灰尘是指一定时间内悬浮在空气中的固体小颗粒,灰尘颗粒的大小通常用其粒径来表示,粒径单位为微米(μm)。

灰尘附有大量细菌,易沾污皮肤,引起发炎,尤其是夏天多汗时,灰尘易阻塞毛孔,引发毛囊炎等疾病。呼吸器官吸入大量灰尘后,会刺激上呼吸道黏膜,引起鼻炎或咽炎。但是,由于人的鼻腔可过滤掉含尘空气中大部分粒径大于 $15\mu m$ 的粒子和 99% 以上粒径大于 $5\mu m$ 的粒子,而那些被吸入体内的粒子则大多沉积在上呼吸道中,故对人体的危害性不大;即使产生有害影响,症状亦较轻。严重的问题在于那些粒径小于 $5\mu m$(PM5)的粒子,其危害性最大,这些灰尘通过呼吸进入人体肺泡,并沉积在肺泡中,无法去除,日久则会引起肺部病变,使肺功能逐渐丧失,从而转变成一种无法治愈的尘肺病。

目前,纺织厂车间空气的含尘浓度要求达到 $3mg/m^3$ 以下。

五、新鲜度的影响

新鲜度是指空气中较低的有害气体和气味、二氧化碳浓度和较高的空气负离子浓度。

(一)有害气体和气味

纺织系统产生有害气体较多的是印染厂、人造丝厂及其他化学纤维厂。有害气体包括有窒息性的气体,如一氧化碳;有刺激性的气体,如氯、二氧化硫、硫化氢;有麻醉性的气体,如二硫化碳;以及有毒性的气体,如磷、汞等。有害气体对人体的危害极大,严重时甚至会导致死亡。对纺织厂来说,一般生产过程中不产生有害气体,但有些车间(如毛纺织厂的洗毛车间)在生产过程中会散发某种气味,同时由人体皮肤分泌的有机气体和蒸汽也会产生使人感到不适和恶心的气味。

为了清除有害气体和气味,必须加强室内有组织的通风换气,用新鲜空气稀释室内空气,同时将怪味和臭味排出。对有害气体和气味的处理,除采用喷淋室空调系统处理空气外,还可以采用活性炭过滤器。

(二)二氧化碳浓度

室内空气应保持一定的新鲜程度。由于人不断吸入氧气,呼出二氧化碳,使人的机体各部分细胞新陈代谢。在新鲜空气中,二氧化碳含量(按容积计)一般约占 0.035%,而纺织厂车间空气中二氧化碳所占容积百分率要达到 0.08% ~ 0.2%。二氧化碳本身并不是有害气体,但其浓度增加到一定程度,人就会产生缺氧,机体就会因此而受到影响。通常在人们长期停留的地方空气中二氧化碳的允许浓度为 $1L/m^3$,为此就需要不断供应新鲜空气以调节车间空气中二氧化碳的含量,使其处于允许浓度以下。车间空气中二氧化碳浓度要求在 0.1% 以下。

(三)空气负离子浓度

带有负电荷的空气离子称为空气负离子。空气新鲜度的主要标志是其中负离子的浓度。实践表明,在空气负离子很少的环境中工作的人们普遍会出现头昏、头痛、疲倦、胸郁、气闷、血压升高、心神不定及容易患病的现象。

人工产生空气负离子的方法主要有两种,一种是用高压电场使空气分子在电场内电离;一种是利用压力水的喷射作用,使水滴在分裂时形成空气负离子。一般要求车间空气中负离子数达到 $400 \sim 1000$ 个$/cm^3$。

为了保证车间空气的含尘浓度和新鲜度达到要求,必须要做到以下两点。

(1)空调系统的新风量(新鲜空气量)在冬季大于总风量的10%,夏季不小于20%。

(2)车间内每人每小时有 $30m^3$ 的新鲜空气量。

此外,在考虑空气环境对人体健康影响的同时,也不能忽视空调设备的噪声问题。由于目前我国纺织厂噪声污染环境相当严重,因此空调系统可采用低噪声轴流式通风机,或在空调系统内安装消声设备等,争取使其噪声降低到85dB以下。

第二节　温湿度与纺织生产的关系

纺织厂在生产过程中影响产品产量和质量的因素很多,温湿度就是其中一个。车间空气的温湿度与纺织纤维的性能之间有密切的关系,温湿度对纺织工艺生产有很大影响,因此在纺纱、织造等各工序中,对空气温湿度有相当严格的要求。实践证明,合理地调节车间温湿度,可以改善车间的生产状况,使生产得以顺利进行。

一、温湿度与纺织纤维性能的关系

(一)温湿度与回潮率的关系

纺织厂使用的天然纤维(棉、毛、丝、麻)或利用自然界的纤维素及蛋白质制成的再生纤维(黏胶纤维、再生蛋白质纤维),其化学分子结构中都含有亲水极性基团,这种亲水极性基团对水分子有相当的亲和力,能吸附水分子,这是主要的吸湿原理;又因为纤维具有多孔性,能吸收空气中的水汽(毛细管作用),使其凝结为液态水保留在孔隙中,并放出一定数量的热量,这是一种间接的吸湿原理。棉纤维是一种单细胞中空性物质,纺纱时很多根棉纤维聚合在一起,互相抱合或捻合,其间形成无数微细孔隙,更增加了吸湿能力,所以棉纱的回潮率比棉纤维要大。再就是附着于纤维、纱线和织物表面的水,属于物理吸附。故这些纤维的吸湿能力较强。而利用煤、石油、天然气等原料经过化学作用,在高压下合成的合成纤维(涤纶、腈纶等),由于它们的化学分子结构中亲水极性基团很少,甚至根本没有,因此这些纤维的吸湿性能较差或不吸湿。

由于纤维中所含的水分在温度和含量不同时,纤维表面具有不同的水蒸气分压力,它与空气中的水蒸气分压力形成一定的压力差。因此,含有水分的纺织材料与空气接触时,纺织材料即从周围空气中吸收水汽,或向周围空气中放出水汽,前一种现象称为吸湿,后一种现象称为放湿。

纤维的吸湿过程或放湿过程一直在进行着。附着在纤维表面的水分子,因分子的热运动而使一些水分子离去,同时又有一些水分子被吸附到纤维上。吸湿和放湿的速度开始快,以后逐渐减慢,这是因为水分子向纤维内部扩散有一个过程。当吸湿量等于放湿量时,即达到了吸湿平衡状态。也就是说,在一定的温湿度条件下吸湿平衡时,吸湿和放湿这两种趋势相等。这时,纺织材料的回潮率不再变化,称为"平衡回潮率"。一般棉纤维经过6~8h后,即可以认为达到平衡状态。标准实验时,由于要求得到精确的平衡回潮率,通常要放置24h。几种主要纺织纤维在标准状态下(温度为20℃,相对湿度为65%)的平衡回潮率见表1-2。

表1-2　几种主要纺织纤维的平衡回潮率

纤维名称	丙纶	氯纶	涤纶	腈纶	锦纶6	锦纶66	维纶	棉	蚕丝	黏胶纤维	羊毛
回潮率(%)	0	0	0.4~0.5	1.5	4.2~4.5	3.5~5.0	4.5~5.0	7	11	13	16

在一定温度下,表示纤维平衡回潮率和空气相对湿度之间关系的曲线称为吸湿等温线。主要纺织纤维的吸湿等温线如图1-1所示。

在同一温度和同一相对湿度下,纺织材料在吸湿和放湿时,含有水分的数量是不同的。也就是说,放湿过程时棉纤维的回潮率比吸湿过程时要高些,这个现象称为吸湿保守性。吸湿保守性表明了棉纤维的吸湿等温线和放湿等温线并不重合,而形成"吸湿滞后圈",如图1-2所示。

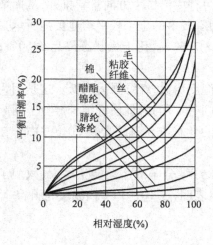

图1-1　主要纺织纤维的吸湿等温线

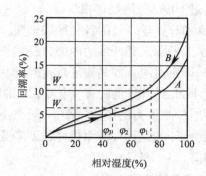

图1-2　棉纤维(经碱煮)的吸湿放湿等温线

A—吸湿等温线　　B—放湿等温线

纤维吸湿保守性的产生原因是由于纤维吸湿后,纤维分子间的距离增大,当空气相对湿度降低时,水分子离开纤维回到空气中,纤维分子间的距离应恢复到吸湿前的位置,但由于吸湿平衡是动平衡,纤维中水分子离去的同时,又有部分水分子从空气中进入纤维,这样纤维分子间的距离就不能完全恢复到吸湿前的位置,而保持较大的距离,因而使纤维中保留了一部分水分子,从而有较高的回潮率,这样就形成了纤维的吸湿保守性,吸湿保守性也叫做"迟滞效应"。在控制半制品回潮率时,这是一个必须加以考虑的问题。

由图1-1可知,空气的相对湿度愈大,纤维的回潮率也增大,相对湿度愈小,纤维的回潮率也就减小。

纤维的吸湿性能随空气温度的增高而降低,随空气温度的降低而增高,这是因为温度升高时纤维里的水分子活动激烈,从纤维内部逸出的动能增加,离开纤维的机会多于吸着在纤维表面的机会。因此,夏天车间里相对湿度偏高一些,对生产不会有多大影响,而在冬天,由于温度较低,若相对湿度偏高,则回潮率就高,容易出现绕胶辊、绕胶圈和绕罗拉现象。因此,当温度升高时,可适当提高一些相对湿度,以使求得的回潮率一样。

在各种纺织纤维中,吸湿能力最大的是羊毛,因为羊毛的亲水极性基团数目最多。其次是黏胶纤维、蚕丝、棉和醋酯纤维。吸湿能力最小的是涤纶,而丙纶和氯纶在标准状态下的回潮率都为零。

(二)温湿度与强力的关系

温湿度对纤维强力的影响很大,特别是湿度与纤维强力的关系更为密切。由于各种纤维的化学分子结构不同,长链分子长短不一,因此,湿度对各种纤维强力的影响也各不相同。对棉、麻纤维来说,其长链分子较长,纤维的整列度较好,纤维的吸湿主要发生在无定型区(非结晶区),水分子一般不能进入纤维的结晶区。纤维的结晶度愈高,吸湿能力愈弱。水分子进入纤维的无定型区域后,少数纤维分子的结合点被拆开,使纤维分子易于发生相对滑移,起润滑作用,减弱了分子间的作用力;由于天然纤维素纤维分子链特别长,这种分子间作用力的减弱反而有利于纤维无定型区中那些排列较差的大分子在拉伸过程中沿拉力方向重新排列,从而增进了纤维长链分子的整列度,使纤维在拉伸至断裂的过程中有较多的分子较平均地负担所承受的外力,因此强力增加。棉纤维的强力在相对湿度为60%～70%时,比干燥状态提高约50%;当相对湿度超过80%时,则增加很少。

棉、麻和柞蚕丝以外的各种纤维则完全相反,相对湿度增大,纤维强力降低。这是因为纤维吸湿后,水分子深入到纤维的内部,减弱了长链分子之间的作用力,促使纤维长链分子间起滑移作用,容易产生滑脱。如黏胶纤维,在湿润状态时的强力比标准状态下要低50%左右。在不同相对湿度下,几种纤维的强度变化情况如图1-3所示。

温度对纤维强力的影响较小,一般来说,温度高时,纤维分子的运动能量增大,减弱了某些区域纤维分子间的引力,因而拉伸强度降低。实验结果表明,在10～30℃内温度每升高1℃,棉纤维强力降低0.3%～0.8%。

(三)温湿度与伸长度的关系

温湿度与伸长度的关系,主要是指湿度与纤维伸长度的关系。吸湿后的纤维由于分子间的距离增大,在外力作用下极易产生相对位移,所以纤维的伸长度也随相对湿度的升高而增加。其中羊毛、丝、黏胶纤维在吸湿后比棉、麻等植物性纤维更容易伸长,至于合成纤维(如涤纶),则由于不易吸湿,故湿度对伸长度影响较小。相对湿度对单根棉纤维伸长度的影响如图1-4所示。

温度对纤维伸长度的影响较小,对于棉纤维和黏胶纤维,在相对湿度不变的条件下,温度每升高1℃,伸长度增加0.2%～0.3%。

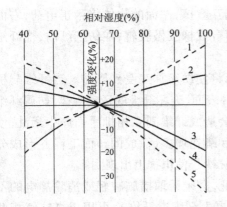

图1-3　不同相对湿度下的几种纤维的
强度变化(标准相对湿度为65%)

1—亚麻　2—棉　3—锦纶　4—羊毛和蚕丝　5—黏胶纤维

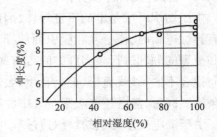

图1-4　相对湿度对单根棉纤维
伸长度的影响

(四)温湿度与柔软性的关系

温湿度与纤维柔软性的关系,主要是指温度与纤维柔软性的关系。一般纤维的硬度与脆性随温度的升高而降低,因而温度高时较为柔软。对于棉纤维,由于它的最外层有棉蜡存在,对温度更要有一定的要求。虽然棉蜡及脂肪含量仅占4.3%~4.5%,但棉蜡所处的状态对生产的影响却较大。因为棉蜡的熔点很低,约在18.3℃时即开始软化,故此时棉纤维也较为柔软。棉蜡的软化在加工过程中可以在纤维之间起润滑作用,对纺纱的牵伸过程有利,对棉纤维的其他机械加工也有利。如棉蜡软化适度,有利于原棉分解成单根纤维,也有利于除杂,同时不损伤纤维,并可改善成纱结构,提高成纱强力。但当温度低于18.3℃时,棉蜡呈硬化状态,棉纤维就比较脆弱,可塑性降低,增加纺纱牵伸过程中纤维间的摩擦,对牵伸不利,影响成纱条干的均匀,并使断头率增加(对于合成纤维,在温度低时也易变硬)。当温度超过27℃时,棉蜡开始溶化,纤维间将发生黏着现象,也有碍于纺纱的牵伸过程。一般来说,温度在19~27℃时,棉蜡呈软化而不发黏的状态,棉纤维受机械处理的效果最好。在生产中有时由于胶辊芯子缺油,致使胶辊表面温度升高,因此而产生胶辊粘花现象。

至于湿度与纤维柔软性的关系,在湿度增大时,由于纤维吸湿后,分子间的距离增大,故纤维的硬度与脆性随之降低,使纤维柔软性大为改善。

(五)温湿度与导电性的关系

在纺纱和织造过程中,因纺织纤维经受着机械处理,纤维与纤维之间、纤维与金属机件及其他材料表面之间互相接触、摩擦,使纤维和机件上面都产生了静电。纤维与其他物体摩擦时所产生的正负静电情况见表1-3。

表1-3　纺织纤维与其他物体摩擦时所产生的静电情况

(+)	玻璃纤维	锦纶	羊毛	蚕丝	黏胶纤维	棉	麻	生漆	钢	硬橡胶	涤纶	合成橡胶	腈纶	聚乙烯	(−)

由表1-3可知,如用左边的物体和右边的物体相互摩擦,左面的物体将带正电荷,右面的物体则带负电荷,相距愈远,则静电电位差愈大。如用合成橡胶做胶辊,在纺棉纱时,棉纤维带正电荷,合成橡胶带负电荷。

由于纺织纤维是电的不良导体,因此,纤维带电后将使纺织加工受到影响。当纤维与机件带有异性电荷时,便会互相吸引而使纤维被吸附于机件表面,破坏纤维的运动规律,妨碍纤维牵伸和梳理的顺利进行。当纤维间带有同性电荷时,则会造成纤维间互相排斥而产生紊乱,使纤维间抱合不紧、纱线蓬松、毛羽丛生,致使织造中断头和跳花增多,织成的布面毛糙并形成分散形条影。同时,静电还能吸附空气中的灰尘,形成"煤灰纱",使织物上出现阴影。

由于静电现象影响纺纱织造过程的顺利进行,因此,必须采取措施减轻或消除静电的不良影响。对于具有一定吸湿性能的纤维(如天然纤维和再生纤维素纤维),可用提高空气相对湿度的方法来提高纤维的回潮率,从而使纤维的导电性能大大增强,使电荷消失。对棉纤维来说,当相对湿度从20%提高到60%时,它的导电性可以提高4倍。由于相对湿度小于45%时,容易大量产生静电,特别是合成纤维的静电,一旦形成就不易消除。因此,通常相对湿度应大于45%,但相对湿度也不宜过高,否则机件会生锈,纤维及机件会发涩,使纤维与纤维间、纤维与机件间的摩擦因数增大,从而产生绕胶辊等现象,且杂质也不易清除。

对于吸湿性能很差的合成纤维,需加抗静电油剂,使其在纤维表面形成一层很薄的可导电性表面,从而减小比电阻,增加电荷的散逸程度,减少静电现象。

温度对纤维的导电性也有影响。一般情况下,温度增高时,纤维导电性也增强,车间温度过低时易产生静电现象,发生绕胶辊等情况,但这时纤维在胶辊等机件上缠绕较松(俗称干绕)。这和相对湿度过大时纤维在胶辊等机件上缠绕较紧(俗称湿绕)的情况有所不同。合成纤维由于加了抗静电油剂,车间温度不宜过高,以免抗静电油剂挥发和发黏,故合成纤维混纺时,夏天车间温度应比纺纯棉时的低。

为消除静电,还可以适当调整纺织工艺,如采用合成纤维与天然纤维混纺,调节车速或采取其他措施,使静电保持在一定范围之内。

二、温湿度与纺织工艺的关系

上面叙述了温湿度与纺织纤维性能的关系,同时也提到了温湿度对纺织生产工艺的影响,可见,温湿度对纺织生产工艺影响很大,特别是相对湿度的影响更为显著,不同的车间由于机械加工纤维的情况不同,对相对湿度的要求也不相同。

(一)温湿度与棉纺织工艺的关系

纺部各车间对相对湿度的要求有如下几个方面。

(1)清棉车间要求相对湿度较小。因为清棉车间要求把棉块开松,并除去杂质,如果原棉及棉卷的回潮率较小,则开棉和分梳效率较高,并且对除杂有利,制成棉卷均匀。反之,若原棉回潮率过大,则棉块不易开松,容易造成棉卷不匀,而且杂质难以清除,因此,清花车间相对湿度不宜大。

当原棉回潮率不理想时,可用烘棉或给湿的预处理方法来改变原棉的回潮率,使其符合后道工序对回潮率的要求。

（2）梳棉车间要求相对湿度比清棉车间略为低些。由于梳棉车间要求进一步开松和梳理纤维，去除杂质以及使棉网正常成条。棉卷宜在梳棉车间少量放湿，使生条呈内湿外干状态。外面干燥有利于分梳开棉，使之成单纤维状态，有利于除杂；内湿可以保证纤维强力和延伸性能，纤维不易梳断，并且可减少静电现象。

（3）并粗车间要求相对湿度较大。由于并粗车间要求提高棉条的均匀度，获得比较均匀、稳定的粗纱捻度。相对湿度较大，可使纤维的柔软性和抱合力增大，粗纱捻度容易稳定和均匀，强力也有所增加。由于棉纤维弹性减小，有利于提高罗拉对纤维的控制能力，使纤维在牵伸过程中容易伸直平行，条干均匀度较好，同时纤维的导电性也好，因此不会由于静电现象而影响纤维的正常排列，导致条干均匀度差。所以，并粗车间的相对湿度在不绕胶辊、不绕胶圈、不绕罗拉、不出现锭壳发涩和粗纱卷绕困难的前提下，宜从高掌握。半制品有较高的回潮率，对提高细纱条干均匀度和强力以及减少断头都是有利的。

（4）细纱车间要求相对湿度比并粗车间小些。细纱车间要求把粗纱均匀地牵伸并加捻成合格的棉纱，使粗纱在细纱车间保持放湿比较有利。这是由于放湿会使纤维内湿外干，内湿时材料柔软，易加工，导电性好，外干时摩擦及黏着力小。所以细纱车间的相对湿度比并粗车间低些是有利的。

（5）筒子车间生产过程是把管纱绕成筒子形状。相对湿度过高，不利于清除剩余杂屑；相对湿度过低，会使棉纱强力降低，飞花增多。

（6）捻线车间生产过程是把单纱捻成股线，要求较高的相对湿度，使捻度稳定下来。

相对湿度过高或过低对纺纱工艺产生的不良影响见表1－4。

表1－4 相对湿度对纺纱工艺的影响

工 序	相对湿度过高	相对湿度过低
清 棉	1. 除杂困难，棉卷含杂高 2. 纤维经多次打击，易产生束丝 3. 棉卷粘层，棉卷不匀 4. 棉卷褶皱	1. 棉纤维脆弱，易被打断，短绒增加，影响成纱强力 2. 棉卷蓬松，不匀率高 3. 落棉增加，飞花多
梳 棉	1. 棉卷粘层，影响生条均匀度 2. 分梳困难，棉结增加，杂质难除 3. 棉网下垂、破洞、断头增多 4. 棉网剥取困难 5. 钢丝针布易生锈 6. 棉网转移差	1. 静电作用增强，棉纤维黏附在道夫上，易使棉网破裂、切断和不匀 2. 静电作用，胶圈胶辊剥棉困难 3. 棉网黏着于道夫上，易使道夫针布损坏 4. 棉网上飘 5. 断头增加，棉条蓬松 6. 落棉飞花多

续表

工 序	相对湿度过高	相对湿度过低
精 梳	1. 易绕胶辊、绕罗拉、粘梳针 2. 纤维摩擦阻力增加,产生涌条 3. 小卷粘层 4. 棉结杂质增加 5. 条卷松,成形过大 6. 机械易生锈	1. 棉条发毛 2. 条干恶化 3. 落棉飞花增多
并 条	1. 纤维易绕胶辊、绕罗拉 2. 须条下垂,产生涌条 3. 不易正常牵伸,影响条干不匀	1. 由于静电作用,棉条发毛、发胖 2. 由于静电作用,棉网易破裂,易绕胶辊 3. 圈条成形不良 4. 飞花增多
粗 纱	1. 纤维易绕胶辊、绕胶圈、绕罗拉 2. 锭翼管壁发涩,阻力增大,引起粗纱荡头,影响条干和捻度不匀,断头增加 3. 妨碍牵伸作用正常进行,出硬头 4. 成纱过紧	1. 粗纱松散,加捻困难,断头多 2. 粗纱条纤维间抱合力减小,影响条干均匀及粗纱强力 3. 成形不良 4. 飞花多
细 纱	1. 纤维易绕胶辊、绕胶圈、绕罗拉 2. 罗拉、胶圈表面附着飞花,造成粗节纱多,条干不匀 3. 钢领、钢丝圈发涩,造成飞圈、纱线张力增大,断头多 4. 管纱成形不良	1. 静电作用增强,使纤维不平直,条干恶化,毛羽增加,松纱增多 2. 纤维间不能紧密抱合,棉纱强力下降,断头增多 3. 成形不良 4. 飞花增多
捻 线	1. 钢领、钢丝圈发涩,断头增加 2. 易产生"橡皮纱" 3. 容易粘飞花 4. 造成紧捻线	1. 强力降低,断头增加 2. 卷绕太松,纱线发毛 3. 飞花增多 4. 成形不良 5. 造成松捻线
络 筒	1. 产生葫芦筒子或腰带筒子 2. 除杂效率差	1. 产生小辫子纱 2. 筒子松散,成形不良 3. 多毛羽纱 4. 强力降低

其次对于织部的相对湿度一般要求较纺部为大,因为织部包括络筒、整经、浆纱、穿综穿筘、卷纬、织造、整理等工序,绝大多数车间要求纱线强力好,断头率少,以提高产质量。而由前面温湿度与纤维的强力和柔软性等关系可知,相对湿度较大时,纤维的强力和柔软性均

— 14 —

好,故一般来说,织部的相对湿度宜大些;但也不宜太大,特别是整理车间,湿度过大时,布匹易发霉,机件也易生锈,还会产生其他弊病。织部各车间对相对湿度的具体要求有如下两个方面。

(1)准备车间的相对湿度以略高于细纱车间为宜。络筒整经工序要求保持一定的相对湿度,是为了保持并增加纱线的强力,有利于清除纱疵(如绒毛、尘屑、破籽、弱纱、粗节等),使纱线表面光滑。在整经工序保持一定的相对湿度,可使一定根数和规定长度的纱线平行地卷绕在具有一定宽度的经轴上,使它们经受均一的张力。

在这两个工序中,每根纱都与空气进行较长时间的接触,故车间温湿度对纱线的回潮率和强力等有较大影响。为了增加纱线的强力,并考虑细纱经过加捻,内部纤维不易吸湿的性质,所以络筒、整经车间的相对湿度一般比细纱车间高。

(2)织布车间通过织机将纱线按一定组织、密度和宽度织成合乎一定标准的织物。织机各部件的运动要平稳,要尽可能减少断头和回丝,保证织物品质优良。织布车间相对湿度不宜低,而应该偏高些。这样纱线强力好,落浆率小,断头率减少,有利于提高织机的产质量。

相对湿度过高或过低对织造工艺产生的不良影响见表1-5。

表1-5　相对湿度对织造工艺的影响

工　序	相对湿度过高	相对湿度过低
整　经	1.经轴卷绕过紧,码份过长,浆纱了机时回丝增多 2.摩擦增加,经纱伸长,断头增加	1.强力减小、断头增加 2.经轴发松 3.回潮率过低、吸浆量增加
浆　纱	1.回潮率过大,吸浆率降低,造成轻浆盘头 2.烘燥效率低	织布断头、疵布增加
穿　经	综、筘生锈	1.断头增加 2.织轴表面回潮率过低
卷　纬	1.成纱过紧,形成纬缩 2.除杂效率低	1.成纱太松,织造时易脱纬 2.纱线强力减弱,断头增加 3.纡子回丝增加
织　布	1.经纱粘连,开口不清 2.摩擦增加,产生小纱球,造成跳花疵布 3.经纱易伸长,造成长码狭幅疵布 4.梭箱发涩、轧梭多,打断头增加 5.布边容易形成凹凸不平的荷叶边 6.车间易产生滴水、造成水渍布、布面易发霉 7.机械易生锈	1.经纬纱发脆,强力减小、断头增加 2.造成短码、阔幅疵布 3.易起静电,布面毛糙 4.落浆率增大,车间飞花增多,易造成疵点 5.斜纹织物多百脚疵布 6.通道松,易产生飞梭 7.纬缩增加
整理、成包	1.回潮率过高 2.棉布发霉变质	

目前,棉纺织厂各车间普遍采用的温湿度控制范围见表1-6。

表1-6　棉纺织厂主要车间温湿度控制范围

车间	冬季		夏季	
	温度(℃)	相对湿度(%)	温度(℃)	相对湿度(%)
清　棉	20~21	55~65	30~32	55~65
梳　棉	22~24	55~60	30~32	55~60
精　梳	22~24	60~65	28~30	60~65
并　粗	22~24	65~70	30~32	65~70
细　纱	24~26	50~55	30~32	55~60
并　捻	19~26	65~70	30~32	65~70
络　整	21~23	65~70	30~32	65~70
浆　纱	23~25	75以下	34以下	75以下
穿　筘	19~21	60~70	29~32	65~70
织　造	22~24	68~78	30~32	68~78
整　理	19~21	60~65	29~32	60~65

表1-6中温湿度数据都是一般的控制范围,具体确定时还必须考虑原棉的含水、含杂、成熟度、粗细以及所纺纱线的线密度等因素。如细纤维的柔软度比粗纤维好些,而且容易吸湿,因而对车间的相对湿度来说,纺细纤维应比纺粗纤维低些,同样用高级原棉纺低特纱(高支纱)时应比用同一种原棉纺高特纱(低支纱)时低一些,织线织物比织纱织物低些,化学浆料轻浆织物要比淀粉浆料重浆织物低些,这些都是在确定车间温湿度标准时应注意的问题。

纺织厂温湿度调节的重要作用之一就是要控制纺织各工序半制品及成品的回潮率,前后工序的回潮率要相互配合好,以利于纺织生产的顺利进行。纺织厂各主要车间回潮率控制范围见表1-7。

表1-7　纺织厂各主要车间回潮率控制范围　　　　　　　　单位:%

原棉	棉卷	生条	熟条	粗纱	细纱	络整	浆纱	织造	整理
8~9	7.5~8.5	6~7	6.5~7	6.8~7.2	6~7	6.5~7.5	5~7	7~8	8.5以下

近年来,随着化学纤维工业的迅速发展,化学纤维原料的品种和数量越来越多,出现了既有纯棉纺,又有化纤和棉混纺的多品种生产状况,由于各种纤维的性能差异很大,使得棉纺织厂的生产工艺设计不断调整更新,从而对温湿度的调节与管理提出了更严格的要求。现简要介绍如下。

1.涤棉混纺

(1)温度要求:对于纺部车间而言,夏季比纯棉纺的低,冬季相仿。织造车间比纯棉织的高。

(2)相对湿度要求:纺部各车间,清棉车间宜大,以后各车间在逐步放湿状态下进行。即其后各车间相对湿度逐渐减小。织造车间则应根据浆料成分而定。

2.维棉混纺

(1)温度要求:对于纺部车间而言,夏季比纯棉纺的低,冬季比纯棉纺的略高一些。

(2)相对湿度要求:基本上与纯棉纺的相仿。织造车间温湿度根据浆料成分而定。

3.粘棉混纺

(1)温度要求:和纯棉纺、织部的相仿。

(2)相对湿度要求:纺部车间,前纺车间比纯棉纺的大些,后纺车间比纯棉纺的小些。织造车间则应根据浆料成分而定。

4.其他合成纤维与棉混纺 合成纤维品种很多,如腈纶、锦纶、氯纶、丙纶等,这些纤维均具有高电阻和吸湿性差的特点,因而均需加抗静电油剂。这些纤维与棉混纺时温度和相对湿度要求均与涤棉混纺的相仿,即清棉车间的相对湿度要大,以后各车间均以放湿为宜。织造车间则应根据浆料成分而定。

有关化学纤维与棉混纺时纺织厂各车间温湿度控制范围可根据各企业生产实际而定。

此外,为了满足纺织工艺的要求和保证在冬天开冷车时车间生产能够顺利进行,故在开冷车前必须预先对车间进行采暖,使其保持一定的温度,这个温度称为冬季车间值班采暖温度。见表1-8。

表1-8 棉纺织厂各车间冬季值班采暖温度

车间	清棉	梳棉	精梳	并粗	细纱	并捻	络整	穿筘	织造	整理
温度(℃)	≥12	≥16	≥16	≥16	≥18	≥14	≥14	≥14	≥16	≥14

(二)温湿度与毛纺织工艺的关系

要确定毛纺织厂生产工艺对温湿度的要求,就需要了解羊毛纤维的性能与温湿度的关系。羊毛在含水率增加后,变得比较柔软,容易伸长,但强力反而降低。这是动物性纤维与植物性纤维性能的主要区别。羊毛在干燥时也是电的不良导体,但羊毛吸湿后其导电性比植物性纤维有明显的增强。一般来说,羊毛回潮率在13%~16%条件下,每增加2%的回潮率,可使导电能力增加8~10倍。为了减小静电效应对工艺的不良影响,除了应使羊毛保持合适的回潮率外,还应创造相对湿度适中的空气条件,使静电易通过机器传入地下。另外,由于羊毛需加油后才能进行纺纱,所以车间温度不能太低,否则润滑性能将变差,不利于纺纱。通常温度不宜低于20℃,但温度也不宜过高,以免造成油脂发黏。毛纺织厂各车间温湿度控制范围见表1-9。

表 1-9 毛纺织厂各车间温湿度控制范围

序 号		车间名称	夏 季		冬 季	
			最高温度(℃)	相对湿度(%)	最低温度(℃)	相对湿度(%)
精纺厂	1	原毛预热室	—	—	根据需要	—
	2	拣毛间	32	—	22	—
	3	洗毛间	32	—	23	—
	4	和毛间	32	60~65	20	60~65
	5	梳毛间	32	65~70	20	65~70
	6	精梳间	32	65~75	20	65~75
	7	针梳间	32	65~75	20	65~75
	8	复洗间	32	65~70	22	65~70
	9	条染间	32	无雾、不滴水	23	无雾、不滴水
	10	前纺间	30	70~75	22	70~75
	11	粗纱库	30	75~85	20	75~85
	12	毛团库	30	75~85	20	75~85
	13	细纱间	32	60~70	23	60~70
	14	准备间	32	50~60	21	50~60
	15	织造间	32	65~70	22	65~70
	16	修补间	32	50~60	22	50~60
	17	湿整间	32	无雾、不滴水	23	无雾、不滴水
	18	干整间	32	60~65	20~22	60~65
	19	成品间	32	60	20	60
绒线厂	1	拣毛间	32	—	22	—
	2	洗毛间	32	—	23	—
	3	和毛间	32	60~65	20	60~65
	4	梳毛间	32	65~70	20	65~70
	5	精梳间	32	65~75	20	65~75
	6	针梳间	32	65~75	20	65~75
	7	复洗间	32	65~70	22	65~70
	8	前纺间	32	70~75	22	70~75
	9	后纺间	32	60~70	23	60~70
	10	染线间	32	无雾、不滴水	23	无雾、不滴水
	11	验线间	32	60	22	60
	12	回潮间	30	75~85	20	75~85

续表

序 号		车间名称	夏 季		冬 季	
			最高温度（℃）	相对湿度（%）	最低温度（℃）	相对湿度（%）
粗纺厂	1	拣毛间	32	—	22	—
	2	预处理间	32	60～70	20	60～70
	3	洗炭间	32	—	20	—
	4	和毛间	32	65～75	20	65～75
	5	梳毛分梳间	32	65～70	22	65～70
	6	细纱间	32	60～70	22	60～70
	7	准备间	32	60～70	20	60～70
	8	织造间	32	65～70	22	65～70
	9	修补间	32	60～65	20	60～65
	10	湿整间	32	无雾、不滴水	22～26	无雾、不滴水
	11	干整间	32	60～65	20～22	60～65
	12	成品间	32	60	20	60

注 冬季车间停车温度不得低于10℃。

（三）温湿度与麻纺织工艺的关系

苎麻、亚麻、黄麻等各种麻纤维都具有吸湿性强和放湿快的特性，所以在麻纺工程中对车间相对湿度的要求较高。为使在制品保持工艺需要的回潮率，车间必须维持相对稳定的温湿度。

在梳麻车间，如果相对湿度过高，会造成纤维绕罗拉、绕压辊，针板垃圾多，且纤维易缠结在一起，形成麻粒，影响质量；当相对湿度过低时，在梳理过程中，纤维受损严重，工艺纤维平均长度减短，落屑增加，麻卷松弛，影响下道工序的加工，同时纤维易断裂，也易形成麻粒。

在并条车间，相对湿度过高时，纤维之间黏结及纤维对机件的黏附均有增加，产生绕罗拉、牵伸不开，且易使针排等机件生锈；相对湿度过低时，易产生静电，影响牵伸过程中纤维的运动结果，使纤维相互排斥，造成麻条蓬松、纤维散失、断头增加、麻条品质恶化，同时使纤维绕罗拉现象增加，生产不能正常进行。

在细纱车间，相对湿度过高时，易产生绕胶辊、绕罗拉现象，断头增加；相对湿度过低时，纤维柔软度差，在牵伸过程中纤维易扩散，毛羽增多，同时易产生静电，绕胶辊，断头增加，并且成纱的毛茸和断头多，落麻增多。各类麻纺织厂车间温湿度控制范围见表1－10～表1－12。

表 1-10 苎麻纺织厂各车间温湿度控制范围

工 序	夏 季		冬 季	
	温度(℃)	相度湿度(%)	温度(℃)	相对湿度(%)
脱 胶	31~33	60~65	22	60~65
梳 麻	31~33	60~65	22	60~65
精 梳	30~32	65~70	22	65~70
条 粗	30~32	60~65	22	60~65
细 纱	30~32	60~65	22	60~65
并 捻	30~32	65~70	22	65~70
络筒整理	30~32	65~70	23	65~70
浆 纱	30~32	不超过75	23	不超过75
络 纬	30~32	65~70	23	65~70
织造(涤、麻)	30~32	70~75	23	70~75
织造(麻)	30~32	80~85	23	80~85
整 理	30~32	60~65	23	60~65

表 1-11 亚麻纺织厂各车间温湿度控制范围

工 序	夏 季		冬 季	
	温度(℃)	相度湿度(%)	温度(℃)	相对湿度(%)
梳 麻	24~27	60~65	18~20	60~65
长麻、短麻加湿养生	<室外温度+3	70~75	18~20	70~75
前 纺	24~27	65~70	20~24	65~75
细纱(干纺)	25~28	60~65	22~25	60~70
细纱(湿纺)	27~29	70~80	25~27	72~82
纱 库	25~27	65~75	20~22	65~75
准 备	25~27	60~70	20~22	65~75
织造(平纹织物)	24~28	75~85	22~24	75~80
织造(提花织物)	24~28	70~75	22~24	70~75

表 1-12 黄麻纺织厂各车间温湿度控制范围

工 序	夏 季			冬 季	
	南方温度(℃)	北方温度(℃)	相对湿度(%)	温度(℃)	相对湿度(%)
软 麻	28~32	28~30	65	16~18	65
前 纺	28~32	28~30	70~75	20~22	70~75
精 纺	28~32	28~30	70~75	22~24	70~75
准 备	28~32	28~30	70~75	18~20	70~75
织 造	28~32	28~30	70~80	21~23	70~80
整 理	28~32	28~30	65	16~20	65

（四）温湿度与针织工艺的关系

由于针织厂要求纱线容易弯曲成圈，少断头，故对纱线的要求是柔软、光滑、强力好，以及纱线通过钩针等构件的摩擦因数小。另外，由于针织机结构精巧，如温湿度控制不当，则钩针等易变形断裂，针距易发生变化，造成坏针和断头，纱疵和织疵增加，因此对温湿度有较为严格的要求。温湿度对针织工艺的影响见表 1-13。

表 1-13　温湿度对针织工艺的影响

工　段		温　度		相　对　湿　度	
		偏　高	偏　低	偏　高	偏　低
经编编织		1. 针距变动，针易损坏 2. 断头多 3. 破洞多	1. 针距变动 2. 织疵多	1. 粘丝多，断头增加（整经） 2. 断针杆，坏针增加 3. 产生闭口针，严重时开车困难 4. 机器易生锈	1. 静电作用强，纱线互相排斥（整经） 2. 经轴盘头表面不平整（整经） 3. 分梳针易磨损（整经） 4. 出线条（漏针）
纬编编织		—	1. 纱发硬 2. 网眼织疵多 3. 机器运转不正常	1. 沉降片轮发毛 2. 出小套 3. 坏针多 4. 机件涩滞，操作困难 5. 机器易生锈 6. 纱线发霉 7. 密度发生变化	1. 坏针多 2. 破洞多 3. 断线多 4. 捻缩大 5. 脱套多 6. 飞花多，消耗大
羊毛衫编织		1. 影响回潮率，单位重量偏高 2. 手汗疵品增加	1. 针路"扭变" 2. 布面发花 3. 操作不便	1. 摩擦因数增加 2. 单位重量偏低 3. 薄型产品破洞增加 4. 机器易生锈	1. 影响毛产品的回潮率，单位重量偏高 2. 腈纶产品的静电作用增强，影响操作，容易吸附飞尘飞线 3. 影响质量，生产效率降低
织袜	纱线袜	—	逃线多，疵品多	1. 袜子短 2. 机器易生锈	1 破洞增加 2. 逃线多
	锦纶袜	1. 逃线多 2. 静电作用强	1. 锦纶丝发硬 2. 逃线多 3. 破洞增加	机器易生锈	1. 锦纶丝容易打辫子 2. 静电作用强
	弹力袜	静电作用强	1. 袜子长 2. 纹路不清 3. 带丝	机器易生锈	1. 静电作用强 2. 弹力不足
成衣		衣坯沾污，汗渍多	1. 坯布硬性，易出针洞 2. 缝纫工段断线多	衣坯沾污锈渍多，疵布多	1. 坯布发硬，易出针洞 2. 缝线发硬，易断头 3. 静电作用强 4. 裁片回缩率难控制

工 段	温 度		相 对 湿 度	
	偏 高	偏 低	偏 高	偏 低
锦纶弹力丝	1. 弹性差 2. 断头多	1. 丝发硬 2. 回缩不够	—	1. 静电作用强 2. 回缩不够 3. 捻度不稳 4. 筒子松弛

针织厂各车间温湿度控制范围见表 1 – 14。

表 1 – 14　针织厂各车间温湿度控制范围

车　　间		冬　季		夏　季	
		温度(℃)	相对湿度(%)	温度(℃)	相对湿度(%)
经编	棉织物	18 以上	70 ~ 75	30 ~ 32	70 ~ 75
	化纤织物(整经)	20 ~ 24	65 ~ 70	25 ~ 27	65 ~ 70
	化纤织物(编织)	20 ~ 24	60 ~ 65	25 ~ 27	60 ~ 65
纬编	络纱	20 ~ 23	55 ~ 60(北方)	30 ~ 32	70 ~ 75
		17 ~ 19	70 ~ 75(南方)		
	织造(棉)	20 ~ 25	60 ~ 65(北方)	30 ~ 32	65 ~ 75
		18 ~ 20	70 ~ 75(南方)		
	织造(化纤)	20 ~ 25	60 ~ 65	25 ~ 27	60 ~ 65
	成衣	18 以上	—	32	65 左右
羊毛衫	织造	16 ~ 20	65 ~ 70	30 ~ 32	65 ~ 70
织袜	化纤袜	18 ~ 20	60 ~ 65	28 ~ 30	60 ~ 65
弹力丝	假捻	20 ~ 22	70 ~ 75	25 以下	70 ~ 75

(五)温湿度与丝织工艺的关系

丝织厂使用的原料品种繁多。常用的有蚕丝、绢丝等天然纤维,黏胶纤维、铜氨纤维、醋酯长丝等再生纤维,锦纶、涤纶长丝等合成纤维以及棉纱、混纺纱等其他纤维。由于纤维的种类不同,受温湿度影响表现出来的物理机械性能也有较大的差别,故对于以外观质量为考核指标的丝绸产品,合理地掌握并控制好温湿度,特别是相对湿度就显得更为重要。对人造丝产品来说,由于使用的原料是黏胶纤维、铜氨纤维一类亲水性长丝纤维,随着相对湿度的升高,丝条回潮率显著增大,而强力则明显减小。这对要求绸面光亮平挺,一般需在较大张力下织造的丝绸产品显然是不利的。因此,车间相对湿度不能过高,否则将使丝条回潮率增加过快,容易伸长,致使纤维在织造时经常发生断裂,增加断头率。对于纬线,也会因丝条吸湿过量,纡子卷绕松弛而产生坍纡等现象,或在卷纬工序增加张力时,因丝条伸长过大,致使绸面产生松紧不匀,光泽不同的急纤、亮丝等疵点。相反,如果车间相对湿度过低,则由于丝条表面浆膜脱落,因而绸面易产生经毛等疵点。

对合纤产品来说,目前使用的原料多为锦纶、涤纶一类疏水性纤维,如果车间相对湿度过高,上浆的织物浆料易发黏,落浆黏搭到综、箱、梭子上,将造成织造困难,产量与质量明显下降,同时易产生锈污渍。当相对湿度过低时,又因合成纤维易产生静电而吸附车间内的灰尘,造成灰污渍疵品。

相对湿度对丝织工艺的影响见表 1–15。

表 1–15　相对湿度对丝织工艺的影响

工　序	相对湿度过高	相对湿度过低
保燥间	黏胶丝原料易吸湿,回潮率增加,产生急经急纬	在下工序相对湿度较高的环境下,会产生短时间大量吸湿现象,而影响下一工序的正常生产
络丝	黏胶丝原料吸湿后,回潮率增加,易伸长,造成急经急纬	易发毛,增加断头
并丝捻丝	在张力不变时,桑蚕丝伸长率增加,造成筒子发硬、发白,易使后道工序产生急经急纬现象	影响筒子成形,如在较潮湿的情况下卷绕,易产生嵌边筒子,丝发脆,断头率增加,丝不平挺,易发麻
卷纬	1. 在张力不变时,伸长增多,黏胶丝易造成急纬、亮丝 2. 张力与伸长不匀时,黏胶丝与桑蚕丝易产生罗纹纤	黏胶丝或桑蚕丝纡子容易出现蓬松及坍纡现象
整经	1. 黏胶丝原料伸长,形成坍经 2. 因大量吸湿,浆时吸浆量减少 3. 伸长不匀时,易产生宽急经 4. 桑蚕丝整经易伸长,影响整经顺利进行	1. 原料易发毛、断头 2. 桑蚕丝易产生静电和宽急经
织造	1. 纡子易受潮,产生罗纹挡、急纬、吊边等疵点 2. 绒类织物造成倒绒、针眼疵点 3. 提花织物通经易伸长,开口不清,并发生柱渍 4. 经轴易发霉,综箱易生锈 5. 黏胶丝断头增加,桑蚕丝产生断边线、断纡脚和织物幅宽变窄	1. 丝织物断头增加,织机张力无法增大,影响产品质量 2. 绒类织物易发生毛背、长短绒 3. 黏胶丝与桑蚕丝发生大批擦白、擦毛和断头增多 4. 成品幅宽变宽
成品检验	1. 绒织物因压叠时间过长会发生倒绒 2. 坯绸吸湿多,含水率高,容易发霉 3. 影响成品长度	影响坯绸缩率

丝织厂各主要车间温湿度控制范围见表 1–16。

表1-16　丝织厂各主要车间温湿度控制范围

车　间		冬　季		夏　季	
		温度(℃)	相对湿度(%)	温度(℃)	相对湿度(%)
原料挑剔		15以上	60~65	—	60~65
络　丝		15~18	60~65	25~32	60~65
并　丝		18~20	65~70	28~32	65~75
捻　丝		18~20	68~72	28~32	68~72
卷　纬		16~18	60~65	26~32	60~65
整　经		16~18	65~70	26~32	64~68
浆　丝		25~28	65~75	35以下	65~75
黏胶丝保燥		35	50左右	38~48	50左右
织造	真丝、交丝	16~20	75~80	28~32	75~78
	黏胶丝	16~20	65~75	28~32	65~75
成品检验		15以上	65左右	—	65左右

(六)温湿度与绢纺工艺的关系

绢丝纺是把天然丝纤维加工成为绢丝的纺纱工艺过程。

蚕丝是贵重的纺织原料,完好的桑蚕茧和柞蚕茧用来缫制生丝。而在养蚕、制丝和丝织业中剔出的疵茧和产生的废丝,便成为绢丝纺的原料。同时,在绢纺工艺过程中,又会产生相当数量的下脚——落绵。这些落绵仍具有天然丝的优良特性。为充分利用这些下脚,扩大丝纤维产品品种,又产生了绸丝纺纱系统。

在绢丝纺工艺中,圆梳制成率和精绵质量常受车间温湿度影响。细纱车间,温湿度是影响断头的一个重要因素。相对湿度过低时,过于干燥的丝纤维在加工过程中易产生静电,使纤维扩散,断头增加;相对湿度过高时,回潮率过高,又会使纤维缠绕罗拉而断头。在绸丝纺工艺中,车间相对湿度过高,会降低绸丝的强力,缠绕罗拉、胶辊,相对湿度过低,则静电现象严重,也会造成绸丝断头。绢纺织厂各主要车间温湿度控制范围见表1-17。

表1-17　绢纺织厂各主要车间温湿度控制范围

工　序	夏　季		冬　季	
	温度(℃)	相度湿度(%)	温度(℃)	相对湿度(%)
老工艺制绵 (圆梳、中切、小切机)	31~33	75~80	22~24	75~80
新工艺制绵 (罗拉梳绵、精梳、直型精梳机)	31~33	78~85	22~24	78~85
针　梳	31~33	70~75	22~24	70~75

续表

工　序	夏　季		冬　季	
	温度(℃)	相度湿度(%)	温度(℃)	相对湿度(%)
粗　纺	31～33	60～65	22～24	60～65
精　纺	32～34	50～60	22～24	50～60
络　筒	31～33	65～75	22～24	65～75
烧　毛	<36	50～60	22～24	50～60
并　捻	31～33	65～75	22～24	50～60
细　丝	—	—	—	—
梳　绵	31～33	80～85	23～25	80～85
精　纺	31～33	58～68	23～25	58～68
织造(真丝)	28～32	75～80	18～20	75～80

习题

1. 何谓空气条件? 纺织厂空气含尘浓度要求为多少?

2. 何谓实感温度? 试述最适宜的劳动条件。

3. 什么是 PM2.5、PM10? 其学名是什么? 二者对人体健康的影响有何区别?

4. 夏季细纱车间的温度比织造车间高,可是工人却感到细纱车间凉爽和舒适,这是为什么?

5. 纺织厂少数车间夏季的相对湿度可以高于冬季的相对湿度,为什么?

6. 为什么化学纤维和棉混纺时对温湿度要求更加严格?

第二章　湿空气的物理性质与焓湿图

> ● 本章知识点 ●
>
> 掌握湿空气的物理性质及其焓湿图。
>
> 重点　湿空气的组成和状态参数(压力)。
>
> 难点　湿空气焓湿图的组成及其应用(湿球温度)。

第一节　湿空气的组成和状态参数

一、湿空气的组成

围绕地球表面的空气层称为大气。大气是由干空气和水蒸气两部分组成,其中,干空气是由氮、氧、二氧化碳和其他一些微量气体所组成的混合气体(表2-1)。这种绝对的干空气在自然界中通常是不单独存在的。空气中除了干空气之外,还包含有水蒸气。干空气和水蒸气的混合物称为湿空气,通风空调中使用的空气就是湿空气(简称空气)。湿空气中水蒸气的含量很少,一般只占0.2%~4%,它来源于海洋、江河、湖泊表面水分的蒸发,各种生物(人、动植物)的生理过程以及工艺生产过程。在空气中,水蒸气的含量不论是绝对值还是相对值都不是恒定不变的,而是随着季节、气候、湿源等各种条件的变化而变动的。湿空气中水蒸气含量的变化,使得湿空气的状态变化很大。湿空气中水蒸气含量的多少决定了空气的潮湿程度,对人体健康和纺织生产的产品质量、工艺过程、设备维护等都有很大影响。因而在研究和使用湿空气时,必须重视其中水蒸气含量的多少。

表2-1　干空气的组成成分

组成气体	占干空气百分比(%)		相对分子质量
	按容积	按质量	
氮	78.08	75.52	28.02
氧	20.94	23.15	32.00
二氧化碳	0.035(变动)	0.05	44.00
稀有气体	0.945	1.28	—

一般情况下,干空气的组成比例基本不变,但在局部范围内,由于人类生活和生产活动或某些自然现象,使某种气体混入而影响空气组成比例。如大气中的二氧化碳含量(按容积计)随植物生长状态、气象条件、海水表面温度、污染情况等有较大的变化。

二、湿空气的状态参数

湿空气的物理性质除了与其组成成分有关外,还取决于它所处的状态。湿空气的状态通常可用压力、温度、湿度、比体积和焓等参数来表示,这些参数称为湿空气的状态参数。

在热力学中将常温、常压下(空调属此范畴)的干空气视为理想气体。存在于湿空气中的水蒸气由于处于过热状态,加之压力低、比体积大、数量少,也可近似地作为理想气体对待。因此,由干空气和水蒸气所组成的湿空气,也应遵循理想气体的规律,其状态参数之间的关系,可用下列理想气体状态方程式表示。

$$PV = mRT \qquad (2-1)$$

式中:P——气体的绝对压力,Pa;

$\quad V$——气体的总容积,m^3;

$\quad m$——气体的总质量,kg;

$\quad R$——气体常数,J/(kg・K),其数值取决于气体的性质;

$\quad T$——气体的热力学温度,K。

对于湿空气中的干空气和水蒸气来说,可以分别用下式表示。

$$P_g V_g = m_g R_g T \qquad (2-2)$$

$$P_q V_q = m_q R_q T \qquad (2-3)$$

干空气的气体常数 R_g 为287J/(kg・K);水蒸气的气体常数 R_q 为461J/(kg・K)。

下面将空调工程中经常遇到的几个湿空气状态参数叙述如下。

(一)压力

气体垂直作用在器壁单位面积上的力称为压力,它可用下式表示。

$$P = \frac{F}{A} \qquad (2-4)$$

式中:P——气体的压力,Pa;

$\quad F$——气体总的垂直作用力,N;

$\quad A$——器壁面积,m^2。

压力的单位除用帕斯卡(Pa)外,还可以用百帕(hPa)、千帕(kPa)、兆帕(MPa)表示。

1. **大气压力 B**　在地球表面有一层很厚的空气层压在地面上。地面上单位面积所受到的大气作用力,称为大气压力。

大气压力不是定值,除了与所在地区的海拔高度有关外,还与季节、天气有关。如我国东部的上海市海拔4.5m,夏季的大气压力为1005.3hPa,冬季为1025.1hPa;西藏高原的拉萨市海拔3658m,夏季大气压力为652.3hPa,冬季为650hPa,显然其气压要比沿海城市低很多。大气压力的不同,空气状态参数也要发生变化。因此,在空调设计和运行中,如果不考虑所在地的气压大小,就会造成一定的误差。为了计算和使用上的方便,经测定在纬度45°的海平面上全年平均的大气压,国际上规定为标准大气压(atm)或称物理大气压,其值为1013.25hPa。

压力的度量基准有两种。一种是以绝对零压力(或绝对真空)为基准,此时测得的压力称为绝对压力 P_j;一种以大气压力为基准,此时测得的压力称为相对压力或表压力 P_b,其数值是绝对压力与当地大气压力的差值。一般测压表上指示的就是相对压力,如在蒸汽管道、水管道、水泵或承受一定压力的容器面上装置的压力表所指示的压力。当绝对压力大于大气压力时,绝对压力与大气压力之差称为表压力;当绝对压力小于大气压力时,则大气压力与绝对压力之差称为真空度 P_z,如细纱机上的断头吸棉装置、梳棉机的吸尘装置,各种排风机、管道以及各种制冷设备等,用 U 形压力表读得的压力差。上述两种度量基准的压力关系可以用下式表示。

当 $P_j > B$ 时,则:

$$P_j = B + P_b \qquad (2-5)$$

当 $P_j < B$ 时,则:

$$P_j = B - P_z \qquad (2-6)$$

绝对压力、表压力、真空度三者之间的关系亦可以用图示法表示它们的换算关系,如图2-1所示。

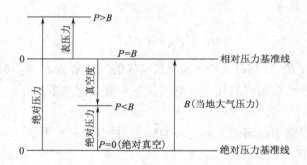

图 2 - 1　绝对压力与相对压力换算关系

由此可知,表压力和真空度均为相对值,它们都不能表示空气真实压力的大小,只有绝对压力才是真实压力,所以绝对压力才是气体的基本状态参数。

例 2 - 1　压力表指示出一容器中气体的压力为 0.1470MPa,当地大气压力为 1027hPa,求容器中气体的绝对压力是多少?

解:已知 $P_b = 0.1470MPa$,$B = 1027hPa = 0.1027MPa$。

由式(2-5)可得容器中气体的绝对压力为:

$$P_j = B + P_b = 0.1027 + 0.1470 = 0.2497(MPa)$$

例 2 - 2　已知氨蒸发器内的压力低于大气压力,由真空压力表指针读数为 0.0307MPa,当地大气压力为 1020hPa,求蒸发器内的绝对压力是多少?

解:已知 $P_z = 0.0307MPa$,$B = 1020hPa = 0.1020MPa$。

由式(2-6)可得:

$$P_j = B - P_z = 0.1020 - 0.0307 = 0.0713(MPa)$$

2. 水蒸气分压力 P_q　所谓气体分压力,就是假定混合气体中各组成气体单独存在,并具有与混合气体相同的温度和容积时所产生的压力,称为该气体的分压力。

根据道尔顿定律,混合气体的压力等于混合气体各组成气体的分压力之和,即认为混合气体各组成气体分子的运动不因为存在其他分子而受影响,好像单独存在于混合气体的容积中运动一样。这是由理想气体的假定而来的,故道尔顿定律只适用于理想气体。

前已述及,湿空气符合理想气体规律,而且又是由干空气与水蒸气组成的混合气体,因此湿空气的总压力(大气压力 B)等于干空气的分压力 P_g 与水蒸气的分压力 P_q 之和,即:

$$B = P_g + P_q \tag{2-7}$$

空气中的水蒸气分子充满于空气整个容积之中(即与该空气占有相同的容积),其温度等于空气的温度。湿空气的质量等于干空气的质量与水蒸气的质量之和。

湿空气中水蒸气含量越多,其分压力也越大。水蒸气分压力的大小直接反映空气中水蒸气数量的多少,它是衡量空气湿度的一个指标。在空调工程中,空气的加湿与去湿处理过程就是水分蒸发到空气中或水汽从空气中凝结出来的湿交换过程。这种交换和空气中的水蒸气分压力有关。

(二)温度

温度表示物体冷热的程度。温度反映了物体分子运动的激烈程度,是分子运动平均动能的宏观表现。温度的数值表示称为"温标",常用的温标有两种。

(1)摄氏温标:以 t 表示,单位为摄氏度,用符号℃表示。它是在标准大气压下,将纯水的冰点定为0℃,纯水的沸点定为100℃,在此两固定点间分成100等分,每一分格为1℃。

(2)热力学温标:以 T 表示,单位为"开尔文",用字母 K 表示。它是以气体分子热运动平均动能趋于零的温度为起点,定为0K,以纯水的三相点的热力学温度为冰点,定为273.15K。绝对零度,即0K,相当于 -273.15℃。以纯水的沸点的热力学温度定为373.15K,在此两固定点间也分成100等分,每一分格为1K。

摄氏度与开尔文相等,都表示温度的间隔,即作为单位,1℃ = 1K。热力学温度 T 与摄氏温度 t 的关系为:

$$T = 273.15 + t \approx 273 + t \tag{2-8}$$

(三)湿度

湿度是表示空气中含有水汽数量多少的参数,也可以说湿度是表示空气潮湿的程度。表示空气湿度的方法有以下四种。

1. 绝对湿度 γ_q 1m³ 湿空气中含有水汽的质量(以 g 计)称为空气的绝对湿度。按照道尔顿定律,在1m³ 湿空气内,由于气体分子的自由扩散运动,其中水汽所占的容积也是1m³。因此,绝对湿度也就是湿空气中单位容积水蒸气的质量克数,可用下式表示为:

$$\gamma_q = \frac{m_q}{V_q} \times 1000 \tag{2-9}$$

式中:m_q——水蒸气的质量,kg;

V_q——水蒸气的容积,m^3,即湿空气的容积。

由式(2-3)变换后可得:

$$\gamma_q = \frac{m_q}{V_q} \times 1000 = \frac{P_q}{R_q T} \times 1000 = \frac{P_q}{461T} \times 1000 = 2.17\frac{P_q}{T} \qquad (2-10)$$

式中:P_q——湿空气中水汽分压力,Pa;

$\quad R_q$——水蒸气的气体常数,J/(kg·K);

$\quad T$——湿空气的热力学温度(水蒸气的热力学温度),K。

由式(2-10)可知,当空气温度一定时,水汽分压力 P_q 愈大,则绝对湿度 γ_q 也愈大;在同一水汽分压力下,温度愈高,绝对湿度愈小。这是因为温度升高后空气容积膨胀的缘故,以致单位容积内水汽量减少,故绝对湿度变小。由于绝对湿度随着水汽分压力 P_q 和热力学温度 T 两个参数的变化而变化,所以在计算过程中用绝对湿度不能确切地反映空气中水汽量的多少,为此常用含湿量这一参数。

2. 含湿量 d 湿空气的含湿量是指内含 1kg 干空气的湿空气中所含水蒸气的质量克数。可用下式表示:

$$d = \frac{m_q}{m_g} \times 1000 \qquad (2-11)$$

式中:d——湿空气的含湿量,g/kg 干;

$\quad m_q$——湿空气中水蒸气的质量,kg;

$\quad m_g$——湿空气中干空气的质量,kg。

这就是说,1kg 干空气中混有 dg 水汽,这时湿空气的质量为 $(1+d/1000)$kg,因此含湿量 d 也可以认为是在 $(1+d/1000)$kg 的湿空气中所含水蒸气的质量。如果用单位质量的湿空气中所含水蒸气量来表示空气的湿度,即 m_q/m(m 为湿空气的质量),这时,随着 m_q 的变化,m 必定跟着变化,因此就不能确切地反映湿空气中水汽量的多少。所以,工程上利用湿空气中的干空气在状态变化过程中其质量不变的特点,采用含湿量来表示空气中含有水汽量的多少是很方便的。

例 2-3 已知有 100kg 湿空气,其中干空气的质量为 98kg,试求该空气的含湿量。

解:该湿空气中所含水汽的质量为:

$$m_q = m - m_g = 100 - 98 = 2(\text{kg})$$

$$d = \frac{m_q}{m_g} \times 1000 = \frac{2}{98} \times 1000 = 20.4(\text{g/kg 干})$$

将理想气体状态方程式(2-2)、式(2-3)代入式(2-11),简化后可求得含湿量的计算式为:

$$d = \frac{m_q}{m_g} \times 1000 = 622\frac{P_q}{B - P_q} \qquad (2-12)$$

由式(2－12)可知,当大气压力 B 一定时,水蒸气分压力 P_q 愈大,含湿量也愈大。如果含湿量不变,水蒸气分压力将随大气压力的增加而上升,随大气压力的减少而下降。

含湿量仅与水蒸气分压力 P_q 有关,它们是两个互相联系的参数。含湿量和温度一样,是湿空气的一个重要状态参数。由于它确切地表示了空气中实际含有的水蒸气量,所以在空气调节的加湿和去湿过程的计算中,都是用含湿量的增减量来表示加湿量或去湿量。

湿空气的绝对湿度和含湿量都是表示空气中含有水汽量的参数,但不能表示空气潮湿的程度,因为空气的潮湿程度不仅与实际含有的水汽量有关,还与空气的温度有关。为了表示空气的潮湿程度,工程中常应用相对湿度,而在引入相对湿度的概念之前,必须先弄清楚"饱和湿度"的概念。

3. 饱和湿度　在一定温度下,一定量的湿空气中所能容纳的水蒸气量是有限的,当达到最大限度时,就不能再吸收水蒸气了,这时的空气称为饱和空气,饱和空气的湿度即称为"饱和湿度"。相应的有饱和水汽分压力 P_b、饱和绝对湿度 γ_b、饱和含湿量 d_b。如果超过了这个最大限度,多余的水蒸气就会从空气中凝结出来形成雾。由实验得知,饱和湿度随空气温度的高低而不同。当大气压力为 1013.25hPa 时,不同温度下湿空气的饱和水蒸气分压力、饱和绝对湿度、饱和含湿量的值可以从附表1 饱和空气性质表查得,并可看出,随着空气湿度的升高,饱和湿度随之增加。温度与饱和湿度也是两个互相联系的参数。

饱和绝对湿度 γ_b 可用下式表示为:

$$\gamma_b = 2.17 \frac{P_b}{T} \tag{2－13}$$

饱和含湿量 d_b 可用下式表示为:

$$d_b = 622 \frac{P_b}{B - P_b} \tag{2－14}$$

在未饱和空气中,还能吸收一定的水汽量,空气中的水汽量与该温度下的饱和量相差愈大,说明空气可以吸收的水汽量(即吸湿能力)亦愈大,表示空气愈干燥,反之表示空气愈潮湿。以绝对湿度为例,未饱和空气的绝对湿度 γ_q 小于同温度下的饱和绝对湿度 γ_b,这时每 $1m^3$ 的空气还可吸收 $\Delta\gamma = \gamma_b - \gamma_q$ 的水汽量。如温度为 16℃、$\gamma_q = 13.6g/m^3$ 和温度为 36℃、$\gamma_q = 20.81g/m^3$ 的两种空气,单纯从 γ_q 的大小来看,似乎后一种空气要比前一种空气潮湿得多。可是实际上,当温度为 16℃时,空气的饱和绝对湿度 $\gamma_b = 13.6g/m^3$,这种空气中的水汽量已经达到饱和,不能再吸湿了;而当温度为 36℃时,空气的饱和绝对湿度 $\gamma_b = 41.62g/m^3$,实际 γ_q 比 γ_b 小得多,这种空气尚能吸收 $41.62 - 20.81 = 20.81g/m^3$ 的水蒸气,所以从吸湿能力来看,后者比前者大得多,也即温度为 36℃的空气比温度为 16℃的空气要干燥得多。

4. 相对湿度 φ　空气的绝对湿度 γ_q 与同温度下饱和绝对湿度 γ_b 的比值称为相对湿度 φ,常用百分数表示。

$$\varphi = \frac{\gamma_q}{\gamma_b} \times 100\% \tag{2－15}$$

由式(2-15)可知,某一空气的绝对湿度接近饱和绝对湿度的程度。在一定温度下,γ_q 愈大,φ 就愈大,这时空气就愈潮湿;反之,γ_q 愈小,φ 也愈小,说明空气愈干燥。当 $\varphi = 100\%$ 时,空气中含水汽量已达到最大限度,就是饱和空气;而当 $\varphi = 0$ 时,则是干空气。因此,用相对湿度这个指标能比较明确地表示空气的潮湿程度。

将式(2-10)、式(2-13)代入式(2-15)得知,相对湿度也可用空气中实际存在的水蒸气分压力与同温度下饱和水蒸气分压力的比值表示,即:

$$\varphi = \frac{P_q}{P_b} \times 100\% \qquad (2-16)$$

将式(2-16)代入式(2-12),可得含湿量的另一计算式,即:

$$d = 622 \frac{\varphi P_b}{B - \varphi P_b} \qquad (2-17)$$

由式(2-17)可得:

$$\varphi = \frac{dB}{(622 + d) P_b} \times 100\% \qquad (2-18)$$

应该指出的是,通常把 d/d_b 的比值称为空气的饱和度,以符号 ψ 表示,它不等于空气的相对湿度 φ。因为,由空气饱和度定义和式(2-12)、式(2-14)可得:

$$\psi = \frac{d}{d_b} = \frac{622 \dfrac{P_q}{B - P_q}}{622 \dfrac{P_b}{B - P_b}} = \frac{P_q}{P_b} \cdot \frac{B - P_b}{B - P_q} = \varphi \cdot \frac{B - P_b}{B - P_q}$$

因为 $P_q < P_b$,所以 $\psi < \varphi$。

由于 B 比 P_q 和 P_b 大得多,如果把 $(B - P_b)/(B - P_q)$ 看成等于 1,就会造成 $2\% \sim 3\%$ 的误差,因此在工程计算上可近似认为:

$$\varphi = \frac{d}{d_b} \times 100\% \qquad (2-19)$$

相对湿度是衡量空气潮湿程度的一个重要指标,纺织厂各车间对空气的相对湿度都有一定的要求。

例 2-4 车间内空气的温度为 30℃,相对湿度为 60%,大气压力为 101325Pa,求车间内空气的水汽分压力、空气的绝对湿度和含湿量。

解:根据 $t = 30℃$,查附表 1 得饱和水汽分压力 $P_b = 42.32\text{hPa} = 4232\text{Pa}$,则:

(1)空气中水汽分压力为:

$$P_q = \varphi P_b = 60\% \times 4232 = 2539(\text{Pa})$$

(2)空气的绝对湿度为:

$$\gamma_q = 2.17 \frac{P_q}{T} = 2.17 \times \frac{2539}{273 + 30} = 18.8 \, (\text{g/m}^3)$$

（3）空气的含湿量为：

$$d = 622 \frac{P_q}{B - P_q} = 622 \times \frac{2539}{101325 - 2539} = 16 \, (\text{g/kg 干})$$

（四）比体积和密度

单位质量的空气所占有的容积称为空气的比体积（v），单位为 m^3/kg，而单位容积的空气所具有的质量称为空气的密度（ρ），单位为 kg/m^3，两者互为倒数，因此只能视为一个状态参数。

对于湿空气，其比体积应该是指 1kg 湿空气所占的容积，但由于湿空气中的水汽量经常变化，空气的比体积亦要随之变化，因此在空气调节中，为了便于分析问题和进行工程计算，便将湿空气的比体积定义为内含 1kg 干空气的湿空气所占有的容积。从气体分子运动的观点来看，由于气体分子自由扩散运动的作用，$(1 + d/1000)$kg 湿空气所占有的容积与单独 1kg 干空气或者 $d/1000$kg 水汽所占有的容积是完全相同的，所以实际上湿空气的比体积在数值上就是干空气的比体积，即：

$$v = v_g = \frac{V_g}{m_g} = \frac{R_g T}{P_g} = \frac{287 T}{B - P_q} \tag{2-20}$$

式中：v——湿空气的比体积，$\text{m}^3/\text{kg 干}$；

v_g——干空气的比体积，$\text{m}^3/\text{kg 干}$；

V_g——干空气的容积，m^3；

m_g——干空气的质量，kg。

比体积在空气调节中也是一个常用的参数，主要是在把单位时间内输送的空气质量转换为单位时间内输送的空气容积时要用到比体积。

由于湿空气为干空气和水蒸气的混合物，两者混合均匀并占有相同的容积，因此不难理解，湿空气的密度 ρ 为干空气的密度 ρ_g 与水蒸气的密度 ρ_q 之和，即：

$$\rho = \rho_g + \rho_q = \frac{1}{v_g} + \frac{1}{v_q} = \frac{P_g}{R_g T} + \frac{P_q}{R_q T} = \frac{B - P_q}{R_g T} + \frac{P_q}{R_q T} \tag{2-21}$$

将 $P_q = \varphi P_b$ 及 R_g、R_q 值代入式（2-21），得：

$$\rho = 0.00348 \frac{B}{T} - 0.00131 \frac{\varphi P_b}{T} \tag{2-22}$$

由式（2-22）可知，在相同大气压力和温度下，湿空气的密度 ρ 小于干空气的密度 ρ_g，即同容积的湿空气比干空气轻。

应该强调指出，在空气调节中，由于空气中水汽量是变化的，因而湿空气密度也是变化的，又因为不含丝毫水汽的绝对干空气在空调中是不存在的，因而在计算空气质量时，式（2-22）

不可使用。由于一定容积湿空气中干空气的质量是不变的,所以空气调节工程中按比体积的倒数,先算出该湿空气每 $1m^3$ 容积中干空气的密度,再求得干空气的质量。

例2－5 有 $1000m^3$ 的湿空气,状态为 $t=20℃$, $\varphi=80\%$,当地大气压力为 $101325Pa$,求该湿空气中干空气质量是多少?

解:查附表1得,当温度为 $20℃$ 时, $P_b=23.31hPa$ 。由式(2－20)得:

$$\rho_g = \frac{1}{v_g} = \frac{B-P_q}{287T} = \frac{101325-0.8\times23.31\times100}{287(273+20)} = 1.183(kg/m^3)$$

其干空气质量为:

$$m_g = 1.183\times1000 = 1183(kg)$$

(五)焓 i

在空调工程中,空气状态变化可以认为是等压变化过程,在这种情况下,湿空气的焓又称为含热量,是指空气所含有的热量。在空气调节中,湿空气的焓差,可以用来表示处理过程中对湿空气的加热量或去热量,即焓差值等于热交换量。

湿空气的焓是指内含 $1kg$ 干空气的湿空气所含的热量,以 i 表示,单位为 kJ/kg 干。

湿空气是干空气和水蒸气的混合物,所以湿空气的含热量应该等于干空气的含热量与水蒸气的含热量之和。于是,由 $1kg$ 干空气和 $d/1000kg$ 水蒸气所组成的 $(1+d/1000)kg$ 湿空气的焓 i 应为:

$$i = i_g + i_q\frac{d}{1000} \tag{2－23}$$

式中: i_g , i_q ——分别为 $1kg$ 干空气和 $1kg$ 水蒸气的含热量, kJ/kg 。

在空气调节中,一般以 $0℃$ 时干空气的含热量和 $0℃$ 时水的含热量为零作为热量计算的基准,则 $1kg$ 、 $t℃$ 的干空气的含热量和 $1kg$ 、 $t℃$ 的水蒸气的含热量分别为:

$$i_g = C_g t = 1.01t \tag{2－24}$$

$$i_q = 2500 + C_q t = 2500 + 1.84t \tag{2－25}$$

式中: C_g ——干空气的定压比热容,为 $1.01kJ/(kg·K)$;

2500—— $1kg$ 在 $0℃$ 时的水变为 $0℃$ 时的水汽时所吸收的汽化潜热, kJ/kg ;

C_q ——水蒸气的定压比热容,为 $1.84kJ/(kg·K)$ 。

所以湿空气的含热量为:

$$i = 1.01t + \frac{(2500+1.84t)d}{1000} = 1.01t + 2.5d + 0.00184td$$

$$= (1.01+0.00184d)t + 2.5d \tag{2－26}$$

只要知道了空气的温度和含湿量,就可根据上式求得空气的焓值。

由式(2－26)可知,湿空气的焓是由两部分组成的,一部分为 $(1.01+0.00184d)t$,这项热量称为"显热"。因为其热量的大小将通过温度的高低显示出来。而在热量的交换中,温度没有变化,物质形态却发生了变化,那么这种热量称为"潜热",即上式中另一部分为 $2.5d$。显热加潜热称为"全热",即湿空气的焓。所以,湿空气的焓与温度、含湿量都有关,因此焓是空气的状态参数。

当温度提高时,空气的焓值不一定增加,还要看含湿量的增减情况。如果在温度提高的同时,含湿量却减少了,完全有可能出现焓值不变,甚至焓值减少的情况。

例 2 - 6　求例 2 - 4 中车间内空气的焓。

解:由式(2 - 26)得:

$$i = 1.01t + 2.5d + 0.00184td$$
$$= 1.01 \times 30 + 2.5 \times 16 + 0.00184 \times 30 \times 16 = 71.2(\text{kJ/kg 干})$$

在空气调节中,通常用湿空气状态变化的焓差值来表示空气得到或失去多少热量。

第二节　湿空气的 i—d 图及其应用

在第一节中介绍了湿空气的五个主要状态参数 t、d、φ、v 及 i。在大气压力 B 一定的情况下,只要知道了这五个参数中任意两个,就可以计算出该空气状态的其余参数值。但是,这样计算很繁琐。为了使用方便,在经过大量计算结果的基础上,绘制了在一定大气压力下,湿空气各种状态参数相互关系的线算图。线算图不仅便于确定湿空气的状态参数,而且能表达出空气状态在热湿交换作用下的各种变化过程,即湿空气性质图。

线算图有多种形式,我国现在使用的是以焓为纵坐标、含湿量为横坐标的焓湿图,简称 i—d 图,如图 2 - 2 所示。

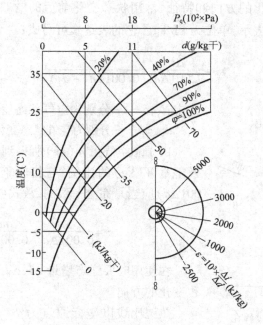

图 2 - 2　湿空气 i—d 图

一、$i—d$ 图的组成

$i—d$ 图是在一定大气压力下绘制成的,也就是说,大气压力不同,其 $i—d$ 图也是有差别的。现在主要介绍在标准大气压力 B 为 1013.25hPa 时绘制的 $i—d$ 图。$i—d$ 图包括了 t、φ、i、d、P_q 五组等值线,还包括了能表示空气状态变化过程的热湿比 ε 线。

为了不致使线条过分拥挤,影响图面清晰,两坐标轴之间的夹角为 135°。在确定比例尺后,就可以在图上绘出一系列与纵坐标平行的等 d 线及与横坐标平行的等 i 线。在纵坐标轴 O 点以上的焓值为正值,以下为负值。在使用中,常取一水平辅助线以代替实际的 d 轴。

(1)等温度(t)线为一组不平行的直线。因为等温线是根据式(2 – 26)绘制的,其中,$1.01t$ 为截距,$2.5 + 0.00184t$ 为斜率。由于 t 值不同,所以每一条等温线的斜率是不同的。

(2)等相对湿度(φ)线是在等温线和等含湿量线的基础上根据式 $d = 622\dfrac{P_q}{B - P_q} = 622\dfrac{\varphi P_b}{B - \varphi P_b}$ 而绘制出来的,是一组曲线。$\varphi = 0$ 的相对湿度线即是纵轴线;$\varphi = 100\%$ 的相对湿度线通常又称为饱和湿度线。φ 值自左至右逐渐增大。以 $\varphi = 100\%$ 的相对湿度线为界,曲线以上部分为湿空气区(又称未饱和状态区);曲线以下部分为湿空气过饱和状态区域,在此状态下,空气中多余的水蒸气将从空气中凝结出来,成为细小的水滴悬浮在空气中便形成了雾,因而又称为"雾区"。

(3)水蒸气分压力线 P_q 是根据式 $d = 622\dfrac{P_q}{B - P_q}$ 绘制的,知道了 d 值便可求得 P_q 值。

(4)热湿比线 ε。在空气调节过程中,被处理的空气常常由一种状态变为另一种状态。在处理过程中,空气的热量变化和湿量变化是同时进行的。这样,在 $i—d$ 图上由状态 1 到状态 2 的直线就代表了空气状态的变化过程,如图 2 – 3 所示。

为了说明空气状态变化的方向和特征,常用状态变化前后的焓差和含湿量差的比值来表示,称为热湿比,用符号 ε 表示,单位为 kJ/kg。它的表达式可写成:

$$\varepsilon = \frac{\Delta i}{0.001\Delta d} = \frac{i_2 - i_1}{0.001(d_2 - d_1)} \qquad (2 - 27)$$

式中:i_1,i_2——分别为空气状态变化前后的焓,kJ/kg 干;

d_1,d_2——分别为空气状态变化前后的含湿量,g/kg 干。

由于总空气量 m(kg)所得到(或失去)的热量 Q(kJ)及湿量 W(kg)的比例,与相应于 1kg 空气的比值($\Delta i/0.001\Delta d$)应当是完全一致的,故式(2 – 27)又可写为:

$$\varepsilon = \frac{\Delta i}{0.001\Delta d} = \frac{m\Delta i}{0.001 m\Delta d} = \frac{Q}{W} \qquad (2 - 28)$$

在使用时要注意增量 Δi、Δd 的" + "、" – "号,表示过程变化的方向。

热湿比线以坐标原点为空气状态变化的起始点,即 $i_1 = 0$,$d_1 = 0$,这样式(2 – 27)可简化为 $\varepsilon = i_2/(0.001 d_2)$。

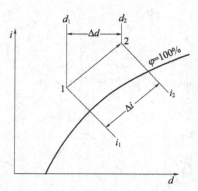

图 2 – 3　空气状态变化过程在
$i—d$ 图上的表示

然后取一固定 d_2 值,再分别取多个不同 i_2 值,便可计算出多个不同 ε 值,在 $i—d$ 图上从起始点出发,并与固定 d_2 值线和多个 i_2 值线的交点连接起来,便画出一条条倾斜度不同的辐射线,就是热湿比线。这些线表示当空气从一种状态变化到另一种状态时的热量和湿量相对变化的情况和变化过程的方向。

由于热湿比线的斜率与起始位置无关,因此起始状态不同的空气,只要斜率相同,其变化过程线必定相互平行。在实际应用中,如果已知空气的初始状态及变化过程的 ε 值,则在 $i—d$ 图上通过初始点作一直线平行于等值的 ε 辐射线即得过程线。若再知道变化过程终了状态的任一参数,则所作的过程线与该已知等参数线的交点,即得过程终了的状态点,由此点就可查出其余的参数。

必须说明,在一些 $i—d$ 图上还标有空气比体积的等值线,而现在的 $i—d$ 图上已不再标出。这是因为在空调范围内,空气的比体积变化不大,在工程计算中,常把它取值为标准状态下空气密度值 $1.2 \mathrm{kg/m^3}$ 的倒数值。

$i—d$ 图是针对一定的大气压力绘制出来的,大气压力变化了,相对湿度 φ 线的位置必将相应改变。当大气压力低于标准大气压时,饱和曲线($\varphi = 100\%$)将向下移动。在大气压力相差不大($13 \sim 26 \mathrm{hPa}$)时,可以通用,如果大气压力相差很大时,就要选用与所在地区大气压力相接近的 $i—d$ 图。

二、$i—d$ 图的应用

(一)确定空气状态及其参数

在 $i—d$ 图上每一点都代表湿空气的一个状态,故只需知道湿空气的任意两个独立参数,便可在 $i—d$ 图上确定湿空气的状态点并找出其他的参数。

例 2 – 7 纺织厂某车间空气温度为 30℃,相对湿度为 60%,大气压力为 1013.25hPa,试用 $i—d$ 图求出空气的含湿量、含热量、水蒸气分压力。

解:选用 $B = 1013.25 \mathrm{hPa}$ 的 $i—d$ 图,如图 2 – 4 所示。首先在 $i—d$ 图上找出 $t_1 = 30℃$、$\varphi_1 = 60\%$ 的交点 1。从 1 点引等 i 线向下,并从 1 点引等 d 线向上,分别与含湿量 d 坐标线及水蒸气分压力 P_q 变换线相交于 2 点和 3 点。由此便可从图上直接查得 $i_1 = 71 \mathrm{kJ/kg}$ 干、$d_1 = 16 \mathrm{g/kg}$ 干、$P_q = 2530 \mathrm{Pa}$。

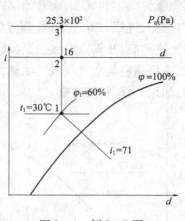

图 2 – 4 例 2 – 7 图

(二)确定空气被热湿处理后的终状态点

前已述及,如果已知空气的初始状态及变化过程的热湿比 ε 值,又知道变化过程终了状态的任一参数,则可得空气被热湿处理后的终状态点。

例 2 – 8 已知大气压力为 1013.25hPa,空气初状态 $t_1 = 20℃$,$\varphi_1 = 60\%$,当空气吸收总热量 $Q = 3.49 \mathrm{kW}$ 和总湿量 $W = 2.094 \mathrm{kg/h}$ 后,温度变为 $t_2 = 32℃$,求空气终状态点。

解:在大气压力为 1013.25hPa 的 $i—d$ 图上,按 $t_1 = 20℃$、$\varphi_1 = 60\%$,确定出空气状态点 1,

并查得 $i_1 = 42.3\text{kJ/kg}$ 干、$d_1 = 8.7\text{g/kg}$ 干。

由空气所吸收的总热量和总湿量得知其热湿比 ε 为：

$$\varepsilon = \frac{Q}{W} = \frac{3.49 \times 3600}{2.094} = 6000(\text{kJ/kg})$$

根据此值，在 $i-d$ 图的热湿比标尺上找到相应的 ε 线。然后过 1 点作该线的平行线，即为空气状态变化过程线。此线与 $t_2 = 32℃$ 等温线的交点 2 就是空气终状态点。由图查得 $\varphi_2 = 40\%$、$d_2 = 12\text{g/kg}$ 干、$i_2 = 62.9\text{kJ/kg}$ 干，如图 2-5 所示。

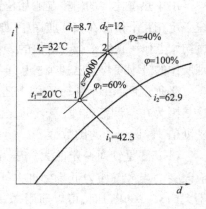

图 2-5　例 2-8 图

(三)确定空气的露点温度

湿空气的露点温度是指空气在含湿量(或水蒸气分压力)不变的情况下，将此空气冷却到饱和状态，即相对湿度 $\varphi = 100\%$ 时所对应的温度，以符号 t_1 表示，单位为℃。

从饱和湿度的概念可知，空气的饱和含湿量(或饱和水汽分压力)和温度有关。当温度降低时，饱和含湿量(或饱和水汽分压力)也随着降低，也就是说温度降低时，空气容易达到饱和状态。因此，当空气中实际的含湿量(或水汽分压力)不变时，随温度降低，愈来愈接近饱和含湿量(或水汽分压力)，也就是说空气的相对湿度愈来愈高。如果相对湿度达到 100\%，即空气达到饱和状态，如再继续降低温度，空气中便会有水蒸气凝结出来，空气的含湿量便开始减小。因此，空气的露点温度也可以认为是把空气冷却到使原来状态空气中所含有的水蒸气量达到饱和状态，而开始凝露时的温度。

在大气压力 B 一定时，露点温度的高低只与空气中水蒸气含量有关，水蒸气含量愈多，露点温度愈高，故露点温度也是反映空气中水蒸气含量的一个物理量。判断物体表面是否有凝结水，主要是将与空气接触的物体的表面温度 t 与空气的露点温度相比较，如果 $t > t_1$ 就不会结露，如果 $t < t_1$ 就要结露。

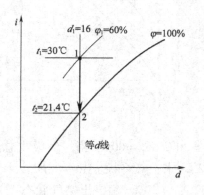

图 2-6　例 2-9 图

使用 $i-d$ 图求空气的露点温度十分简便，只要在 $i-d$ 图上找出已知空气的状态点，再根据空气露点温度的定义，只需从该点引等 d 线向下与 $\varphi = 100\%$ 的饱和线相交，此交点所对应的等温线的标定温度值即为空气的露点温度。

例 2-9　已知某地大气压力 $B = 1013.25\text{hPa}$，空气温度为 30℃，相对湿度为 60\%，求空气的露点温度。

解：使用 $B = 1013.25\text{hPa}$ 的 $i-d$ 图，如图 2-6 所示。按 $t_1 = 30℃$、$\varphi_1 = 60\%$，确定出空气状态点 1，查得含湿量 $d_1 = 16\text{g/kg}$ 干，即指此空气的实际含湿量为 16\text{g/kg} 干，空气是未饱和状态。然后，过 1 点引等 d 线向下与 $\varphi = 100\%$

的饱和线相交于 2 点。由于温度不断降低，空气中所含水汽量达到饱和状态，点 2 所对应的温度为 $t_2 = 21.4℃$，则空气的露点温度即为 $t_1 = 21.4℃$。

查附表 1 可知，当空气温度继续降低至 20℃时，$d_b = 14.7g/kg$ 干，此时将有 $1.3g/kg$ 干的水汽从空气中凝结成小水珠析出。不难看出，不同状态的空气，只要其含湿量相等，其露点温度必然相同。

（四）确定空气的湿球温度

一般水银温度计的水银球始终处于干燥状态，其所显示的是空气的温度，也称干球温度，用符号 t_g 表示。若将水银球表面包上湿纱布，使其始终保持湿润状态，则其显示的温度，便称为湿球温度，用符号 t_s 表示，单位为℃。

水分在蒸发成水蒸气时，必须要吸收汽化潜热，若水温高于空气的干球温度时，其所需汽化潜热将由其自身供给，从而使水温下降，一直降至空气的干球温度以下，此时水分蒸发所需汽化潜热，便开始由空气供给一部分，一部分仍来自水的自身，直至水温降至某一温度，此时水分蒸发所需之汽化潜热，完全是由空气供给时，水温不再下降，湿球温度计上显示的温度不再变化，此时的温度就是湿球温度。

湿球周围的一薄层空气因为提供热量给水分蒸发，其显热减少，温度便下降，直至和水温相等，所以湿球温度既是湿球表面水的温度，也代表湿球周围薄层空气的温度，这一温度一般都低于空气的干球温度。

如果湿球表面的水温低于空气的干球温度，那么水分蒸发所需的汽化潜热一开始便由空气供给，由于空气和水有温度差，还需供给热量使水温升高。当水温升高到某一温度，使空气仅仅供给水蒸发所需的汽化潜热，水温和湿球周围薄层空气温度相等时，此时湿球上显示的温度亦即湿球温度。

空气在供给水所需汽化潜热的同时，其温度降低，但因为吸收了水蒸气，含湿量增加。在温度下降、含湿量增加的情况下，很快地达到饱和状态，湿球温度就表示湿球周围这一薄层饱和空气层的温度。

由于空气提供水蒸发所需的热量，失去了显热，同时却因水汽量增加，得到了潜藏在水汽中的等量汽化潜热，因而可以认为空气的含热量没有变化。但是，严格地说，水本身有一定的温度和热量，在变为水蒸气时，这一部分被称之为液体热的热量随水汽一起带给了空气，实际上空气的含热量是增加的，但是因为这一部分热量很小，一般可以忽略不计。

通过以上叙述，可以认为湿球温度就是使一定状态的空气在含热量不变的条件下，使其温度降低、含湿量增加，达到饱和状态时的温度。

在 $i—d$ 图上确定空气的湿球温度是很方便的，只需通过已知空气状态点，作沿等 i 线向下的直线与饱和线相交的一点所对应的温度，就是该状态空气的湿球温度。

例 2 – 10　已知某地大气压力 $B = 1013.25hPa$，空气温度为 $t = 32℃$、$\varphi = 50\%$，求空气的湿球温度。

解：选用 $B = 1013.25hPa$ 的 $i—d$ 图，如图 2 – 7 所示。按 $t = 32℃$、$\varphi = 50\%$，确定出空气状态点 1，查得含热量 $i = 70.5kJ/kg$ 干，空气是未饱和状态。然后过点 1 引等 i 线向下与 $\varphi =$

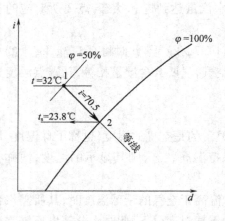

图 2-7　例 2-10 图

100%的饱和线相交于点 2,空气达到饱和状态。点 2 所对应的温度就是空气的湿球温度 $t_s = 23.8℃$。

湿球温度并不是空气的真正温度,而只是表示空气状态的一种物理量,但却是非常重要的物理量。在空气调节中,常用干球温度与湿球温度之差来确定空气的相对湿度,见附表 2,其原理将在第九章中阐述。同时,空气湿球温度的高低是进行空气调节的主要依据。

(五)表示不同状态空气的混合过程

在空气调节中,经常要用两种不同状态的空气进行混合,混合之后的空气状态可以用下面介绍的两种方法来确定。

1. 计算法　假定质量为 m_1(kg)的状态 1(i_1、d_1)空气和质量为 m_2(kg)的状态 2(i_2、d_2)空气混合,且与外界没有热湿交换。混合后的空气质量为 $m_3 = (m_1 + m_2)$,混合状态 3(i_3、d_3)则可以确定如下。

根据热平衡和湿平衡的原理,列出下列平衡式:

$$m_1 i_1 + m_2 i_2 = (m_1 + m_2) i_3$$

$$m_1 d_1 + m_2 d_2 = (m_1 + m_2) d_3$$

由此可得:

$$i_3 = \frac{m_1 i_1 + m_2 i_2}{m_1 + m_2} \tag{2-29}$$

$$d_3 = \frac{m_1 d_1 + m_2 d_2}{m_1 + m_2} \tag{2-30}$$

由式(2-29)、式(2-30)就可以确定混合后的空气状态参数 i_3 和 d_3,然后在 $i—d$ 图上,便可找到相应点 3,其余参数亦可从图上查得,如图 2-8 所示。

2. 作图法　由上述两个平衡式可推导出:

$$\frac{m_1}{m_2} = \frac{i_2 - i_3}{i_3 - i_1} \qquad \frac{m_1}{m_2} = \frac{d_2 - d_3}{d_3 - d_1}$$

则:

$$\frac{m_1}{m_2} = \frac{i_2 - i_3}{i_3 - i_1} = \frac{d_2 - d_3}{d_3 - d_1} \tag{2-31}$$

$$\frac{i_2 - i_3}{d_2 - d_3} = \frac{i_3 - i_1}{d_3 - d_1} \tag{2-32}$$

由图 2-8 可见,根据解析几何原理可以证明,在 $i—d$ 图中,显然 $(i_2 - i_3)/(d_2 - d_3)$ 之比值是点 2 和点 3 之间连线 $\overline{23}$ 的斜率,而 $(i_3-i_1)/(d_3-d_1)$ 之比值则是点 3 和点 1 之间连线 $\overline{31}$ 的斜率。因两斜率相等,因此直线 $\overline{23}$ 和 $\overline{31}$ 互相平行。又因点 3 为公共点,因而 1、2、3 点必然在同一直线上。

由式(2-31)可得:

$$\frac{\overline{23}}{\overline{31}} = \frac{i_2 - i_3}{i_3 - i_1} = \frac{d_2 - d_3}{d_3 - d_1} = \frac{m_1}{m_2} \qquad (2-33)$$

由式(2-33)可知,混合点 3 将线段分成两段,两段长度之比和参与混合的两种空气质量成反比,混合点则靠近质量大的空气状态点一端。

例 2-11 某空调室采用室内回风 $m_1 = 2000\text{kg}$,状态为 $t_1 = 20℃$、$\varphi_1 = 60\%$;室外新风 $m_2 = 500\text{kg}$,状态为 $t_2 = 35℃$、$\varphi_2 = 65\%$,混合进行处理。求混合后空气状态。

解: 根据已知条件,在 $i—d$ 图上确定状态点 1 和状态点 2,将 1、2 两点用直线相连,并在直线 $\overline{12}$ 上求混合点 3。由式(2-33)可得 $\dfrac{\overline{23}}{\overline{31}} = \dfrac{m_1}{m_2} = \dfrac{2000}{500} = \dfrac{4}{1}$ 。将线段 $\overline{12}$ 分为五等分,则混合空气状态点 3 位于靠近状态点 1 的一等分处,如图 2-9 所示。由图上查得 $t_3 = 23℃$,$\varphi_3 = 66.5\%$,$i_3 = 52.8\text{kJ/kg}$ 干,$d_3 = 11.6\text{g/kg}$ 干等空气状态参数。

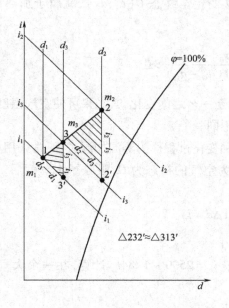

图 2-8　两种状态空气的混合

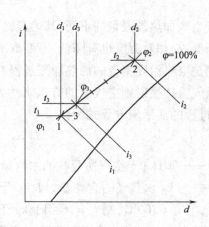

图 2-9　例 2-11 图

混合状态点 3 亦可完全用计算法求得,根据已知条件 t_1、φ_1 和 t_2、φ_2,用前面讲过的公式计算出 i_1、d_1 和 i_2、d_2,再用式(2-29)、式(2-30)求出 i_3、d_3。在图上找出 3 点,其余参数即可查得。所得结果和用作图法的得数基本相同,但用作图法却方便得多。

(六)表示空气状态的变化过程

$i—d$ 图不仅能确定空气的状态和状态参数,更重要的是能表示空气状态的变化过程,而这

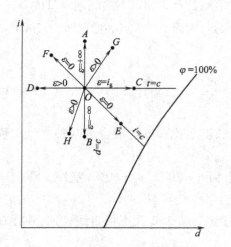

图 2-10 空气状态变化过程

个变化过程的方向和特征又可用热湿比 ε 值表示。图 2-10 绘制了空气状态变化的各种过程,现分述如下:

1. 加热过程 OA　冬季为了提高车间温度,在纺织厂空调中常用表面式蒸汽加热器对空气进行加热处理。处理过程中空气的温度提高了,但含湿量没有变化,因此空气状态呈等湿增焓升温变化,过程线为 OA。在 d 不变的情况下加热空气由初态 $O(i_0、d_0)$ 至终态 A $(i_A、d_A)$,则表示该状态变化过程的方向线(ε 线),应与 d 为常数之直线平行。由于 $i_A > i_0$,$d_A = d_0$,则:

$$\varepsilon = \frac{\Delta i}{0.001\Delta d} = \frac{i_A - i_0}{0.001(d_A - d_0)} = +\infty$$

通过加热过程,空气温度升高,焓值增加,而相对湿度降低了,即空气变干燥了。加热过程还可以用电加热器或表面式热水加热器进行。

2. 加热加湿过程(AOE 区域)　空气从初态 O 变化至终态 $G(i_G、d_G)$,就属于加热加湿过程,表示该状态变化过程的热湿比 ε 为:

$$\varepsilon = \frac{\Delta i}{0.001\Delta d} = \frac{i_G - i_0}{0.001(d_G - d_0)} > 0$$

由于空气加热加湿量的不同,其热湿比可在 0 至 $+\infty$ 之间变化,其结果可使空气温度升高、不变或降低,而相对湿度也有降低、不变或增大的不同。

特别是空气温度不变的加热加湿过程 OC,这种变化过程称为等温加湿过程,常采用将有限量的水蒸气直接喷射到空气中的方法来达到。因为空气的初态为 O,吸收了水蒸气后,变为 C 点,则此过程的热平衡方程式为:

$$i_C = i_0 + 0.001\Delta d \times i_q$$

式中:Δd——每 1kg 干空气所吸收的水汽量,g/kg 干;

　　i_q——1kg 水蒸气的含热量,kJ/kg 干。可按 $i_q = 2500 + 1.84t_q$ 计算,在一个大气压时,$t_q = 100℃$,则 $i_q = 2684$kJ/kg 干。

则直接向空气中喷入水蒸气变化过程的热湿比为:

$$\varepsilon = \frac{\Delta i}{0.001\Delta d} = \frac{i_C - i_0}{0.001\Delta d} = \frac{i_0 + 0.001\Delta d(i_q - i_0)}{0.001\Delta d} = i_q = 2684(\text{kJ/kg 干})$$

由于 $\varepsilon = 2684$ 的过程线接近于等温线,故可认为是等温加湿过程。但需注意不可喷射过热蒸汽,因为水蒸气温度若过高,i_q 亦愈高,则过程线愈是向温度升高的方向,偏离等温线,这将使车间内空气温度升高。如喷入 $t_q = 120℃$ 的水蒸气,车间温度将升高 0.5℃。

在纺织厂中,每当干燥季节,为了达到加湿空气的效果,有时采用在空调室内或在风道内应用干蒸汽加湿器或在车间内设置多孔管等装置把水蒸气直接喷入被处理空气中。空气中增加水蒸气后,含湿量值必然提高。

3. 等焓加湿过程 OE　在纺织厂里,春、秋、冬三季采用喷淋水温等于空气湿球温度的水处理空气,进行加湿,或在车间中用直接喷雾的方法进行加湿,这时水滴蒸发需要的汽化热只能来自周围的空气,因此使空气的显热减少,温度下降。而这些小水滴蒸发成水汽后,就扩散到空气中,使空气含湿量增加,同时也把空气传给它的热量又带回到空气中,所以对空气来说,由于温度下降而失去的显热,等于含湿量增加所带回的汽化潜热,i 几乎不变,因此称等焓加湿过程,又称蒸发冷却过程或绝热加湿过程。

由于这一过程是在绝热情况下完成的,表示该状态变化过程的热湿比线与 i 为常数之直线平行。由于 $i_E = i_0$、$d_E > d_0$,则:

$$\varepsilon = \frac{\Delta i}{0.001 \Delta d} = \frac{i_E - i_0}{0.001(d_E - d_0)} = 0$$

在此过程中,空气的温度下降,含热量不变,含湿量增加,相对湿度增大。

4. 冷却过程 OB　夏季为了降低车间温度,送进车间的空气要先经过空气冷却器进行冷却(当冷却器表面无凝结水现象时)处理。空气通过冷却器,温度下降,含湿量不变,因此在 i—d 图上沿等 d 线向下变化,如图 2-10 中 OB 所示。这一过程与第一种情况相反,称为冷却过程。由于 $i_B < i_0$、$d_B = d_0$,则:

$$\varepsilon = \frac{\Delta i}{0.001 \Delta d} = \frac{i_B - i_0}{0.001(d_B - d_0)} = -\infty$$

在此过程中,空气的温度下降,含湿量不变,含热量减少,相对湿度增大。

当空气温度冷却到空气的露点温度时,空气达到饱和状态,如果继续降温,则空气中部分水汽将凝结析出,使空气的含湿量减少,就变为去热去湿过程。

5. 去热去湿过程(BOF 区域)　空气从初态 O 变化至终态 $H(i_H$、$d_H)$,由于 $i_H < i_0$、$d_H < d_0$,故表示该状态变化过程的热湿比为:

$$\varepsilon = \frac{\Delta i}{0.001 \Delta d} = \frac{i_H - i_0}{0.001(d_H - d_0)} > 0$$

由于空气去热去湿量的不同,其热湿比可在 0 至 $-\infty$ 之间变化,其结果可使空气的温度降低、不变或升高,而相对湿度也有增加、不变或降低的不同。

降温的去热去湿过程称为冷却去湿过程。普遍用于纺织厂夏季的空气调节过程中。用温度低于空气露点温度的水喷淋空气即可达到去热去湿过程。

特别是空气温度不变的去热去湿过程 OD,称为等温去湿过程,要用氯化锂水溶液喷淋空气才能实现,纺织厂里一般不予采用。

6. 等焓去湿过程 OF　这一过程与第 3 种情况相反,表示该状态变化过程的热湿比是平行

于 i 为常数之直线。由于 $i_F = i_0$、$d_F < d_0$,则:

$$\varepsilon = \frac{\Delta i}{0.001 \Delta d} = \frac{i_F - i_0}{0.001(d_F - d_0)} = 0$$

当空气通过固体吸湿剂,如硅胶(SiO_2)、铝胶(Al_2O_3)、活性炭等物质时,空气中的水蒸气被吸湿剂吸附而成为液态水,同时放出汽化潜热,潜热重又成为显热,从而使空气的温度升高,含湿量减少,相对湿度降低,含热量基本不变,只略为减少了水所带走的液态热,热湿比 $\varepsilon = 0$,如图 2 – 10 中 OF 所示,故此称为等焓去湿过程。

如果从空气的初态 O 点出发,以上述 $\varepsilon = \pm\infty$ 和 $\varepsilon = 0$ 这四条过程线为界,可以划分为四个区域,分别代表四个不同的状态变化范围,如图 2 – 11 所示。它们的变化性质见表 2 – 2。

例 2 – 12 将 $t_1 = 30℃$,$\varphi_1 = 70\%$ 的空气送进去湿机中进行除湿,在去湿机中空气温度下降到 $t_2 = 10℃$,然后再加热到 $t_3 = 20℃$,试计算含 1kg 干空气的湿空气在去湿机中除掉多少水分和最后空气的相对湿度。

解:如图 2 – 12 所示,在 i—d 图上查得 $i_1 = 78.3kJ/kg$ 干、$d_1 = 18.8g/kg$ 干。通过点 1 作等 d 线与 $\varphi = 100\%$ 饱和线交于点 $1'$,并沿饱和线向左下方移动至温度等于 $10℃$ 的点 2,查得 $i_2 = 29.0kJ/kg$ 干、$d_2 = 7.6g/kg$ 干,则含 1kg 干空气的湿空气在去湿机中除掉的水分为:

$$\Delta d = d_1 - d_2 = 18.8 - 7.6 = 11.2(g/kg 干)$$

通过点 2 作等 d 线与 $t_2 = 20℃$ 的等温线交于点 3,查图得 $d_3 = d_2 = 7.6g/kg$ 干、$i_3 = 39.0kJ/kg$ 干,最后空气的相对湿度 $\varphi_3 = 52\%$。

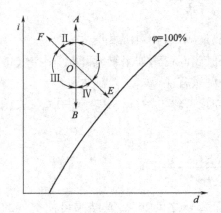

图 2 – 11 空气状态变化过程分区

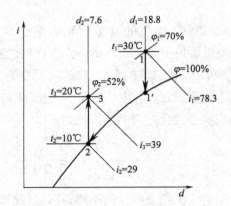

图 2 – 12 例 2 – 12 的 i–d 图

表 2 – 2 空气状态变化过程分区

区 域	过程性质	Δi	Δd	热湿比 ε
OA	加热过程	+	0	$\varepsilon = +\infty$
第 I 区 AOE	加热加湿	+	+	$0 < \varepsilon < +\infty$

续表

区　域	过程性质	Δi	Δd	热湿比 ε
其中 OC	等温加湿	+	+	$\varepsilon = i_q$
OE	等焓加湿	0	+	$\varepsilon = 0$
第Ⅱ区 AOF	加热去湿	+	−	$-\infty < \varepsilon < 0$
其中 OF	等焓去湿	0	−	$\varepsilon = 0$
第Ⅲ区 FOB	去热去湿	−	−	$0 < \varepsilon < +\infty$
其中 OD	等温去湿	−	−	$\varepsilon > 0$
第Ⅳ区 BOE	去热加湿	−	+	$\varepsilon < 0$
其中 OB	冷却过程	−	0	$\varepsilon = -\infty$

习题

1. 以绝对零压力作为基线，试计算绝对压力值并画出以下各压力线。

（1）当地大气压力 $B = 1028\text{hPa}$；

（2）真空度 $P_z = 0.0294\text{MPa}$；

（3）表压力 $P_b = 0.1470\text{MPa}$。

2. 温度为 20℃、压力为 100000Pa 的空气 20000m³，通过加热器在等压状态下被加热至 130℃，求加热后空气的容积和干空气的质量。

3. 现有两种空气，一种 $t_1 = 10$℃、$\gamma_{q1} = 9\text{g/m}^3$，另一种 $t_2 = 20$℃、$\gamma_{q2} = 10\text{g/m}^3$，试问它们的相对湿度各为多少？它们的吸湿能力如何？哪一种空气比较潮湿？

4. 某车间空气的温度为 20℃，相对湿度为 60%，大气压力为 101325Pa，求车间空气的水蒸气分压力 P_q、绝对湿度 γ_q、含湿量 d、比体积 v 和焓 i 值。

5. 某车间空气的温度为 30℃，水蒸气分压力为 2400Pa，车间容积 4500m³，大气压力 101325Pa，试求车间空气的绝对湿度、含湿量、相对湿度以及干空气和水蒸气的质量。

6. 在温度 $t = 22$℃、相对湿度 $\varphi = 60\%$ 的 1000kg 干空气中加入 2kg 水蒸气和 10475kJ 的总热量（包括水蒸气热量），试求终了空气状态的温度和相对湿度。

7. 已知湿空气的任意两个参数，试从 $i—d$ 图上查出这一空气的状态点并查出其余参数？（要求画出求得参数的求作方法图）。当地大气压力为 1013.25hPa。

（1）$t = 24$℃、$\varphi = 65\%$；

（2）$i = 47\text{kJ/kg}$ 干、$d = 9.8\text{g/kg}$ 干；

（3）$t_1 = 14$℃、$i = 59\text{kJ/kg}$ 干；

（4）$t = 32$℃、$t_s = 27$℃。

8. 某车间每小时送入 $t = 16$℃、$\varphi = 70\%$ 的空气 21700kg，该车间采用一次回风系统，如图 2 − 13 所示，回风参数 $t_1 = 20$℃，$\varphi_1 = 55\%$，新风参数 $t_2 = 36$℃、$\varphi_2 = 53\%$，混合室空气的温度 $t_3 =$

$25℃$,试计算该系统的新风量与回风量各为多少?并在 $i—d$ 图上将混合空气的处理过程表示出来。

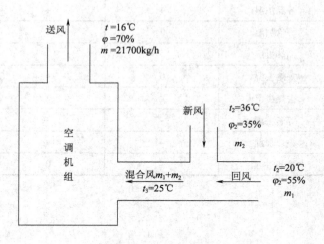

图2-13 习题8图

9. 如车间内空气的温度为 $23℃$,相对湿度为 60%,当屋顶内表面温度为 $12℃$ 时,问屋顶内表面能否出现凝露现象?为什么?

10. 空气状态变化过程是 $360°$ 全方位的,纺织厂空气调节工程中常用到哪几个过程?采用何种处理方法可得到所需要的结果?

11. 为什么说湿球温度的高低是进行空气调节的主要依据?

第三章　空气调节的基本原理

> ● 本章知识点 ●
>
> 掌握空气调节的基本原理和相关计算。
>
> 重点　夏、冬季冷、热负荷的计算方法。
>
> 难点　夏、冬季空调过程的分析。

　　纺织厂空气调节的基本原理是利用送风和排风状态参数的不同来排除(或补充)室内多余(或损耗)的热、湿量,并降低车间空气的含尘浓度,以维持车间所要求的空气条件。夏季空调排除的车间多余热量或湿量,叫做空调系统的冷负荷或湿负荷;冬季空调向车间补充的热量或湿量,叫做空调系统的热负荷或湿负荷。冷热负荷直接影响空调系统设备的容量和运行状态。因此,本章主要介绍冷热负荷的计算和空调送风系统。

第一节　空调系统冷热负荷的计算

一、通过围护结构的传热量

　　所谓围护结构是指空调房间的外墙、内墙、屋顶、门窗及地板等的总称。纺织厂的机器设备发热量是车间的主要热量来源,围护结构的传热量相对较小,且由于通过围护结构的传热量是不稳定传热,即随时间变化的传热,准确计算又相当复杂,故此项传热在工程上常常以简化方式进行计算,即假设传热是在一稳定温度场下进行,由此算出围护结构的基本传热量,再在基本传热量的基础上考虑其他因素的影响而加以修正,修正部分被称之为附加传热量。所以通过围护结构总的传热量是基本传热量与附加传热量之和。

(一)基本传热量

基本传热量由两部分组成。

　　1. 温差传热　当室内外温差小于5℃时,一般夏季的温差传热在工程上常忽略不计,但冬季则必须计算,图3-1为一外墙,其左侧空气温度为t_1,墙表面温度为t_1',右侧为t_2、t_2',热由左向右传递($t_1 > t_2$),其基本传热量为:

$$Q = KF(t_1 - t_2) \tag{3-1}$$

式中:Q——通过墙传递的热量,W;

　　　F——传热墙的面积,m^2;

　　　K——墙的传热系数,$W/(m^2 \cdot ℃)$,其值可查《纺织空调除尘手册》。

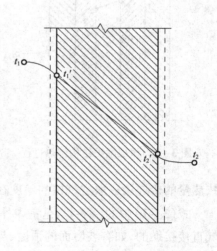

图3-1　热的传递过程

$$K = \cfrac{1}{\cfrac{1}{\alpha_n} + \cfrac{\delta}{\lambda} + \cfrac{1}{\alpha_w}} \qquad (3-2)$$

式中:α_n——墙(围护结构)内表面的换热系数,W/(m²·℃),其值可见表3-1;

δ——墙(围护结构)的厚度,m;

λ——建筑材料的导热系数,W/(m·℃),工程上常把 $\lambda < 0.23$W/(m·℃) 的材料叫做保温材料,其值可查《纺织空调除尘手册》;

α_w——墙(围护结构)外表面的换热系数,W/(m²·℃),其值见表3-1。

表3-1 换热系数

围护结构表面特征	α_n 或 α_w
墙、地面、表面平整或有肋状突出物的顶棚 $h/s \leqslant 0.3$	8.7
同上顶棚 $h/s > 0.3$ 时	7.6
直接与室外空气接触的外表面	23.3
邻阁楼或冷房间的外表面	11.6

注 h 为肋高(m),s 为肋间净距(m)。

K 值是当围护结构两侧的空气温度差为1℃时,在1s内通过面积1m² 围护结构传递的热量,因此它表示围护结构允许热量通过的能力。K 值越小,表示围护结构的保温性能越好。K 的倒数称为热阻,用 R 表示($K=1/R$),表示围护结构对热量流动的阻力。

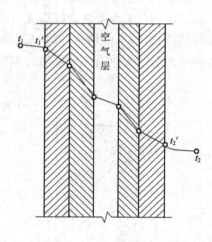

图3-2 多层围护结构传热过程

式(3-2)是由一种材料构成的单层围护结构的传热系数计算公式。建筑中常见的围护结构大部分为多层材料组成,如图3-2所示,此时的传热系数 K 的计算公式为:

$$K = \cfrac{1}{\cfrac{1}{\alpha_n} + \sum \cfrac{\delta}{\lambda} + \sum \cfrac{1}{\Delta} + \cfrac{1}{\alpha_w}} \qquad (3-3)$$

式中:$\sum \dfrac{\delta}{\lambda}$——各建筑材料层的热阻之和;

$\sum \dfrac{1}{\Delta}$——各空气隔热层的热阻之和。

空气是热的不良导体,因此对保温要求较高的车间、冷库等,在围护结构内常设有空气层,但空气层的厚度与高度要适当,不能过厚过高,否则因空气的自然对流会加快热量的传递。一般空气层的厚度在5cm 左右,相应的热阻值 $1/\Delta$ 为0.16m²·℃/W。

式(3-1)中的 $(t_1 - t_2)$ 是室内外温度差,实际上有些围护结构的外表面并不是与室内外空气直接接触的,如有坡屋面的顶棚、与不采暖房间相邻的隔墙以及与地下室相连的地板等,这些围护结构外表面冬季的空气温度都比室外空气温度高。因此,在室内外空气温差 $(t_1 - t_2)$ 上要乘以一小于 1 的修正系数 a，这时的基本公式为：

$$Q = KF(t_1 - t_2)a \tag{3-4}$$

式中：a——温差修正系数，见表 3 - 2。

表 3 - 2 温差修正系数 a 值

围 护 结 构 特 征	系数 a
外墙、屋顶、地面以及与室外空气相通的楼板等	1.00
与有门窗的非采暖房间相邻的隔墙	0.70
与无门窗的非采暖房间相邻的隔墙	0.40

对屋面与吊顶综合所传递的热量，可用综合传热系数 K 来计算。人字屋顶，如图 3 - 3 所示。平屋顶，如图 3 - 4 所示。

$$K_{人} = \cfrac{1}{\cfrac{1}{K_1} + \cfrac{F_1}{K_2 F_2}} \tag{3-5}$$

$$K_{平} = \cfrac{K_1 F_1 + K_1 K_2 \cfrac{F_3}{F_2}}{K_2 + \cfrac{K_1 F_1}{F_2} + \cfrac{K_3 F_3}{F_2}} \tag{3-6}$$

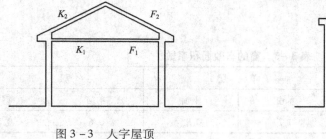

图 3 - 3 人字屋顶

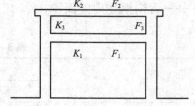

图 3 - 4 平屋顶

计算温差传热时应注意以下三个方面的问题。

（1）热量传递的方向。

（2）t_1 与 t_2 两者哪个为室内，哪个为室外。

（3）室外计算温度在设计状态下要查空调手册，并在运转中用实际数值。

2. 太阳辐射热 太阳光照射在围护结构外表面上，部分被反射，其余的则被表面吸收，增高了表层材料本身的温度，因而形成了由外表面至内表面的热传递。冬季是计算车间热损失，对太阳辐射热的影响不单独计算，只考虑给予修正，即附加。通过围护结构传入车间的太阳辐射热用以下公式计算。

（1）通过屋顶或墙的太阳辐射热量：

$$Q_1 = 0.0303 KF\rho J \tag{3-7}$$

式中：Q_1——因太阳辐射引起的传热量,W;

  K——屋顶或墙的传热系数,W/(m²·℃),一般墙的 K 值可查《纺织空调除尘手册》;

  F——平屋顶及斜屋顶的水平投影面积或墙的实际传热面积,m²;

  ρ——屋顶或墙表面对太阳辐射的吸收系数,其值可查《纺织空调除尘手册》;

  J——太阳的总辐射强度,W/m²。计算屋顶传热时,要用水平面上的太阳辐射强度;计算墙的传热时,则要用垂直面的太阳辐射强度,且要注意墙的朝向,其值可查《纺织空调除尘手册》。

  计算这项传热量要注意纺织厂车间的温度一般在下午4时左右最高。由于屋顶对温度波的延迟时间为 3～4h,太阳辐射强度值应取中午 12 时左右的数值。

  (2)通过玻璃窗的太阳辐射热量:纺织厂采用较薄又透明的玻璃天窗,由于它的热惰性很小,可不考虑温度波衰减和延迟时间,除部分反射和极少量被吸收外,大部分热量透过窗户直接进入车间。辐射入车间的热量为:

$$Q_2 = X_m X_z J_t F \qquad (3-8)$$

式中：Q_2——透过玻璃窗的辐射热量,W;

  X_m——窗的有效面积系数(表3-3);

  X_z——窗的遮阳系数,一般纺织厂的天窗作采光用,不用遮阳,因此 X_z 取1;

  J_t——透过玻璃窗的太阳辐射强度,W/m²,其值可查《纺织空调除尘手册》;

  F——含窗框在内的面积,m²。

表3-3 窗的有效面积系数

窗	单 层		双 层	
	木窗	钢窗	木窗	钢窗
X_m	0.7	0.85	0.6	0.75

  由于锯齿形厂房天窗朝向为北向偏东,所以此项传热一般数值不大,同时还要考虑其能否瞬时成为空气中的热量,因而设计时一般不予考虑。

  (二)附加传热量

  附加传热量主要用在冬季热损失计算上,因为夏季传入车间的主要是太阳辐射热,已能比较准确的计算;而冬季传热是由车间内传至室外,主要是因温差传热,其影响因素较多,必须考虑给予修正。

  1.方向附加 由于各围护结构的朝向不同,因此它受到的太阳辐射时间、强度和围护结构本身的干燥程度也不同。如朝南的围护结构受到的太阳辐射时间长、强度大,而计算其基本热损失时只考虑室内外空气的温差传热,阳光照射在外表面使其温度升高,减少了热量由室内向室外的传递,因此要减去一个数值,这就是方向附加,实际上为附减;朝北的围护结构不受太阳的直接照射,故不附加。各朝向围护结构的附加值可参照图 3-5 所规定的方向附加率乘以相应的围护结构的基本热损失而求得,图中方向线指的是垂直围护结构表面的方向。

2. **风力附加** 表3-1中 α_w 是在室外风速为 2.5m/s 下确定的。纺织厂若建在城市郊区或不避风的高地、河边、海边等,考虑实际风速常大于此值,所以要对主导风向上的垂直围护结构附加 5% ~ 10% ,即用基本传热量乘以附加率为附加量。

3. **高度附加** 因温度高的空气密度小,则车间内热空气上升,冷空气下降,形成一种温度梯度分布,上部温度较高。空调受控区为距地面 1.5 ~ 2m ,其温度同车间内高度 3 ~ 4m 的温度接近,但超过 4m 以上的空气温度就会比受控区的温度高,而计算热损失时仍用的是受控区的温度,因此为使计算更近实际,应采用高度附加。

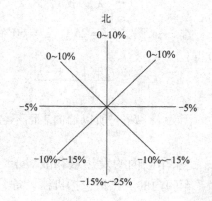

图 3 - 5 方向附加率

车间高度附加是把各围护结构的基本热损失与其他附加热损失之和乘以总的高度附加率,即得高度附加量。高度附加率一般为房间高度高于 4m 时,每增高 1m 应附加 2% ,但总的附加率一般不超过 15% ,并且只对 4m 高以上的围护结构进行附加。

二、围护结构的热工要求与验算

围护结构材料确定后,传热系数 K 值主要与厚度相关。围护结构越厚,K 值越小;反之,围护结构越薄,K 值越大。在冬天越薄的围护结构其内表面温度越低。根据结露的概念,此时围护结构内表面便越易产生凝水,为防止凝水发生,必须满足 $t'_n > t_1$ (t'_n 为围护结构内表面温度),设 $t'_n = t_1 + 1$,围护结构的最大传热系数用 K_{max} 表示,则:

$$K_{max} = \frac{t_n - (t_1 + 1)}{t_n - t_w} \times \alpha_n \qquad (3-9)$$

式中:t_n——室内空气温度,℃;

t_w——室外空气温度,℃;

t_1——室内空气露点温度,℃。

当围护结构的实际传热系数 $K \leqslant K_{max}$ 时,围护结构的内表面才不会凝水。屋顶和墙的建筑结构必须满足要求;对天窗,北方地区则可用双层或三层窗,并设排除凝结水的水槽。K 值过小会增大建筑成本。

例3-1 某空调车间冬季要求室内温度为 25℃ ,相对湿度为 60% ,当地室外设计温度为 -5℃ ,该车间外墙结构为一砖半[厚 370mm ,导热系数 $\lambda_1 = 0.81W/(m \cdot ℃)$],内有 20mm 厚的石灰粉刷[$\lambda_2 = 0.93W/(m \cdot ℃)$]。试计算外墙的 K 值及检查墙内表面是否会结露。

解:查表3-1知, $\alpha_n = 8.7W/(m^2 \cdot ℃)$, $\alpha_w = 23.3W/(m^2 \cdot ℃)$,则:

$$K = \cfrac{1}{\cfrac{1}{a_n} + \sum \cfrac{\delta}{\lambda} + \cfrac{1}{\alpha_w}} = \cfrac{1}{\cfrac{1}{8.7} + \cfrac{0.37}{0.81} + \cfrac{0.02}{0.93} + \cfrac{1}{23.3}} = \cfrac{1}{0.636} = 1.57[\,W/(m^2 \cdot ℃)\,]$$

查 $i—d$ 图,当 $t = 25℃$,$\varphi = 60\%$ 时,空气的露点温度 $t_1 = 17℃$,把已知参数代入式(3 - 9)得:

$$K_{max} = \frac{t_n - (t_1 + 1)}{t_n - t_w} \times \alpha_n = \frac{25 - (17 + 1)}{25 - (-5)} \times 8.7 = 2.03[\,W/(m^2 \cdot ℃)\,]$$

因为 $K < K_{max}$,所以墙内表面不会结露。

三、车间内的发热量和散湿量

车间内的发热量包括机器设备、人、照明灯具等的散热量,这部分稳定的散热量是纺织空调冷负荷的主要来源。

1. 机器设备发热量 机器设备发热量(电动设备散热量),一部分是电动机本身散发的热量,即电能消耗在电动机的线圈、磁铁及轴承内由于摩擦和阻抗变成了热量,由电动机表面散入车间空气中;另一部分是电能变成机械能,后因各机件之间的摩擦以及机件与纱线间的摩擦而转化为热能,再散入车间空气中。而用于加工成品、半成品方面所消耗的机械能很微小。可以认为全部电能均转化为热能。

对锯齿形厂房,细纱机的发热量占该车间总热量的 $80\% \sim 85\%$,捻线车间约占 80%,布机车间约占 65%,清棉、梳棉、并粗车间占 $55\% \sim 75\%$;多层建筑的厂房,由于太阳辐射热影响减小,梳棉、细纱、捻线等车间的机器发热量会增至总热量的 90% 左右。因此,机器设备发热量计算必须仔细、准确。机器设备的发热量 $Q_3(W)$ 可用下式计算。

$$Q_3 = n_1 n_2 n_3 \frac{N}{\eta} \times 10^3 \tag{3 - 10}$$

式中:n_1——安装系数,是电动机的最大实耗功率与安装功率(铭牌额定功率)之比,它反映了铭牌额定功率利用的程度,一般为 $0.7 \sim 0.9$;

n_2——负荷系数,是电动机每小时平均实耗功率与最大实耗功率之比,一般为 $0.75 \sim 0.85$;

n_3——同时运转系数,即开动的机台数与车间全部机台数之比,见表 3 - 4;

N——总安装功率,kW,即每台机器的电动机铭牌上的额定功率乘以机器台数;

η——电动机的效率,见表 3 - 5。

表 3 - 4 纺织工艺设备同时运转系数

设备名称	清棉	梳棉	预并	条卷	精梳	混并一	混并二	混并三	粗纱	细纱
n_3	0.9	0.94	0.95	0.98	0.94	0.94	0.95	0.95	0.95	0.965
设备名称	络筒	捻线	摇纱	整经	浆纱	织布	验布	折布	络纬	
n_3	0.495	0.975	0.99	0.965	0.96	0.98	0.99	0.99	0.94	

注 织布为 1511 型 112cm(44 英寸)有梭织机。

表3-5 电动机效率

电动机功率(kW)	1以下	1~7	10~50	55以上
电动机效率 η(%)	75~80	80~85	85~90	90~92

2. 照明设备散热量　目前以使用日光灯、白炽灯照明为多,与电动设备相似,只有极少的电能转化为光能,绝大部分最终都变成了热量散发到车间中。

(1)白炽灯:

$$Q_4 = 1000N \tag{3-11}$$

式中: Q_4——白炽灯的散热量,W;

　　　N——白炽灯的总功率,kW。

(2)荧光灯(又名日光灯):

$$Q_4 = 1000(N_1 + N_2) \tag{3-12}$$

式中: Q_4——荧光灯的散热量,W;

　　　N_1——荧光灯的总功率,kW;

　　　N_2——镇流器消耗的总功率,kW。一般取荧光灯总功率的20%~25%。

3. 人体散热量　人体维持正常体温是靠不断散热来实现的。人体散热的主要形式有传导、对流、辐射和汗液蒸发。前三种散发的热量为显热,后者靠汗水蒸发带出的是汽化潜热。人体散发热量的多少取决于人的劳动强度和环境温度,其数值见表3-6。显热与潜热之和为人体总的散热量。当车间内的总人数为 n 时,人体总的散热量 Q_5(W)为:

$$Q_5 = nq \tag{3-13}$$

式中: q——每人散发的总热量,W/人。

表3-6 不同温度和工作状态下人体散热散湿量

名　称	室温(℃)							
	20	22	24	26	28	30	32	34
轻度劳动(如实验室、机关工作)								
显热(W/人)	93	83	70	60	50	37	29	15
潜热(W/人)	55	64	76	85	95	108	116	130
总热(W/人)	148	147	146	145	145	145	145	145
散湿[g/(人·h)]	80	95	110	120	135	155	169	190
中等体力劳动(如一般纺织厂工人劳动)								
显热(W/人)	99	86	77	64	52	41	30	13
潜热(W/人)	102	114	123	134	146	157	168	185
总热(W/人)	201	200	200	198	198	198	198	198
散湿[g/(人·h)]	145	165	180	200	215	230	245	270

4. 散湿量计算 纺织企业中有些车间,如印染、缫丝、浆纱和毛纺后整理等,都有大面积的高温液体或湿物体表面,这些液面向车间蒸发了大量的水汽,其蒸发量 $W(kg/s)$ 可用下式计算。

$$W = \beta(P_2 - P_1)F\frac{101325}{B} \tag{3-14}$$

式中:P_1——空气的水蒸气分压力,Pa;

    P_2——温度与水表面相等的饱和空气的水蒸气分压力,Pa;

    F——蒸发水的表面积,m^2;

    B——当地大气压力,Pa;

    β——蒸发系数,$kg/(N \cdot s)$。

且 β 可由下式确定。

$$\beta = (\alpha + 0.00363v) \times 10^{-5}$$

式中:α——空气温度为 $15 \sim 30℃$ 时不同水温下的扩散系数,$kg/(N \cdot s)$,见表 3-7;

    v——液面上(或湿物体上)的空气流速,m/s。

表 3-7 不同水温下的扩散系数 α

水温(℃)	<30	40	50	60	70	80	90	100
α	0.0046	0.0058	0.0069	0.0077	0.0088	0.0096	0.0106	0.0125

四、冷热负荷的确定

在设计工况下,冷热负荷确定遵循的原则是各种负荷出现的最大值,即最不利情况;热量同时出现的可能性;人体散热按正常班人数计算。在运转情况下,各种负荷的确定取决于实际情况,一般不做计算而是根据车间温湿度及时进行调节。以下所述为设计工况下的计算。

(一)夏季空调车间的冷负荷

冷负荷等于车间发热量的总和。纺织厂车间的最大散热量是在白天,因而不考虑照明设备散热量 Q_4。冷负荷 Q_L 为:

$$Q_L = Q_1 + Q_2 + Q_3 + Q_5 \tag{3-15}$$

式中:Q_1——通过屋顶传入车间的热量,W;

    Q_2——通过玻璃窗传入车间的热量,W;

    Q_3——车间机器散热量,W;

    Q_5——人体散热量,W。

对无窗厂房上式中可不考虑 Q_2,应考虑加进 Q_4。楼层厂房一般也应考虑 Q_4。

(二)冬季空调车间的热负荷

冬季室内温度高于室外,车间会有热损失(包括基本热损失和附加热损失),同时也有机器发热量、照明设备和人体散热量,考虑到实际情况,如阴雨天、下雪天,车间需要照明,故照明设

备散热量应予以考虑,则空调车间的热负荷 Q_R 为:

$$Q_R = Q_s - Q_3 - Q_4 - Q_5 \qquad (3-16)$$

式中:Q_s——冬季通过围护结构传出车间的热量之和,W。

式(3-16)中 Q_R 可能是正值,也可能为负值。如为正值,表示车间冬季热损失大于发热量,空气需要补充热量,故称热负荷;若为负值,而且负值很大时,则表示冬季车间空气仍有余热量,仍称冷负荷。

(三)湿负荷

由车间蒸发的水汽量或需补充的水汽量来确定。

第二节 空调送风系统

空调送风系统主要有单通风系统、通风喷雾系统、空调室送风系统、喷雾轴流风机系统、悬挂式湿风道系统等,纺织厂空调多用空调室送风系统。喷雾轴流风机系统和悬挂式湿风道系统是 20 世纪 90 年代推广使用的节能型空调送风系统。

一、单通风

把室外空气用机械通风的方式直接送入车间,在吸收了车间热、湿、尘后,又直接排入大气。它具有设备简单、投资少、运行经济等优点。单通风的空气状态变化过程如图 3-6 所示。H 点为室外空气状态点,B 点为室内空气状态点。纺织厂大多数车间有冷负荷无湿负荷,故送入车间的空气在稳定状态下沿等 d 线变化,如图中 $H \rightarrow B$。送入车间的空气与车间内空气混合过程中有热量同时加入,所以混合后状态将变化至 B 点。

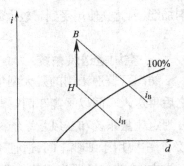

图 3-6 单通风的空气变化过程

若车间需排除的余热量为 $Q(kW)$,则所需的通风量 $m(kg/s)$ 为:

$$m = \frac{Q}{i_B - i_H} \qquad (3-17)$$

式中:i_B——室内空气含热量,kJ/kg;

i_H——室外空气含热量,kJ/kg。

以体积流量 $L(m^3/s)$ 表示为:

$$L = \frac{m}{\rho} \qquad (3-18)$$

式中:ρ——空气的密度,一般取 $\rho = 1.2 kg/m^3$。

单通风系统的缺点是,送入车间的空气温湿度随室外空气状态的变化而改变。因而,纺织厂主要车间不能采用,只用于附房通风。

二、通风喷雾

为控制车间的湿度,在采用单通风的同时在车间内安装直接喷雾装置,这一系统适合湿度要求较大的织布车间。在 $i—d$ 图上空气状态变化如图3-7所示。可以认为单通风使车间空气状态变化至 M 点之后被喷雾处理,过程变化为 $H→M$、$M→B$,实际的变化过程为 $H→B$。

通风量计算同单通风,加湿车间空气所需的喷雾量 $W(kg/s)$ 用下式计算为:

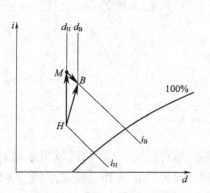

图3-7 通风喷雾的空气状态变化过程

$$W = m \times \frac{d_B - d_H}{1000} \qquad (3-19)$$

式中:d_B——室内空气的含湿量,g/kg 干;

d_H——室外空气的含湿量,g/kg 干。

送入车间空气状态实际变化过程的热湿比 ε（kJ/kg 湿）为:

$$\varepsilon = \frac{Q}{W} \qquad (3-20)$$

式中:Q——车间需要排除的多余热量,kW;

W——喷雾量,kg/s。

通风喷雾由于仍受室外空气温湿度变化的影响,当室外空气的焓值和含湿量较高时难以发挥作用,它只能加湿不能去湿,且由于设备原因还做不到均匀加湿,因此其使用受到了较大的限制。

三、空调室送风系统

纺织厂普遍采用的是大型集中式又称中央式空调系统。该系统是将空气处理到一定状态之后再送入车间以平衡车间空气多余的或不足的热量和湿量,使之维持稳定的温湿度。该系统分为定风量系统和变风量系统两种。定风量系统主要用于清棉、梳并粗、筒摇车间;变风量系统较好,主要用于细纱车间,适宜采用自动控制。集中式空调送风系统广泛使用的是以水处理空气为主、冷热交换器为辅的处理空气方法。

(一)用水处理空气的特点

用水可以对空气进行各种处理,如加热、加湿、冷却、去湿等。当水的温度比较高时,空气不仅被加热,而且由于大量水汽蒸发到空气中,空气亦被加湿;反之空气被冷却,会出现空气中水蒸气冷凝的现象。

因为水的清洗作用,使处理后的空气含尘浓度大大降低,这对控制纺织厂车间空气的含尘浓度非常有益。

水处理空气后,据测定可产生空气负离子,使空气中负离子浓度提高,不仅对车间工人身体健康有利,而且对纺织生产也有利。当负离子浓度大且稳定时,可使梳棉和细纱的断头率、回花率降低;棉网绕罗拉和细纱绕胶辊现象减少;细纱钢丝圈消耗量减少;细纱质量提高,筒子和整经断头率降低,织机停台率降低,织物质量提高。

用水处理空气的热湿交换效率高;当用地下水为冷源时可节约能源。另外车间温湿度均匀稳定,喷水室结构简单、制造方便。

但用水处理空气对水质卫生要求较高,水若过滤不好,喷嘴的堵塞率较高;占地面积大,比用冷热交换器的空调大30%~50%;水系统复杂,喷水需要一定压力,整个输水系统能耗大。

(二)定风量空调系统

定风量空调系统如图3-8所示,各部分组成如下。

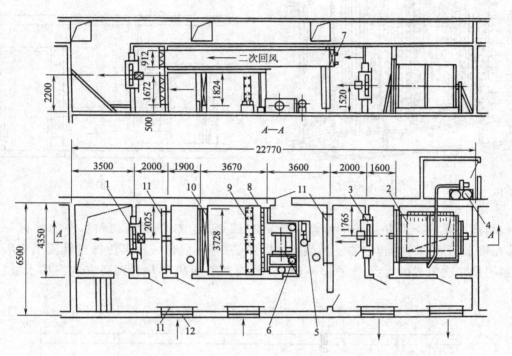

图3-8 定风量空调设备系统

1、3—轴流风机 2—回转式过滤器 4—集尘器 5—水泵 6—水过滤器 7—空气加热器
8—导流栅 9—喷水排管 10—挡水板 11—调节窗 12—百叶窗

1.进风室 由回风过滤设备A、回风机室B、排风室C和混风室D等部分组成,如图3-9所示。

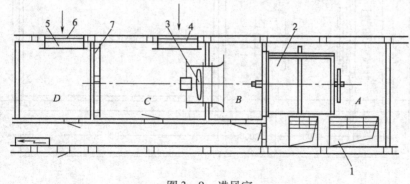

图3-9 进风室

1—(地下)回风进入口 2—滤尘器 3—风机 4,5—进风口调节窗 6—百叶窗 7—回风调节窗

2.喷水室　由喷水排管、水池和挡水板组成,如图3-10所示。

3.风机室　轴流风机分前后两室如图3-11所示,前室为负压区,用以克服空气流过进风调节窗和喷水室的阻力,后室为正压区,用以克服送风管道的阻力。

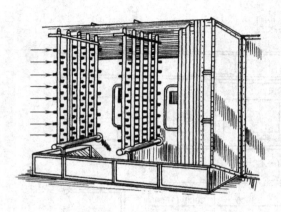

图3-10　喷水室剖视图

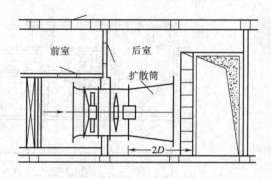

图3-11　轴流风机室

4.加热室　冬季需要加热的空调系统装有加热器。加热器装在喷水室前的称为预热器,装在喷水室后的称为再热器。预热器可以加热新风、混合风。再热器对轴流风机吸入式空调系统多装在风机的后面,如图3-12所示;对离心风机再热器则要安装在挡水板后面,如图3-13所示。

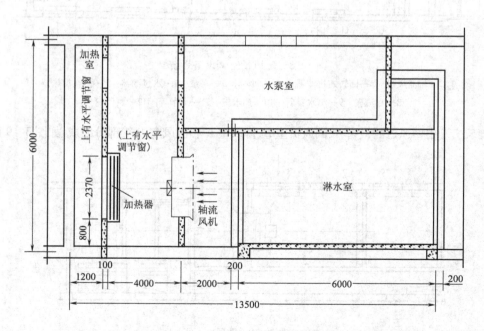

图3-12　加热器装在轴流风机后面

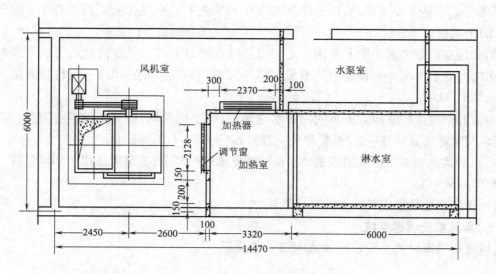

图 3－13 加热器安装在挡水板后面

(三)变风量空调系统

变风量空调系统如图 3－14 所示。变风量主要采用改变轴流风机静叶可调装置或改变风机转速的办法调整风量。因为变风量自动控制系统常使风机在低速下运行,故其节能效果明显。

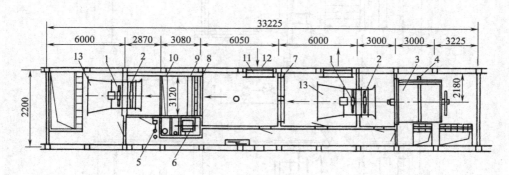

图 3－14 变风量空调系统

1—轴流风机 2—静叶可调装置 3—回转式过滤器 4—集尘器 5—水泵 6—水过滤器 7—空气加热器
8—导流栅 9—喷水排管 10—挡水板 11—调节窗 12—百叶窗 13—扩散筒

四、喷雾轴流风机送风系统

随着纺织设备的更新改造,现代化新设备的使用使空调的负荷大大增加,尤其是织造车间所需的加湿负荷使原有空调系统难以满足要求,增大通风量、喷水量,既受到各种条件的限制,又加大了能源的消耗。既节水、节能,又可随意控制车间相对湿度的喷雾轴流风机送风系统已首先在织造车间使用。它有以下四个特点。

(1)以喷雾轴流风机为核心,简化了喷淋式空调的管理,春、秋、冬三季停开喷淋水泵,而只用喷雾轴流风机既送风又喷雾实现绝热加湿;喷雾水泵扬程低,流量小;水气比 $\mu \leqslant 0.1$ 即可达到机器露点相对湿度95%以上,比传统空调节电30%左右。水气比 μ 是指处理1kg空气所需要的水的千克数。

(2)热湿交换效率高于喷淋空调。夏季用低温水时加1~2排喷淋排管,可满足冷却去湿要求,水气比小于0.4,相对传统空调节能10%~15%(传统空调 $\mu = 0.8 \sim 1.2$;喷雾轴流风机系统 $\mu = 0.1 \sim 0.4$)。

(3)对相对湿度要求较大的车间用带水送风,可减小送风量,增加车间相对湿度。带水实质上同车间喷雾的原理是一样的,带水量一般为 $\Delta d = 1.0 \sim 1.5 \mathrm{g/kg}$ 干。

(4)机器露点相对湿度利用控制喷水量可方便地进行调节,故又可适用于相对湿度一般的车间(55%~60%)。

按该送风系统的组成可分为以下三种形式。

(一)单风机无喷排系统

它以喷雾轴流风机为核心组成,如图3-15所示。

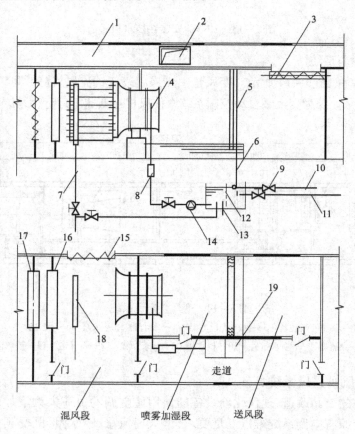

图3-15 单风机无喷排系统

1—总风道 2—支风道 3—送风调节窗 4—喷雾风机 5—挡水板 6—回水管 7—蒸汽管
8—进水管 9—浮球阀 10—补水管 11—冷冻水管 12—过滤网 13—排污管 14—喷雾水泵
15—新风调节窗 16—回风过滤器 17—回风调节窗 18—加热管 19—过滤水池

新型喷雾轴流风机是我国独立研制、自行开发的国家专利新产品。其结构原理如图 3-16 所示，叶轮 1 在电动机 5 带动下旋转，使空气产生流动。进水管 4 供给的水(冷冻水、深井水、自来水或循环水)进入锥形存水套 2 中。叶轮高速旋转时，在离心力和负压的作用下，水通过轮毂幅板上的通孔流入轮毂幅板与挡水盘 3 组成的流道内，沿轮毂切线方向飞出形成水幕，此水幕在风机压力作用下，和被输送的空气结合冲向高速旋转的叶轮叶片，被叶片打击粉碎而形成细小的水滴——雾。雾在空气中形成，随空气流动的同时发生热湿交换。较大的水滴被叶片甩向泄水圈，通过疏水栅 6 排走。

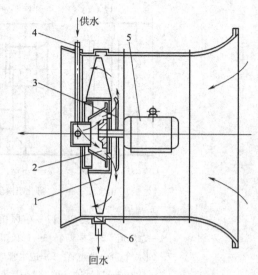

图 3-16 喷雾风机结构原理图
1—叶轮 2—锥形存水套 3—挡水盘
4—进水管 5—电动机 6—疏水栅

喷雾轴流风机喷出的雾十分细小，远小于传统喷淋水的雾滴，因此空气与水的热湿交换面积大大增加，热湿交换效率提高；极小的水滴使水的汽化率大大增加，故可以用少量的水实现大负荷的加湿；可用较低扬程的水泵，又省去了喷水排管，因此空调室结构简单，阻力小，运转费用低，操作维护简单，而调节相对湿度方便(只要调节喷水量即可)。

(二)单风机保留单排喷水排管系统

由喷雾轴流风机喷循环水，一排喷水排管喷低温水以满足夏季减焓去湿要求，如图 3-17 所示。

(三)双风机保留单排喷水排管系统

该系统是为在空调对地沟回风过滤单风机全压力不够时增加一台回风轴流风机而设，其组成如图 3-18 所示。

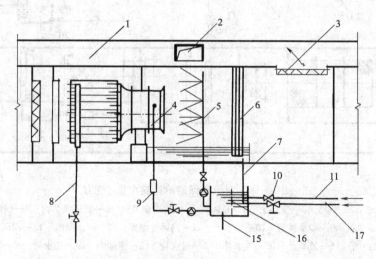

图 3-17

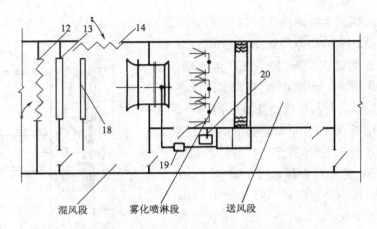

混风段　　　　雾化喷淋段　　　　送风段

图 3-17　单风机保留单排喷水排管系统

1—总风道　2—支风道　3—送风调节窗　4—喷雾风机　5—喷排　6—挡水板

7—回水管　8—蒸汽管　9—进水管　10—浮球阀　11—补水管　12—回风调节窗

13—回风过滤器　14—新风调节窗　15—排污管　16—过滤网

17—冷冻水管　18—加热管　19—喷雾水泵　20—喷排水泵

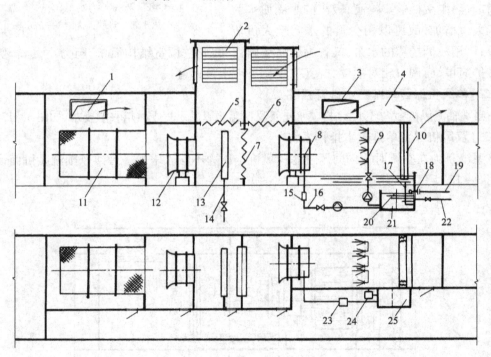

图 3-18　双风机保留单排喷水排管系统

1—回风道　2—气楼　3—支风道　4—总风道　5—排风调节窗　6—新风调节窗　7—回风调节窗

8—喷雾风机　9—喷水排管　10—挡水板　11—回风过滤器　12—回风风机　13—回风加热器

14—蒸汽管　15—流量计　16—进水管　17—回水管　18—浮球阀　19—补水管　20—过滤网

21—排污管　22—冷冻水管　23—喷雾水泵　24—喷排水泵　25—过滤水池

五、SFT 悬挂式湿风道系统

SFT 悬挂式加湿、通风、空调机组是国内首创的新型空调,主要用于绝热加湿过程。它由小型喷雾轴流风机和混风箱、风道、加热器、过滤器等直接组合成具有通风、加热、加湿、除尘等功能的悬挂式小型空调机组,因在喷雾风机后不设挡水板分离水,送风道内充满着雾气,所以称之为湿风道空调系统。其带水量为 $\Delta d = 2.0 \sim 3.0 \text{g/kg}$ 干,结构如图 3 - 19 所示。

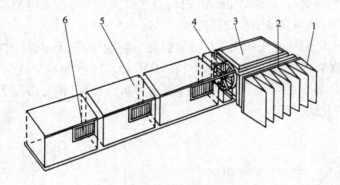

图 3 - 19 SFT 悬挂式加湿、通风、空调机组结构示意图
1—回风 V 形过滤器 2—加热段 3—混风箱 4—喷雾轴流通风机
5—湿风道 6—出风口

该空调系统加湿性能好、功能齐全、节水节电、安装方便、调节相对湿度灵活、结构简单,可直接悬挂于车间上方,适用于对湿度要求较高的织布车间和室外空气比较干燥的地区,适用于中小纺织厂。需要改进的是要解决滴水问题。

第三节 空气与水间的热湿交换原理

用水处理空气的目的是对被处理空气进行加热、加湿、冷却、去湿等,使之达到所要求的状态,为此必须了解水与空气间热湿交换的情况。

一、空气与水间的热湿交换本质

一般情况下任何液体在任何温度下其表面都具有向周围空间蒸发的能力,水也不例外。水蒸发时,水分子首先克服内部引力进入空气,因此空气与水交界处的水汽分子,随着水的蒸发会愈来愈多,最后达到饱和状态。这一紧贴着水表面的饱和空气层称为边界层。在喷水室中的小水滴如图 3 - 20 所示,水滴的周围存在着一层薄的饱和空气层即边界层,这个边界层由于充满了水汽分子,其温度可视为与水表面温度相同。空气与水间的热湿交换就是通过这一边界层进行的。如果边界层的水汽分子浓度大于周围空气的水汽分子浓度,则边界层中水汽分子必然向周围空气扩散形成蒸发;相反,若空气中水汽分子浓度大于边界层水汽分子浓度,则产生凝结。蒸发发生时,空气得到水汽分子而被加湿。凝结过程随着边界层水汽分子增加,当超过能容纳的最大值时,水汽分子就会由气态变成液态回到水滴中,空气失去水分子而被干燥。伴随着湿交换的同时,水蒸发吸收汽化热或冷凝放出冷凝潜热,因而与空气发生的热交换叫潜热交换,因水与空气间的温度差而发生的热交换叫做显热交换,显热与潜热交换之和为总的热交换。

上述分析表明空气与水间的热湿交换可理解为空气与水滴表面边界层的相互作用过程,其中湿交换取决于它们的水蒸气分压力差,而热交换则取决于二者的温度差和湿交换值。

水与空气间的热湿交换只在水滴表面进行,因此喷水室中通过喷嘴把水滴变得很小以增大其与空气的接触面积,从而提高热湿交换效果。

设喷水室内是一定量的空气和无限量的水接触,接触的时间无限长,则空气与水接触时,空气的状态变化过程在 $i—d$ 图上的表示如图 3 – 21 所示,"1"点表示空气与水接触的起始状态点,"2"点表示水滴边界层的饱和空气状态点(温度与水温相等,相对湿度为100%),空气状态变化可以从"1"点变化到"2"点。

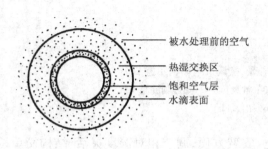

图 3 – 20　空气与水的热湿交换　　　图 3 – 21　空气与温度不变的水接触时的状态变化

在空气与水实际接触过程中,由于水量总是有限的,而且空气与水相接触的时间很短(只有几秒钟),因此空气变化终态不能达到"2"点,只能到达"3"点;事实上当空气状态变化时,水的温度也会变化(除用循环水处理空气以外),因此在 $i—d$ 图上用连接"1"与"2"点来表示空气状态的变化过程只能是近似的理论定性分析,同理也可近似的把空气与水的热湿交换理解为空气与水滴表面边界层的相互混合过程,当空气流经水滴表面时,就会把边界层的一部分饱和空气带走,而后在水滴表面又会形成新的饱和空气层,如此处理后的空气状态点"3"必然处于连接空气的初态点"1"与温度等于水温的饱和空气状态点"2"的连线上。空气被水处理后的终态点称为机器露点。

二、空气被不同温度的水处理时的状态变化

当水的温度不同时,空气被处理时的状态变化过程的方向也不同。根据以上对热湿交换的分析,设待处理的空气状态点为"0"点,则此状态空气被不同水温的水处理时的状态变化限于一定范围,即在由"0"点向饱和线所作切线 OA 和 OB 所围成的曲线三角线 OAB 内,如图 3 – 22 所示 。图中1、2、3、4、5、6、7点分别表示不同水温水滴表面饱和空气层的状态。三角形 OAB 以外的任何过程都不能用水处理的方法来完成。当已知"0"点的干球温度 t_g、湿球温度 t_s、露点温度 t_1 和水的温度 t_{sh} 时,由以下分析就可定性地判断出空气状态变化的特点。

在图 3 - 22 中,按水温的不同把空气被水处理状态的变化过程分为七种不同情况。

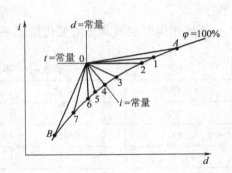

图 3 - 22　空气被不同温度的水处理时的状态变化

（1）当 $t_{sh} > t_g$ 时,即水温高于空气的干球温度,过程线为 0—1。0—1 过程线偏向等温线的上方。空气得到因温差传递的显热而温度升高;水滴边界层的水汽分压力大于空气的水汽分压力,空气得到水汽而含湿量增加,得到水汽的同时也得到了潜热;空气得到显热和潜热,所以其总的焓值增加。在此过程线上的任意一点,均表示空气被处理后状态点。从图上也可看出,处理后空气的温度、含湿量、焓均增加。该过程被称为加热加湿过程。

（2）当 $t_{sh} = t_g$ 时,为一等温过程,过程线为 0—2。在此过程中空气的显热不变,得到潜热,所以空气的温度不变,含湿量、焓增加,这一过程叫做等温加湿过程。

（3）当 $t_g > t_{sh} > t_s$ 时,即水温介于空气的干球温度和湿球温度之间,过程线为 0—3,空气的含热量和含湿量均增加而温度下降。此过程中因空气的温度高于水温,空气失去显热而温度下降;同时水滴边界层的饱和水汽分压力高于空气的水汽分压力,水不断蒸发,空气被加湿并相应得到潜热量。由于空气得到的潜热量大于失去的显热量,所以空气的焓值增加,而温度下降。这一过程叫做降温加湿过程。

（4）当 $t_{sh} = t_s$ 时,过程线为 0—4。因空气温度高于水温,空气有显热传给水滴而温度下降,同时水滴表面边界层的水汽分压力大于空气的水汽分压力,水得到空气传给的汽化潜热而蒸发到空气中,空气得到水汽其含湿量增加,空气得到水汽的同时也得到潜热,空气得到的潜热量与失去的显热量相等,所以空气的焓值不变。这一过程叫做绝热加湿过程,在空调中可用喷循环水的办法实现。空气状态沿等焓线变化,水温就会稳定在湿球温度不变,因此用循环水处理空气时,稳定状态下循环水温不变,且等于被处理空气的湿球温度。由于绝热加湿的热湿交换效率高,所以被广泛地应用于春、秋、冬季空气调节中。

（5）当 $t_s > t_{sh} > t_l$ 时,即水的温度介于空气的湿球温度与露点温度之间,过程线为 0—5,空气在同水接触过程中,温度、含热量降低,含湿量增加。这一过程叫做冷却加湿过程。

（6）当 $t_{sh} = t_l$ 时,过程线为 0—6,水温低于空气温度,空气失去显热而降温;同时因空气的水汽分压力与水滴表面边界层的水蒸气分压力相等而无湿交换,空气状态变化沿等含湿量线下降,空气的温度和焓值均下降而含湿量不变。这一过程称为等湿冷却过程。

（7）当 $t_{sh} < t_l$ 时,过程线为 0—7,空气的温度、含热量和含湿量均下降,称为冷却去湿过程,其实际变化过程为图 3 - 23 所示的情况,空气是被先冷却至饱和状态之后,其中水汽冷凝析出水而得到去湿。该过程被广泛应用在夏季空气

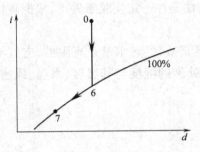

图 3 - 23　冷却去湿的实际过程

调节中。

不同水温时空气状态的变化情况见表3－8。

表3－8 不同水温时空气状态的变化情况

水温特点	过程线	温 度	含湿量	含热量
$t_{sh} > t_g$	0—1	↑	↑	↑
$t_{sh} = t_g$	0—2	不变	↑	↑
$t_g > t_{sh} > t_s$	0—3	↓	↑	↑
$t_{sh} = t_s$	0—4	↓	↑	不变
$t_s > t_{sh} > t_1$	0—5	↓	↑	↓
$t_{sh} = t_1$	0—6	↓	不变	↓
$t_{sh} < t_1$	0—7	↓	↓	↓

必须说明空气调节中有时还需要对空气进行等焓去湿、等湿加热、等温去湿等处理,而这些过程都是无法用水处理的,实现上述变化过程要用以下方法。

(1)使空气通过多孔性固体吸湿剂(如硅胶等),就可以得到空气的等焓去湿过程。

(2)用加热器加热空气,可以得到空气的等湿加热过程。

(3)对空气喷淋氯化锂水溶液,可以得到空气的等温去湿过程。

第四节　喷水室热工计算

纺织厂空调中的空气被从一个状态处理到另一个状态主要是由喷水室完成的,喷水室是空调系统的核心组成部分,喷水室的设计和运转状态取决于喷水室的热工计算和运转调节。喷水室的热工计算要解决以下三个问题。

(1)喷水室的结构。

(2)喷水室的喷水量。

(3)喷水室的喷水温度和空气被处理后的状态。

解决以上三个问题的理论基础是热湿交换原理。由于热湿交换的影响因素较多,因此没有一个完善的计算方法和公式。实际工作中采用的热工计算方法是在一定实验条件下,根据理论分析导出的公式来求解上述三个问题,最常用的是双效率法。

喷水室中通过数排喷嘴喷出的水滴与空气接触实现热湿交换,显然水量是有限的,空气与水接触中空气状态变化的同时水温也会升高或降低,空气被处理的程度与其温度、水温、风速、水气比、水压、喷嘴密度和排管布置等因素有关。

一、喷水室的热湿交换效率

1.第一热湿交换效率　空气被水处理的时间是很短暂的,这一实际处理过程与理想处理过程是有区别的,空调中常把空气与水接触时其实际过程的状态变化结果与理想过程的状态变化结果之比称为第一热湿交换效率,用 η_1 表示。由于 η_1 同时考虑空气与水状态变化的完善程度,因此又称全热交换效率。

如图 3-24 所示,对冷却去湿过程,空气从状态 1 变化到状态 2,水温相应从 t_{shc} 上升到 t_{shz}。在 i—d 图上,把空气状态变化线投影到饱和曲线上,并近似地把饱和曲线看成直线,则第一热湿交换效率 η_1 为:

$$\eta_1 = \frac{\overline{1'2'} + \overline{45}}{\overline{1'5}} = \frac{t_{s1} - t_{s2} + t_{shz} - t_{shc}}{t_{s1} - t_{shc}} = 1 - \frac{t_{s2} - t_{shz}}{t_{s1} - t_{shc}} \tag{3-21}$$

式中: t_{s1}, t_{s2}——分别为处理前、后空气的湿球温度,℃;

　　t_{shc}, t_{shz}——分别为水的初温和终温,℃。

由式(3-21)可知,t_{s2} 与 t_{shz} 愈接近,η_1 愈大。空气未被处理时,$\eta_1 = 0$;理想状态下,即当 $t_{s2} = t_{shz} = t_3$ 时,$\eta_1 = 1$。

2. 第二热湿交换效率 η_2　它只考虑空气状态变化的完善程度,如图 3-24 所示,理想状态下空气状态由 1 变化到 3,实际变化到 2,若将 1' 与 3 之间的饱和曲线看成直线,将 △131′ 与 △232′ 看成几何相似,则:

$$\eta_2 = \frac{\overline{12}}{\overline{13}} = 1 - \frac{\overline{23}}{\overline{13}} = 1 - \frac{\overline{22'}}{\overline{11'}} = 1 - \frac{t_2 - t_{s2}}{t_1 - t_{s1}} \tag{3-22}$$

对理想过程 $t_2 = t_{s2}$,$\eta_2 = 1$。对绝热加湿过程,水的温度不发生变化,又因为 $t_{s1} = t_{s2} = t_3$,所以 η_1 无意义,此时只能用 η_2 表示。第二热湿交换效率适用于任何过程,则其又称为通用热湿交换效率。

二、空气与水接触时的热平衡方程

由图 3-24 可看出,当空气从 1 变化到 2 时,水滴表面的边界层状态由 5 变化到 4,若设空气被水处理时没有热量传入或传出喷水室,则其间的热量平衡方程为:

$$m(i_1 - i_2) = C_p W(t_{shz} - t_{shc}) \tag{3-23}$$

式中:m——被水处理的空气量,kg/s;

　　i_1——被水处理前空气的焓,kJ/kg 干;

　　i_2——被水处理后空气的焓,kJ/kg 干;

　　C_p——水的比热,$C_p = 4.19$ kJ/(kg·℃);

　　W——喷水室的喷水量,kg/s;

　　t_{shz}——水的终温,℃;

　　t_{shc}——水的初温,℃。

式(3-23)可写成:

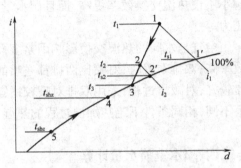

图 3-24　空气的冷却去湿过程

$$i_1 - i_2 = C_P \frac{W}{m}(t_{shz} - t_{shc}) \tag{3-24}$$

令 $\mu = \dfrac{W}{m}$，则有：

$$i_1 - i_2 = \mu C_P (t_{shz} - t_{shc}) \tag{3-25}$$

式中：μ——水气比，指喷水室中的喷水量和空气量的质量比。

空调工程中，通常把温度高于被处理空气湿球温度的水称为热水，把温度低于被处理空气湿球温度的水称为冷水。

三、影响喷水室热湿交换效率的因素

影响喷水室热湿交换效率的主要因素有以下三点。

1. 水气比 μ 　水气比对热湿交换影响较大，水气比越大，热湿交换效率越高。当水量无限大时，即 $\mu \rightarrow \infty$ 时，空气状态变化达到理想过程；但 μ 越大，不仅设备容量大，初始投资高，而且耗水量、耗电量大。旧的空调系统水气比较大，如对冷却去湿过程用 0.8~1.2，绝热加湿过程用 0.4~0.6。而节能型空调喷雾轴流风机送风系统的 μ 要小得多。

2. 空气的质量流速 v_ρ 　因为空气在同水接触过程中其温度不断变化，所以喷水室各断面上的容积流速不同，但质量流速却是恒定的。$v_\rho[\text{kg}/(\text{m}^2 \cdot \text{s})]$ 可用下式表示。

$$v_\rho = \frac{m}{F} \tag{3-26}$$

式中：m——流过喷水室的空气量，kg/s；

　　　F——喷水室的断面积，m^2。

空气通过喷水室的流速越快，能使对流换热加强，热湿交换效率越高，但接触时间就越短，而且送风系统阻力越大。一般选用范围，低速空调常用 2.5~3.5kg/($\text{m}^2 \cdot \text{s}$)，中速空调常用 5~6kg/($\text{m}^2 \cdot \text{s}$)，新设计的空调系统多用中、低速。

3. 水滴大小 　水滴越小，空气同水的接触面积就越大，热湿交换就越完善。由于纺织厂空调多数时间用循环水绝热加湿，此过程的热湿交换完善程度主要取决于水的蒸发汽化量。水滴越小不仅热湿交换效率提高，而且用水量可以减少。水滴的大小取决于喷嘴的形式、孔径、喷水压力等。

空气与水间的热湿交换影响因素多而复杂。实践表明单排布置时，逆喷比顺喷的热湿交换效率高；双排布置时，对喷比两排都逆喷的热湿交换效率高；一般对绝热加湿过程，采用单排逆喷较好；对减焓过程，采用双排对喷较适宜。另外空气被水处理的变化过程不同，热湿交换效率也不同，相同条件下绝热加湿过程的热湿交换效率比冷却去湿过程为高。

四、喷水室喷水量计算

喷相同水温的一个水系统叫做喷水室的一个级。空调工程中常用的有一级和二级喷水室。

1. 一级喷水室 如图 3 - 25 所示。空气经一级喷水室处理后,机器露点的相对湿度一般可达到 90% ~95%。

(1)冷却去湿过程:当喷水室采用粗喷、空气质量流速为 2.5 ~3.5kg/(m² · s)时,一般取水气比 μ 为 0.8 ~1.2,水的温升 3 ~ 5℃,水的终温低于空气终态湿球温度0.5 ~1℃。

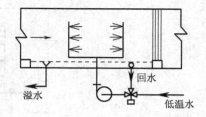

图 3 - 25 一级喷水室示意图

(2)绝热加湿过程:在绝热加湿过程中,因空气的含热量不变,所以水的温度也不变,它始终等于空气的湿球温度。绝热加湿过程的热湿交换效率高,水气比 μ 较小,一般为 0.4 ~0.6。

上述两个过程,在水气比 μ 确定后,根据被处理的空气量就能计算出喷水量 $W(\text{kg/s})$。

$$W = \mu m \qquad (3-27)$$

在纺织厂空调工程中,当以深井水作为冷源时,若当地深井水温恰好等于喷水初温,则喷水室所需的深井水量就等于它的喷水量;若深井水温低于喷水初温,则应使用部分回水,将井水和回水混合到喷水初温再在喷水室中喷出,这时所需要的深井水量显然小于喷水室的喷水量,它可用下式计算。

$$W_{\text{j}} = \frac{m(i_1 - i_2)}{C_{\text{P}}(t_{\text{shz}} - t_{\text{j}})} \qquad (3-28)$$

若井水温度 t_{j} 高于喷水初温,则必须修改设计或采用人工冷源。

一级喷水室冷却去湿过程的设计计算还可以参考以下简易近似的方法。当喷水排数确定后,可从表3 - 9 中查得相应的热湿交换效率 η 值和水气比 μ 值,再用式(3 - 21)、式(3 - 25)求得喷水的初温和终温。其中 t_{s1} 和 t_{s2}、i_1、i_2 等数值可根据处理前后空气状态点 1 和点 2 的参数从 i—d 图上查得。

表 3 -9 喷嘴排数与热湿交换效率、水气比的关系

喷嘴 排 数		热湿交换效率 η	水气比 μ
顺 喷	逆 喷		
2	—	0.85	0.8 ~1
1	1	0.90	0.8 ~1
—	2	0.95	0.8 ~1
1	2	0.99	1.2 ~1.5

注 表内数据只适用于 $\Delta i = i_1 - i_2 \leq 20\text{kJ/kg}$ 时。

2. 二级喷水室 夏季空调对空气进行冷却去湿处理时,为提高水与空气接触时的温升,减少低温水的使用量,以节水、节能,空调中采用了喷两个水温系统的二级喷水室。在实际中多采用两个一级喷水室串联的方式,即在空气流动方向上和水路上均采用串联的方式,如图 3 - 26 所示。第二级为冷水级,第一级为回水级。

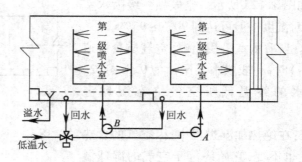

图 3 – 26　二级喷水室示意图

　　空气被二级喷水室处理后的特点是被处理空气的焓降大(一般 $\Delta i > 20kJ/kg$ 干)、温降也大,机器露点的相对湿度可达 95% ~ 98% ;空气在第一级喷水室中主要是降温降焓,在第二级喷水室中主要是降湿降焓。

　　二级喷水室通常每级喷水量是相同的,即 $\mu_1 = \mu_2$,水气比一般为 $\mu_1 = \mu_2 = 0.6 ~ 0.8$;一般多用四排喷嘴(粗、中喷),每级两排。若空气的质量流速为 $2.5 ~ 3.5kg/(m^2 \cdot s)$,则喷水的终温比处理后的空气温度高 0.5 ~ 1.0℃ ,喷水的温度升高 4 ~ 6℃ ,即 $t_{shz} = t_2 + (0.5 ~ 1.0)$ ℃ , $t_{shc} = t_{shz} - (4 ~ 6)$ ℃ 。

　　二级喷水室主要应用于使用深井水为冷源的地区。在同样用深井水的情况下,采用二级喷水室比采用一级喷水室可以节省深井水量三分之一左右。使用冷冻水为冷源时,一般不采用二级喷水室。只在既有深井水又有人工制冷设备时,可以采用第一级喷深井水,第二级喷冷冻水的二级喷水室。

第五节　空调房间送风状态

一、空调房间送风状态的变化过程

　　空调房间的受控空气,在稳定条件下,根据能量守恒定律,进入车间的热量等于排出的热量,即送风带入的热量 + 散入车间的热量 = 排风排出的热量,可用下式表示:

$$mi_K + Q = mi_B \qquad (3 – 29)$$

式中:Q——空调冷负荷,kW;

　　　　i_B——车间空气焓值,kJ/kg 干;

　　　　i_K——送风状态点焓值,kJ/kg 干。

　　同理,根据物质不灭定律,在稳定条件下进入车间的水汽量等于排出的水汽量,即送风带入的水汽量 + 散入车间的水汽量 = 排风排出的水汽量,可用下式表示:

$$\frac{md_K}{1000} + W = \frac{md_B}{1000} \qquad (3 – 30)$$

式中:W——散入车间的水汽量,kg/s;

d_B——车间内空气的含湿量,g/kg 干;

d_K——送风状态点的含湿量,g/kg 干。

维持上述热湿平衡,则空调送入车间空气的状态变化将沿 ε 方向线变化。

二、空调送风量的确定

(一)热湿平衡需要的通风量

1.排除余热量所需的风量 由式(3-29)可导出排除余热量所需的风量 m(kg/s)为:

$$m = \frac{Q}{i_B - i_K} \tag{3-31}$$

2.排除余湿量所需的风量 由式(3-30)可导出排除余湿量所需的风量 m(kg/s)为:

$$m = \frac{1000W}{d_B - d_K} \tag{3-32}$$

3.同时排除余热量和余湿量所需要的风量 通风量计算用式(3-31)或式(3-32)均可,但必须符合下列恒等式,即:

$$m = \frac{Q}{i_B - i_K} = \frac{1000W}{d_B - d_K} \tag{3-33}$$

则:

$$\varepsilon = \frac{Q}{W} = \frac{1000(i_B - i_K)}{d_B - d_K} \tag{3-34}$$

在这种情况下可以用 ε 线确定送入车间的空气状态变化过程的方向,从而确定机器露点。

用以上方法确定的通风量,即因车间热平衡需要的送风量称之为空调风量,能否作为车间的通风量还必须同时考虑以下因素才能最后确定应向车间送入的空气量。

(二)车间压力平衡需要的通风量

纺织厂车间的空调要求保持一定的正压(一般为 40~50Pa),此正压由空调送风量比排风量大来实现,多出排风量的送风量由车间门窗排出。纺织工艺生产中为了排除机器设备散发的尘埃或满足气流输送的要求或满足某些设备加工工艺的要求,常需要有一定的排风量,该排风量称之为工艺排风量。如清花机上的凝棉器排风、成卷机排风、梳棉机三吸排风、细纱机断头吸棉排风等,这些排风量是由工艺和设备确定的,因而为定值。因此在空调中就可能出现排风量比按冷热负荷计算出的送风量还大的情况。出现这种情况时,空调送风量必须大于排风量。

车间工艺排风量是不随时间而变化的,而空调因车间热湿平衡需要的送风量是随时间变化的。当最小空调风量大于工艺排风量时,车间以空调风量为通风量,这种空调室送风系统为变风量空调系统;反之工艺排风量大于最大空调风量时,车间以工艺排风量为通风量,这种空调室送风系统为定风量空调系统。

(三)为满足车间空调最基本要求的通风量

冬季,有些车间热损失大于发热量,造成空调风量有时为零,甚至会为负值,此时为保证空调车间内空气的新鲜度和含尘浓度达到最基本要求,仍然需要有一定的通风量,一般根据换气次数确定(详见冬季空调过程计算)。

三、空调精度的要求

对风量小、房高不大的恒温恒湿车间,为了达到要求的空调精度,即车间温湿度的波动范围在允许的数值内,空调通过试验对送风温差和换气次数做了如表 3-10 的规定(送风温差是指送入车间的空气温度与车间温度的差值)。

纺织空调控制精度一般为 ±1.0℃。因锯齿形厂房的送风口较高,故送风温差取值较大,一般可不考虑此项要求。

表 3-10　空调精度与送风温差和换气次数的关系

空调精度(℃)	送风温差(℃)	换气次数(次/h)
±1.0	6~10	>5
±0.5	3~6	>8
±0.1~0.2	2~3	>12
>±1.0	人工冷源:≤15℃	天然冷源:可能最大值

注　当送风口较高、射程较长时,采用表中较大数值。

四、回风的使用

如果仅仅把室外状态的空气在喷水室处理后送入车间,吸收车间余热余湿后排至室外,如图 3-27 所示,则该系统称之为直流式全新风空调系统。该系统常用在散发有大量有害气体的车间。图 3-29 为与图 3-27 所对应的空调过程 i—d 图。

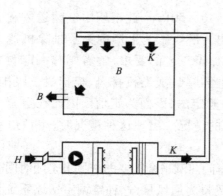

图 3-27　全新风空调系统示意图

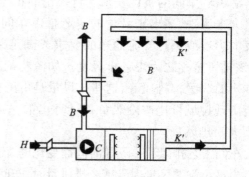

图 3-28　一次回风空调系统示意图

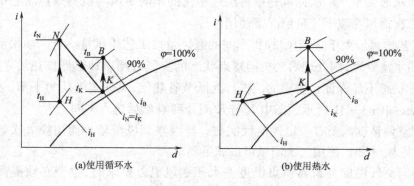

图 3 – 29　全新风空调处理空气的过程

经滤尘处理后引入空调室循环使用的排风称之为回风。使用回风不仅节能,而且可以减少室外气候变化对室内的影响,从而稳定车间的温湿度。使用回风的空调系统有两种:在喷水室前使用回风的称之为一次回风空调系统,如图 3 – 28 所示;在喷水室前后两次使用回风的称之为二次回风空调系统,如图 3 – 30 所示。

1. 一次回风的使用　在夏季当 $i_H > i_B$ 时,使用一次回风可节省空调室的需冷量。考虑车间空气的新鲜度,一般夏季的一次回风量取总空调风量的 80%。一次回风的空调过程在 i—d 图上的表示如图 3 – 31 所示。

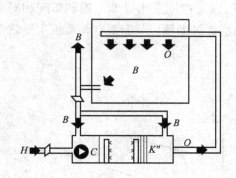

图 3 – 30　二次回风空调系统示意图

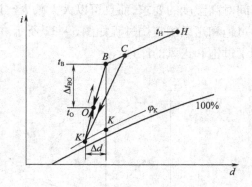

图 3 – 31　夏季一次回风、二次回风空调过程 i—d 图

对全新风空调系统,空调室处理单位质量空气的需冷量为:

$$q' = i_H - i_{K'} = (i_H - i_B) + (i_B - i_{K'})$$

而一次回风系统的需冷量为:

$$q = i_C - i_{K'} = 0.2(i_H - i_B) + (i_B - i_{K'})$$

显然 $q' > q$。在冬季当 $i_H < i_K$ 时,使用一次回风可节约热能。国家卫生标准规定最大回风量为空调总风量的 90%。

2. 二次回风的使用　二次回风是指将经过净化的车间排风与机器露点状态的空气混合后送入车间。二次回风在以下三种情况下使用。

（1）当工艺排风量大于空调风量时，车间的通风量按工艺排风量确定。如果此时将车间通风量全部经喷水室处理，则处理后的机器露点状态的空气必须用加热器加热后才能送进车间，否则车间空气状态不能保证在要求的位置。为既节省热能，又使车间压力平衡，采用二次回风是较好的方法，如图 3-31 所示。图中 B 与 K' 混合到 O 然后送入车间。

（2）保证空调精度需要有一定的换气次数。当因空调风量较小而用换气次数确定通风量（即人为加大通风量）时，使用二次回风可以满足要求。

（3）当车间空气温度与机器露点温度差大于送风温差要求时，空调必须提高机器露点温度，使用二次回风可以实现。

以上三项均可以用加热器来完成。虽然用加热器不及使用二次回风经济，但使用加热器比使用二次回风的车间空气新鲜度高（因为用加热器的空调风量比用二次回风的空调风量大，即经过喷水室处理的空气量多）。

使用二次回风后，所排除车间的余热量和余湿量不变，即车间空气的温湿度状态是由空调风量决定的，二次回风并不改变车间温湿度的调节基数。

五、过饱和送风车间空气状态的变化

过饱和送风即指机器露点带水送风。在织布车间空调系统中使用过饱和送风不仅可以满足车间对高湿度的要求，而且可以大大减少空调送风量，通过控制带水量即可控制车间相对湿度。过饱和送风的空调过程如图 3-32 所示。Δd 为挡水板过水量。节能型空调系统主要就是利用了过饱和送风的原理。

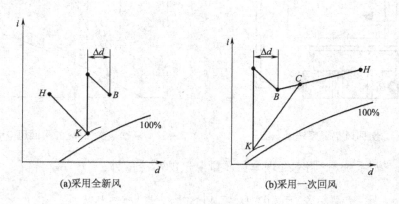

(a)采用全新风　　　　　　　(b)采用一次回风

图 3-32　过饱和送风的空调过程

六、送风状态点的确定

确定送风状态点，首先需确定机器露点。在已知车间空气状态点、变化过程热湿比和机器露点相对湿度的条件下，机器露点即可确定。以此为基础，根据冷热湿负荷，再确定送风状态点（可以使用再热器、二次回风等）。确定机器露点时要注意以下问题。

（1）纺织厂生产车间内一般没有散湿量（浆纱除外），人体散湿量可忽略不计。

（2）车间使用直接喷雾设备时，喷雾加湿量要当作散湿量来计算送入车间空气状态变化的热湿比。

（3）总有部分水滴会随着气流穿过挡水板造成过水，过水量与挡水板的结构、空气流速、水滴粗细等有关。传统的 4 ~ 6 折、折角 90° ~ 120°、间距 30 ~ 50mm 的挡水板，过水量一般为 $\Delta d = 0.5 ~ 1.0 g/kg$ 干，此时的机器露点要沿 φ_K 线下降 Δd 为 K' 点，如图 3 – 33 所示。

（4）当风机安装在喷水室后面时，风机电动机的发热量以及风机产生的各种热量将使空气温度有所上升，这一上升的温度叫做风机的温升。一般风机温升 $\Delta t = 0.5℃$，则机器露点要沿等 d 线升温 0.5℃，如图 3 – 34 所示（图中 K'' 点是送风状态点）。

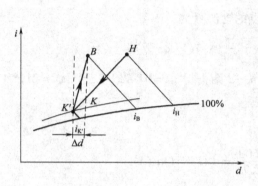

图 3 – 33　考虑挡水板过水时的机器露点

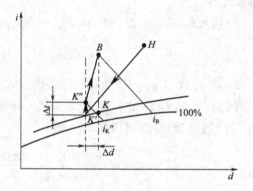

图 3 – 34　考虑挡水板过水及风机温升时
送风状态点的确定

第六节　变风量系统空调过程的分析与计算

一、夏季变风量系统空调过程

夏季室外空气的焓值大于室内空气的焓值，使用一次回风可节能，一次回风占空调风量的80%。纺织厂主要车间无散湿，流过喷水室的风速较大，水气比也较大，应考虑挡水板的过水量（$\Delta d = 0.5 g/kg$ 干）。当采用人工冷源，且所处理空气的焓降不大（$\Delta i < 20 kJ/kg$ 干）时，可用一级喷水室，机器露点相对湿度取 90% ~ 95%；当采用天然冷源且所处理空气的焓降较大（$\Delta i \geqslant 20 kJ/kg$ 干）时，可用二级喷水室，机器露点相对湿度可取 95% ~ 98%；如采用吸入式空调系统需考虑风机的温升。

采用一次回风的夏季空调过程见图 3 – 31，空调过程为：

$$\begin{matrix} H \\ B \end{matrix} \searrow C \rightarrow K' \rightarrow B$$

室外新风 H 状态的空气与室内回风 B 状态的空气混合后得到 C 状态的空气，然后在喷水室中被进行冷却去湿处理到机器露点 K',再送入车间吸收余热,其状态变化到 B 点后被部分排除、部分回用。

例 3-2 夏季某地空调室外设计气象条件:干球温度 34℃,湿球温度 28.3℃,某纺织厂细纱车间有 34 台细纱机,细纱机断头吸棉排风量为 1300m³/(h·台),车肚排风量为 2000m³/(h·台),车间的冷负荷为 474kW。车间要求保持干球温度 30℃,相对湿度 60%。采用压入式空调送风系统,试求该车间空调的通风量和喷水量,并确定空调过程。

解:根据已知的室内外空气参数,在 $i—d$ 图上查得相应的焓值与含湿量值分别为 $i_H = 91$ kJ/kg 干,$d_H = 22.1$ g/kg 干;$i_B = 71$ kJ/kg 干,$d_B = 16.0$ g/kg 干。

由于 $i_B < i_H$,故采用 80% 的一次回风。在 $i—d$ 图上可得一次混合状态点 C,并查得 $i_C = 75$ kJ/kg 干。

取挡水板过水量 $\Delta d = 0.5$ g/kg 干,则机器露点的含湿量为:

$$d_{K'} = d_B - \Delta d = 16 - 0.5 = 15.5 (\text{g/kg 干})$$

作等 $d_{K'}$ 线与 $\varphi_K = 95\%$ 曲线相交得点 K'。由 $i—d$ 图查得 $i_{K'} = 61.7$ kJ/kg 干,$t_{K'} = 21.8$℃。因为 $i_C - i_{K'} = 13.3 < 20$,所以采用一级喷水室。

(1)通风量 m:空调风量 m_K 为:

$$m_K = \frac{Q}{i_B - i_{K'}} = \frac{474 \times 3600}{71 - 61.7} = 183484 (\text{kg/h})$$

$$L_K = \frac{m_K}{\rho} = \frac{183484}{1.2} = 152903 (\text{m}^3/\text{h})$$

车间工艺总排风量为:

$$L_P = 34 \times (1300 + 2000) = 112200 (\text{m}^3/\text{h})$$

(2)喷水量:由于此为一级喷水室,取水气比 $\mu = 0.8$,则:

$$W = \mu m = 0.8 \times 183484 = 146787.2 (\text{kg/h}) = 147 (\text{t/h})$$

因为 $L_K > L_P$,车间正压可以保证,所以 $m = m_K$。

(3)空调过程:根据以上分析空调过程如图 3-35 所示。

二、冬季变风量系统空调过程

空调设备是按夏季需要设计配备的,且一年四季同用一套空调室。冬季空调的特点是:室外气温较低,车间向外传热,空调因热平衡所需要的空调风量比夏季减少,喷水室风速减小;在不影响工人身体健康的前提下,大量采用回风以节省热能,最大回风量可用到总风量的 90%;冬季空调的主要任务为加湿,因此喷水室内一般用喷循环水的方法处理空气,采用一级喷水室,机器露点相对湿度取 90%;由于喷循环水水气比小,风速又小,故挡水板过水较少,可不予考虑。

图 3-36 为冬季利用一次回风的空调过程。已知 H、B 点，车间无散湿，由 B 点向下引一等含湿量线与 $\varphi_k=90\%$ 线相交得机器露点 K；用一次回风，连 H、B 点，混合后的 C 点要用循环水处理至 K 点，现已知 K 点，故过 K 点作等焓线与 HB 连线之交点即 C 点；C 点把 HB 连线分成了 HC 与 BC 两段，HC/BC 即表示回风量与新风量的比例。

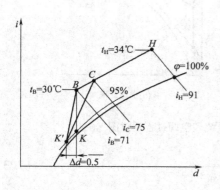

图 3-35　例 3-2 空调过程示意图

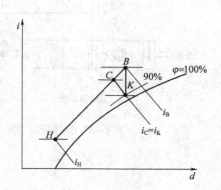

图 3-36　冬季利用一次回风的空调过程

HC/BC 比例已确定，即新风的使用量确定，但能否满足卫生要求，还需要做验算。

如果 $BC/BH \geqslant 10\%$，则新风比满足卫生要求，空调过程见图 3-36。如果新风比小于 10% 时，必须采取以下措施提高新风比来满足卫生要求。

1. 在喷水室前使用预热器　即在喷水室前使用加热器，因加热器的使用方法不同，有两种空调过程。

（1）对新风加热：先加热新风，然后与一次回风混合，空调过程确定的方法是以 B 点为起点，在 HB 连线上取 M 点，使 $BM=10BC$，过 M 点作等焓线与过 H 点所作等含湿量线交于 N 点，N 点即为室外空气经加热器加热后的状态点，再连接 NB，并延长 KC 与 NB 交于 C_1 点，C_1 点即为经加热的室外空气与车间回风的混合点，再将 C_1 状态的空气用循环水处理到 K 点后送入车间。空调过程为：

$$\begin{array}{c} H \rightarrow N \\ \searrow \\ B \end{array} C_1 \rightarrow K \rightarrow B$$

其相应的空调系统示意图和空调过程如图 3-37 所示。

因为 $\triangle BCC_1 \backsim \triangle BMN$，故有：

$$\frac{BC}{BM} = \frac{BC_1}{BN} = \frac{1}{10}$$

所以新鲜空气量已占总通风量的 10%，满足了卫生要求。

加热新风需要的预热量 Q_1 为：

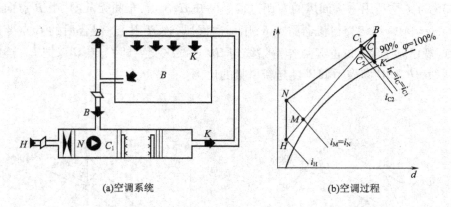

图 3 - 37   利用预热器时的空调系统和空调过程示意图

$$Q_1 = \frac{m}{10(i_N - i_H)} \tag{3-35}$$

式中:m——通风量,kg/s。

(2)对混合风加热:先按新风比 10% 的要求,使室外空气与回风混合至 C_2 点,即混合比为 $BC_2/BH = 1/10$,再经加热器沿等 d 线加热至 C_1 点,C_1 点状态的空气用循环水处理到 K 点,空调过程如图 3 - 37(b)所示,可表示为:

$$\begin{matrix} H \\ B \end{matrix} \Rightarrow C_2 \rightarrow C_1 \rightarrow K \rightarrow B$$

采用这种空调方案,加热器表面会积尘和烧焦短纤维,对回风过滤要求较高,因此在预热量不很大的情况下,可用以下方法处理。

2. 在喷水室中直接喷射热水   使室内外空气按卫生要求的比例混合到 C_2 点,如图 3 - 37(b)所示,用热水在喷水室中将 C_2 状态的空气直接处理到 K 点,这在使用和管理上是比较方便的。空调过程为:

$$\begin{matrix} H \\ B \end{matrix} \Rightarrow C_2 \rightarrow K \rightarrow B$$

例 3 - 3   某地冬季空调室外设计温度为 -4℃,相对湿度 73%,车间空气有余热 330kW,要求保证车间干球温度 24℃,相对湿度 55%。车间有 34 台细纱机,该机的断头吸棉排风量为 1200m³/(h·台),车肚排风量为 2000m³/(h·台)。求车间通风量,并确定空调过程。

解:在 i—d 图上确定室内外空气状态点 B、H,并查得其相应的参数分别为 $i_H = 1.1$kJ/kg 干,$d_H = 2.1$g/kg 干;$i_B = 50.2$kJ/kg 干,$d_B = 10.28$g/kg 干。

由 B 点引等 d 线同 $\varphi_K = 90\%$ 线相交得机器露点 K,并查得 $i_K = 42.1$kJ/kg 干。

用循环水处理空气,故 $i_C = i_K$。则新风为:

$$\frac{BC}{BH} = \frac{i_B - i_K}{i_B - i_H} \times 100\% = \frac{50.2 - 42.1}{50.2 - 1.1} \times 100\% = 16.5\% > 10\%$$

新风比满足要求,故不需求预热量,即 $Q_1 = 0$。

空调风量 m_K 为:

$$m_K = \frac{Q}{i_B - i_K} = \frac{330}{50.2 - 42.1} = 40.74(\text{kg/s}) = 146667(\text{kg/h})$$

$$L_K = \frac{146667}{1.2} = 122222.5(\text{m}^3/\text{h})$$

工艺排风量 $L_P = 34 \times (1300 + 2000) = 112200(\text{m}^3/\text{h})$

因 $L_P < L_K$,则车间已可保证正压。

空调过程可确定为:

$$\begin{array}{c} H \\ B \end{array} \searrow C \to K \to B$$

该过程表示在 $i-d$ 图上如图 3-38 所示。

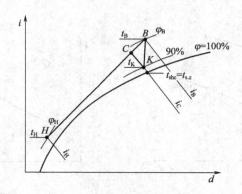

图 3-38 例 3-3 空调过程示意图

第七节 定风量系统空调过程的分析与计算

当空调风量小于工艺排风量,要以工艺排风量为基准来确定通风量的空调系统称之为定风量空调系统。

一、夏季定风量系统空调过程

定风量系统空调过程要采用二次回风,其空调过程如图 3-39 所示。室外空气 H 与一次回风 B 混合到 C,进入喷水室被冷却去湿到 K,K 状态的空气与二次回风 B 混合到 O,O 状态的空气送入车间吸热后达到车间状态 B。

设使用 20% 的新风,则一次回风量 m_1 为:

$$m_1 = 0.8 m_K \tag{3-36}$$

式中: m_K ——空调风量。

二次回风量 m_2 为:

$$m_2 = m - m_K$$

用二次回风后送风状态点的焓:

$$i_O = i_B - \frac{m_K}{m}(i_B - i_K) = i_B - \frac{Q}{m} \tag{3-37}$$

式中: m ——通风量。

二、冬季定风量系统空调过程

冬季最小新风比为 10% ,则新风需要的加热量为 $0.1m(i_B - i_H)$,此加热量由车间的余热量完成。因余热的大小不同分为以下两种情况。

1. 有余热的空调过程　当车间余热量大于新风热负荷,即 $Q > 0.1m(i_B - i_H)$ 时,空调不需要加热,其过程如图 3-40 所示。

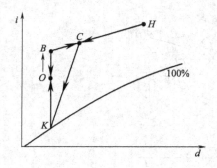

图 3-39　定风量系统夏季空调过程

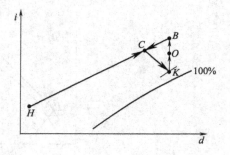

图 3-40　有余热的空调过程

室外新风与一次回风混合到 C ,然后用循环水处理至 K ,再与二次回风混合到送风状态点 O ,送入车间吸收热量,以保证车间空气状态在 B 点。

新风量 m_H 为:

$$m_H = \frac{i_B - i_K}{i_B - i_H} \times m_K$$

一次回风量 m_1 为:

$$m_1 = \frac{i_K - i_H}{i_B - i_H} \times m_K$$

二次回风量 m_2 为:

$$m_2 = m - m_K$$

二次混合状态点的焓 i_O 的计算同式(3-37)。

2. 缺热的空调过程　当车间的余热量为负值或根据余热量计算的通风量小于满足换气次数所需的通风量的空调称为缺热空调。此时需要用预热器和再热器,仍用一次回风,空调过程如图 3-41 所示,与之相应的空调系统如图 3-42 所示。

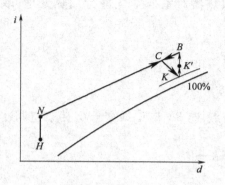

图 3 - 41 缺热的空调过程

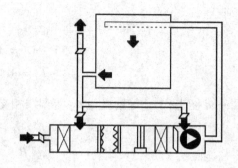

图 3 - 42 缺热空调系统示意图

采用一次回风,新风比例由 i_K 线确定;当新风比不能满足要求时,采用预热器使新风比达到最低要求;用循环水处理空气,机器露点 K 状态的空气用再热器加热至 K',K' 状态的空气送入车间吸收车间余热保证车间空气状态在 B 点。

预热量用式(3 - 35)计算,再热量 Q_2 可用下式计算。

$$Q_2 = \frac{nV\rho_B(i_B - i_K)}{3600} - Q \tag{3 - 38}$$

式中:Q_2——再热量,kW;

$\qquad n$——换气次数;

$\qquad V$——车间体积,m^3;

$\qquad \rho_B$——车间空气的密度,kg/m^3;

$\qquad Q$——车间余热量,kW,有 $Q > 0$、$Q = 0$、$Q < 0$ 三种情况。

例 3 - 4 某地冬季空调室外设计气象条件是干球温度 $t_H = -10℃$,$\varphi_H = 60\%$;室内温湿度要求为 $t_B = 24℃$,$\varphi_B = 65\%$;车间余热量为 9.304kW,空调采用一次回风,循环水处理空气,新风比 10%(占总空调风量),换气次数要求不小于 5 次/h,车间体积为 5000m^3,送风状态点的相对湿度 $\varphi_K = 90\%$,水气比 $\mu = 0.5$。试计算冬季空调过程。

解:据已知条件在 $i—d$ 图上绘出空调过程如图 3 - 43 所示,从 $i—d$ 图上查得各状态点参数分别为 $i_B = 55kJ/kg$ 干,$d_B = 12.1g/kg$ 干;$i_H = -7.8kJ/kg$ 干,$d_H = 1.1g/kg$ 干;$i_K = 49.5kJ/kg$ 干,$d_K = 12.1g/kg$ 干,$i_{C1} = i_C$,$t_K = 18.7℃$。

新风比例为:

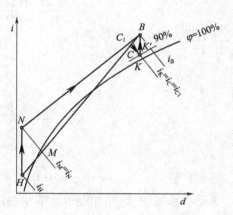

图 3 - 43 例 3 - 4 空调过程示意图

$$\frac{BC}{BH} = \frac{i_B - i_C}{i_B - i_H} = \frac{55 - 49.5}{55 + 7.8} = \frac{5.5}{62.8} = 8.75\% < 10\%$$

为保证新风量为总空调风量的 10%，使用预热器对室外空气进行加热处理，取 $BM = 10BC$，则：

$$i_B - i_M = 10(i_B - i_C)$$
$$55 - i_M = 10(55 - 49.5)$$
$$i_M = 0(\text{kJ/kg 干})$$

在 $i—d$ 图上作 i_M 等焓线与 d_H 等湿线相交于 N 点，连 BN 与 i_K 线交于 C_1 点。空调过程为：

$$\begin{array}{c} H \to N \\ B \end{array} \!\!\Rrightarrow\!\! C_1 \to K \to B$$

空调风量为：
$$m_K = 3600\frac{Q}{i_B - i_K} = \frac{3600 \times 9.304}{55 - 49.5} = 6090(\text{kg/h})$$

验算换气次数(取 $\rho_B = 1.2\text{kg/m}^3$)：
$$L = \frac{6090}{1.2} = 5075(\text{m}^3/\text{h})$$

$$n = \frac{L}{V} = \frac{5075}{5000} = 1.02(\text{次/h}) < 5(\text{次/h})$$

按车间换气次数要求确定通风量为：
$$L = 5V = 5 \times 5000 = 25000(\text{m}^3/\text{h})$$
$$m = 5V \times 1.2 = 30000(\text{kg/h}) = 8.33(\text{kg/s})$$

因 $m > m_K$，故车间通风量定为 30000(kg/h)。

预热量为：
$$Q_1 = 0.1m(i_N - i_H) = 0.1 \times 8.33 \times (0 + 7.8) = 6.5(\text{kW})$$

再热量为：
$$Q_2 = \frac{nV\rho_B(i_B - i_K)}{3600} - Q$$

$$= \frac{5 \times 5000 \times 1.2}{3600} \times (55 - 49.5) - 9.304 = 36.529(\text{kW})$$

再热后送入车间空气的焓值：

$$Q_2 = \frac{nV\rho_B(i_{K'} - i_K)}{3600}$$

$$36.529 = \frac{5 \times 5000 \times 1.2}{3600} \times (i_{K'} - 49.5)$$

$$i_{K'} = 53.9(\text{kJ/kg 干})$$

喷水量为：
$$W = \mu m = 0.5 \times 30000 = 15000(\text{kg/h}) = 15(\text{t/h})$$

循环水处理，绝热加湿过程喷水温度不变，等于被处理空气的湿球温度，则：

喷水温度为：
$$t_{shc} = t_{shz} = t_{c1} = 17.6(℃)$$

第八节 喷雾轴流风机送风系统的设计与计算

1. **机器露点的确定** 根据初选水气比值查表 3 - 11 确定送风露点(饱和度)φ_K,再据初选挡水板过水量 Δd(取 $1.0 \sim 1.5$ g/kg 干)确定送风露点含湿量 $d_K = d_B - \Delta d$;由此确定 K 点;查曲线图 3 - 44,并根据用一次回风后混合状态点 C 的湿球温度点的含湿量减小值 $\Delta d' = d_E - d_K$(图 3 - 45)来确定应使用的低温水的温度。然后在 $i—d$ 图上求出各状态点参数。

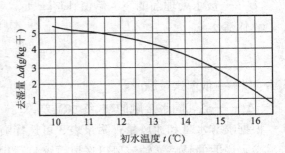

图 3 - 44 初水温度对混风湿球温度
含湿量去湿曲线

图 3 - 44 中数据为在混风干球温度为 30℃、相对湿度 60% 时的试验测定结果。

2. **通风量**

$$m = \frac{Q}{i_B - i_K} \qquad (3-39)$$

式中:m——通风量,kg/s;

$\quad Q$——空调冷负荷,kW;

$\quad i_B$——车间空气焓值,kJ/kg 干;

$\quad i_K$——送风露点焓值,kJ/kg 干。

3. **喷雾风机喷水量**

$$W = m\mu \qquad (3-40)$$

式中:W——喷雾风机喷水量,kg/s;

$\quad \mu$——喷雾风机水气比,$\mu \leqslant 0.1$。

表 3 - 11 喷雾风机空调系统送风露点饱和度

水气比 μ	室外相对湿度(%)				
	30	40	50	60	70
0.05	85	87	89	90	91
0.06	86	88	90	91	92
0.07	87	89	91	92	93
0.08	88	90	92	93	94
0.09	89	91	93	94	95
0.10	90	92	94	95	96
0.12	91	93	95	96	97
0.14	92	94	96	97	98
0.16	93	95	97	98	99

4. 制冷量

$$Q = m(i_C - i_K) \qquad (3-41)$$

式中:Q——制冷量,kW;

i_C——被水处理前的空气焓值,kJ/kg 干。

5. 低温水量

$$W' = \frac{Q}{4.19\Delta t} \qquad (3-42)$$

式中:W'——低温水量,kg/s;

Δt——空气同水接触的初、终水温差,℃。

根据喷雾水量和通风量查附录表3可选择喷雾轴流通风机之规格型号。

必须说明的是喷雾轴流风机送风系统只适用于压入式空调系统,应用该系统时,水压不宜高,只要求把水供到叶轮内就可以,否则要多消耗风机的能量;供水量不宜过大($\mu \leq 0.1$),以免增加叶轮的负荷而增加能耗;夏季一般用喷雾风机加 1~2 排喷淋排管,水气比为 $\mu = 0.1 \sim 0.4$,通常供水温度可以用 10~12℃,进、回水温差可按 $\Delta t = 7$℃ 计算;挡水板过水量取 $\Delta d = 1.0 \sim 1.5$g/kg 干;喷雾轴流风机到挡水板距离采用4.5m为宜;运转中应注意先启动喷雾风机,1min 之后再启动喷雾风机的专用水泵供水,关机时则相反。

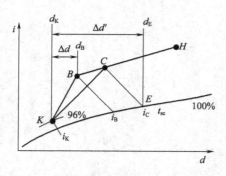

图 3-45　例 3-5 空调过程示意图

例 3-5　某纺织厂织布车间,已计算出冷负荷为 238kW,车间要求相对湿度 75%,温度为 28℃;室外计算干球温度35℃,相对湿度 60%;采用喷雾轴流风机空调系统。求喷雾风机型号规格、喷雾水量和低温水温度。

解:在 $i—d$ 图上根据已知的车间内、外空气状态参数可确定 B 点与 H 点,连 BH,考虑节能用一次回风80%(占总风量)得混合后 C 点,如图 3-45 所示。查得各状态点参数分别为 $i_B = 73.8$kJ/kg 干,$d_B = 17.9$g/kg 干;$i_H = 90.3$kJ/kg 干,$d_H = 21.4$g/kg 干;$i_C = 77.1$kJ/kg 干,$d_C = 18.5$g/kg 干。

因 $d_K = d_B - \Delta d$,取 $\Delta d = 1.2$g/kg 干,则 $d_K = 16.7$g/kg 干;取 $\mu = 0.12$,查表 3-11 得 $\varphi_K = 96\%$;确定 K 点后得 $i_K = 65.7$kJ/kg 干,$C \rightarrow K$ 即为水处理空气的过程;$d_E = 20.2$g/kg 干,则 $\Delta d' = 20.2 - 16.7 = 3.5$g/kg 干,据此查图 3-44 得低温水温度为14.3℃。

通风量为:

$$m = \frac{Q}{i_B - i_K} = \frac{238}{73.8 - 65.7} = 29.4(\text{kg/s})$$

$$L = \frac{29.4}{1.2} = 24.5(\text{m}^3/\text{s})$$

喷雾轴流风机喷水量为:

$$W = m\mu = 29.4 \times 0.12 \times \frac{3600}{1000} = 12.7(\text{t/h})$$

制冷量为：
$$Q = m(i_C - i_K) = 29.4 \times 3600 \times (77.1 - 65.7)$$
$$= 1206576(kJ/h) = 335.2(kW)$$

低温水量为：
$$W' = \frac{Q}{4.19 \Delta t} = \frac{1206576}{4.19 \times 7 \times 1000} = 41.1(t/h)$$

根据计算查附录表 3 选取 PWF40—11No18 喷雾轴流风机，风机转速 750r/min，风量 34m³/s，风压 374Pa，最大喷雾水量 22t/h，配电动机 37kW，同时保留喷淋低温水排管一排。

习题

1. 什么条件下可保证围护结构内表面不凝水？

2. 什么是空调系统的冷热负荷？精确计算冷热负荷的目的是什么？

3. 空气被水处理前后的状态变化过程可以分为哪七种情况？每种情况下空气状态的温度、含湿量、含热量将怎样变化？

4. 用 18℃ 的冷水对干球温度 25℃、湿球温度 21℃ 的空气进行处理，试在 i—d 图上表示处理过程，说明空气状态变化的终态温度能否等于或低于 18℃？为什么？

5. 用循环水处理空气，无论开始喷水前水池的水温是多少度，经过多次循环之后，水的温度将等于什么温度？

6. 据空调车间的余热量如何确定车间的通风量？当余热量为零或负值时，车间通风量如何确定？车间若缺热应采取哪些措施补救？

7. 空调车间保持正压的目的何在？保持正压一般为多少压力？

8. 若被处理前的空气状态、车间的空气状态和余热确定后，挡水板过水多时，其通风量、制冷量、喷水温度与挡水板不过水时有何差别？

9. 什么是水气比？水气比的意义是什么？

10. 什么是一次回风、二次回风？为什么要使用一、二次回风？什么情况下使用？

11. 二次回风与再热器使用的目的有何相同点与不同点？

12. 什么是预热器？使用预热器的目的何在？

13. 过饱和送风系统适合什么条件下使用？

14. 什么是喷水室的级？为什么要用二级喷水室？

15. 什么是机器露点？机器露点和送风状态点有何异同？

16. 什么是变风量空调？什么是定风量空调？

17. 节能空调系统的节能原理是什么？

18. 冷藏库的墙用 240mm 厚的红砖[$\lambda = 0.81W/(m \cdot ℃)$]、100mm 厚的软木[$\lambda = 0.07W/(m \cdot ℃)$]和 20mm 厚的石灰泥($\lambda = 0.87W/m \cdot ℃$)建造，墙的总面积为 350m²，若冷库内温度为 -12℃，室外温度为 32℃，墙内表面散热系数 $\alpha_n = 8.7W/(m^2 \cdot ℃)$，墙外表面的散热系数 $\alpha_w = 23.3W/(m^2 \cdot ℃)$。求：

(1) 传热系数 K 值；

(2)每小时传入冷库内的热量;

(3)室内外的壁面温度;

(4)若冷库内相对湿度为85%,室外相对湿度为60%,试分析判断外墙内表面是否会产生结露?

19. 某车间夏天的余热为58000W,已知室外空气的温湿度为$t=36℃$、$\varphi=65\%$,车间要求的温湿度为$t=29℃$、$\varphi=70\%$,机器露点相对湿度$\varphi_K=95\%$,采用吸入式空调室处理空气,若低温水的温度为15℃(已考虑管路温升),采用二级喷水室,挡水板过水量$\Delta d=0.5\text{g/kg}$,$\mu=0.8\text{kg/kg}$,$t_{shz}=t'_K+0.5℃$,$t_{shc}=t_{shz}-5℃$,并用80%的一次回风,求:

(1)通风量(kg/h);

(2)喷水量(t/h);

(3)喷水的初温、终温(℃);

(4)低温水量(t/h);

(5)需要冷量(kW)。

20. 冬季某车间空气需要保持的状态为$t_B=24℃$、$\varphi_B=75\%$,当地室外空调设计温湿度$t_H=-4℃$、$\varphi_H=60\%$,拟用一次回风、循环水处理混合风后送入车间的方案,被循环水处理后的空气相对湿度$\varphi_K=90\%$,$\mu=0.5\text{kg/kg}$,若该车间无散湿,机器和人体散发热量为125kW;通过围护结构的热损失为115kW,车间体积5000m³,要求车间的换气次数不少于5次。求:

(1)通风量(kg/h)、新风量(kg/h)、回风量(kg/h);

(2)预热器的预热量(kW);

(3)再热器的再热量和再热后的空气温度;

(4)喷水室的喷水量,水的初、终温;

(5)绘出空调过程示意图。

第四章 空气处理设备

掌握空气处理设备。

重点　喷水室设备(喷嘴、挡水板)。

难点　空气处理设备的安装及维修(离心水泵、回转式水过滤器)。

空气处理设备是纺织厂空气调节系统的重要组成部分。为了更好地完成纺织厂空气调节的任务,就必须对空气处理设备的构造和工作原理有一定的了解。

第一节　空调室送风系统

目前大多数纺织企业采用空调室送风系统对车间进行送风,其特点是空气在送入车间之前,根据室外空气条件和各车间空气状态,先在空调室内对一定状态的空气进行处理,然后再输送到各车间中去,这样就可以减少室外空气条件的变化对车间空气状态的影响,以保持和稳定车间的温湿度,满足纺织生产工艺的需求。

利用空调室对空气进行处理有两种方法。一种是在空调室内进行喷水,利用水滴与空气直接接触来处理空气;另一种是在空调室内设置热交换器,利用冷、热媒与空气的温差,通过管壁产生的间接热交换来处理空气。在纺织厂空调室送风系统中,广泛采用空气与水直接接触的喷水室,它的优点是只要适当地改变水的温度,空气就可以得到多种处理过程;利用水直接处理空气,不但可以洗涤空气、降低空气的含尘浓度,还可以产生空气负离子,提高空气的新鲜度;空气被水直接处理后相对湿度稳定。

传统的空调室送风系统主要由进风窗、喷水室、风道、加热器、回风窗、通风机等设备组成,根据通风机安装的位置不同,可分为压入式和吸入式两种送风系统,如图4-1和图4-2所示,压入式空调送风系统常采用轴流式通风机,而吸入式空调送风系统过去常采用离心式通风机,现在也采用轴流式通风机。

一、压入式空调送风系统

通风机安装在喷水室前,喷水室内的压力大于大气压。

1. 优点

(1)占地面积小,便于与建筑配合。

(2)有利于室内外空气相混合。

(3)未经处理的空气不会从喷水室的门窗缝隙中被吸入。

(4)电动机不易受潮。

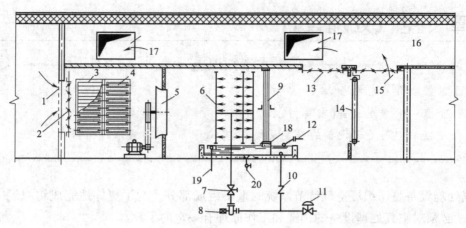

图 4－1　压入式空调室送风系统

1—回风过滤网　2—回风调节风门　3—新风固定百叶窗　4—新风调节风门　5—送风机　6—喷水排管

7—调节阀门　8—水泵　9—挡水板　10—止回阀　11—自动调节阀　12—补充水管

13—调节风门　14—二次加热器　15—调节风门　16—主风道　17—支风道

18—滤水网　19—溢水管　20—排污管

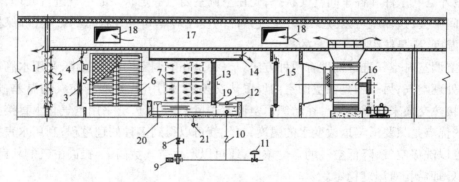

图 4－2　吸入式空调室送风系统

1—固定百叶窗　2—调节风门　3—预热器　4—预热器旁通阀　5—回风过滤网　6—回风调节风门

7—喷水排管　8—调节阀　9—水泵　10—止回阀　11—自动调节阀　12—补充水管

13—挡水板　14—二次回风道　15—再热器　16—送风机　17—主风道

18—支风道　19—滤水网　20—溢水管　21—排污管

2. 缺点

(1)风机噪声向外扩散。

(2)喷水室检查门容易漏水漏风。

(3)喷水室内光线较暗,做清洁管理工作和维护检修工作不方便。

(4)喷水室内气流分布不均匀,不利于空气与水的热湿交换。

二、吸入式空调送风系统

通风机安装在喷水室之后,喷水室内的压力小于大气压。

1. 优点

（1）当开启检查门时，水滴不会溅到喷水室外。

（2）喷水室内光线明亮，便于做清洁工作和维修工作。

（3）风机的噪声不易扩散。

（4）喷水室内气流较均匀。

2. 缺点

（1）新风和回风在喷水室内不能充分地混合。

（2）未经处理的空气可能会从检查门的缝隙中进入喷水室，影响送风状态。

（3）占地面积大。特别是当采用轴流式通风机时，在轴流式通风机后，空调室要有足够的长度，以使气流稳定（长度一般为通风机直径的 2.5～3 倍），否则会影响空调室送风系统的送风量。

（4）电动机易受潮。

改革开放以来，从国外引进了一些新型空调系统，其特点是流过喷水室的风速高、空调室占地面积小、自动化程度高，然而喷嘴密度大［高达 38～45 只/（m² · 排）］、喷嘴数量多。我国也自行研制了使用喷雾轴流风机的压入式空调系统，包括 ASFU 型"干风道"空调系统和 SFT 型悬挂式"湿风道"空调系统，水气比特小，可大量节约能源，现已为很多纺织厂采用。本章仍以介绍传统空调室（内部构件采用了许多新型设备）为主。

第二节　进风窗与回风窗

一、进风窗

进风窗也称为新风窗，是室外新鲜空气进入空调室的入口，一般开设在空调室的外墙断面上，它由外侧的固定百叶窗和内侧的调节窗组成。

固定百叶窗由框架、百叶、丝网等组成，可以有效地防止室外灰尘、雨雪、杂物等进入空调室。调节窗用于调节室外新风量之用，其页片的开启方式有顺开和对开式两种，调节窗的侧面装有联动调节机构，可以手动调节也可以自动调节，如图 4-3 所示。制作调节窗材料一般有铝合金、镀锌钢板、薄钢板等。

为防止地面灰尘随新风进入空调室，进风窗的下端要高出室外地坪 1.2m 以上，如受实际空间限制达不到这个要求，则进风窗的室外地坪必须铺上水泥地或种上草坪，以减少地面灰尘。当室外空气中含有细小的煤烟

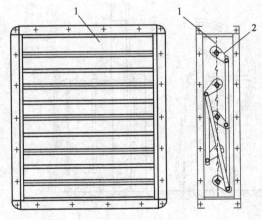

图 4-3　进（回）风调节窗
1—叶片　2—联动机构

类灰尘而影响产品质量时,进风窗还应加装新风过滤器,使新风在穿过过滤器滤料的过程中得到净化。

空气通过固定百叶窗有效面积的经济风速为 2~4m/s。进风百叶窗有效面积 $F(m^2)$ 可用下式计算:

$$F = \frac{L}{v \times 3600} \qquad\qquad (4-1)$$

式中:L——新风量,m^3/h;

v——空气的经济风速,m/s。

二、回风窗及回风滤尘设备

在夏天,若车间内的空气(回风)含热量低于室外空气的含热量时,为了节省冷量,常使用一部分车间回风。在冬天,由于室外气温较低,为了节省热量,也常使用一部分车间回风。

回风窗是车间空气进入空调室的入口,一般开设在喷水室进风端与车间相连的内墙上(但在设有地下回风系统时不必再设回风窗),其上设有调节回风量的风门,回风窗的面积可根据回风量和经济风速进行计算。回风窗开设在车间上部时,经济风速一般采用 4~5m/s,最大不超过6m/s;回风窗开设在工作区时,经济风速一般取 2~3m/s,最大不超过4m/s。

由于纺织厂车间内空气含有短纤维和灰尘较多,所以对回风一定要进行过滤。目前,常采用的回风过滤方式有两种,一种是直接在回风窗上安装过滤清扫装置,如图4-4所示圆盘回风过滤器,它是一个能连续回转并有清扫装置的圆形滤网,它的过滤作用是靠金属网上所凝聚的纤维层来完成的,因此改变圆盘的转速可以控制回风的含尘量;另一种是由地下回风道、圆盘过滤器、回转式滤尘器(图4-5)和回风风机组成的一个回风过滤系统。该系统是针对发尘量大,空气含尘浓度高或对空气环境要求较高的车间而设置的。

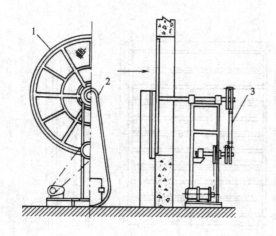

图 4-4　圆盘回风过滤器

1—滤网　2—清扫装置　3—传动及变速装置

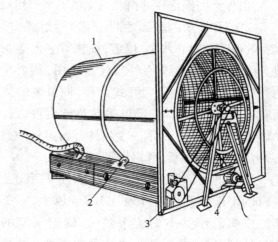

图 4-5　回转式滤尘器

1—转笼　2—吸嘴　3—吸嘴的传动部分　4—电动机

第三节 喷水室设备

一、喷嘴

喷嘴是空调室中最重要的部件,其作用是将水喷成细小的雾状水滴,以增大空气与水的接触面积,从而增强其热湿交换的能力。喷嘴种类很多,各有特点。这里仅选择其中两种予以介绍。

1. FD 型强旋流低阻损系列喷嘴　FD 型强旋流低阻损系列喷嘴具有雾化细、压力低、效率高、能耗小、不易结垢堵塞、使用周期长等优点,而且结构独特,款式新颖,如图 4 - 6 所示。具有一定压力的水,经大锥度圆柱孔通道,使水流加速进入旋流室,经旋流室内特殊的螺旋形流道后进水产生强旋流,再经盖上圆弧面收聚后从喷嘴口喷出,形成了喷射角度大、雾化颗粒细的圆弧状水带。这种喷嘴尤其适合于使用地下水为冷源,而且地下水水质较差的地区使用。

FD—Ⅳ 型双面小喷嘴,如图 4 - 7 所示,在一定场合可以代替原来的双排对喷喷淋,具有一只泵单排喷淋两次热湿交换处理的作用,但要求水质较好。

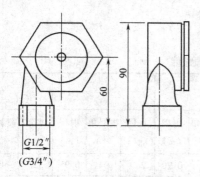

图 4 - 6　FD 型喷嘴

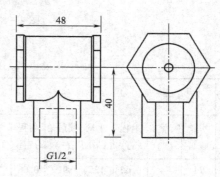

图 4 - 7　双面小喷嘴

每个喷嘴喷出水量的多少、水滴的大小、水苗的长短以及水苗喷射角度的大小,都与喷嘴的构造、孔径和一定的喷水压力有关。喷水孔径相同的同类型喷嘴,若水压在一定范围内增大,则喷水量增加、水苗加长、水滴变细、喷射角增大。在相同水压下的同类型喷嘴,喷水孔径越小,则水滴变细、喷水量减少。用于空调室喷淋的 FD—Ⅰ 型喷嘴的规格见表 4 - 1。

表 4 - 1　FD—Ⅰ 型喷嘴的规格

规　格	性　能	进水压力(MPa)				
		0.06	0.08	0.1	0.12	0.15
φ6—φ8	喷水量(kg/h)	420	480	530	565	680
	喷射角(°)	110	115	115	116	118
φ6—φ8.5	喷水量(kg/h)	480	530	580	650	740
	喷射角(°)	110	118	120	122	122
φ6—φ9	喷水量(kg/h)	550	590	660	710	820
	喷射角(°)	115	120	125	126	128

注　1m² 推荐布置 10~14 只。规格中第一个数字表示进水孔孔径,第二个数字表示喷水孔孔径。

FD 系列喷嘴的喷孔直径在纺织厂常用6～8mm,对空气的绝热加湿和冷却去湿过程都适用。3～5mm孔径的喷嘴,喷射的水滴较细,适用于空气的绝热加湿过程,并可两面喷水。8～10mm孔径的喷嘴,喷射的水滴较粗,适用于湿式除尘。

2. FL 型系列喷嘴 FL 型系列喷嘴也是一种使用比较广泛的喷嘴,如图4-8所示。这种喷嘴具有良好的雾化能力,水滴细而匀,热湿交换效率高,阻力小,能耗低,不易堵塞,高效节能,并且耐用。FL 型喷嘴性能见表4-2。

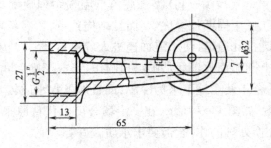

图4-8 FL 型喷嘴

表4-2 FL 型喷嘴性能

孔径 (mm) 压力 (MPa)	2			3			4			5			6		
	水量 (kg/h)	喷射角 (°)	射程 (m)	水量 (kg/h)	喷射角 (°)	射程 (m)	水量 (kg/h)	喷射角 (°)	射程 (m)	水量 (kg/h)	喷射角 (°)	射程 (m)	水量 (kg/h)	喷射角 (°)	射程 (m)
0.10	74	74	0.65	125	91	0.66	213	92	0.70	280	94	0.95	320	95	1.05
0.15	88	76	0.75	153	93	0.76	259	94	0.85	335	95	1.15	390	98	1.25
0.20	104	79	0.80	178	95	0.82	290	96	1.00	380	97	1.30	450	100	1.45
0.25	117	81	0.90	197	97	0.95	320	98	1.25	420	100	1.50	500	102	1.60
0.30	130	83	1.05	214	98	1.10	350	99	1.35	465	102	1.60	540	104	1.80

制作喷嘴的材料要求具有耐磨性和耐腐蚀性,一般采用塑料、尼龙和黄铜,有的顶盖是用不锈钢制作的。FD 型系列喷嘴则采用优质的 ABS 工程塑料注塑成形,顶盖采用聚甲醛高级塑料;FL 型系列喷嘴采用聚碳酸酯(P.C)工程塑料注塑而成,旋流室采用坚固耐磨的铜镍合金及不锈钢拉伸而成。

喷嘴的排列,应该使喷出的水滴能均匀地覆盖住整个喷水室截面,一般采用梅花形或密排布置,如图4-9和图4-10所示。

在喷水室的横断面内,1m² 单排喷管上安装的喷嘴数称为喷嘴密度。一般喷嘴密度为6～24 只/(m²·排)。当喷嘴密度为6～14 只/(m²·排)时,常采用梅花形布置;当喷嘴密度为15～24 只/(m²·排)时,常采用密排布置。

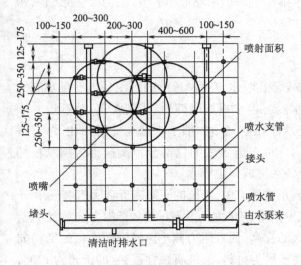

图 4 - 9 喷嘴的梅花形布置

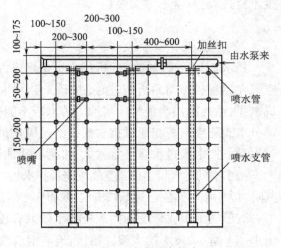

图 4 - 10 喷嘴的密排布置

喷水室每一级需要的喷嘴数 n,可用下式进行计算:

$$n = a\frac{W}{q} \tag{4-2}$$

式中:W——每一级的喷水量,kg/h;

q——每一只喷嘴的喷水量,kg/h;

a——安全系数,考虑到喷嘴可能被堵塞,其值取 1.1。

已知每一级的喷嘴数和选取的喷嘴密度,就可根据喷水室的断面积计算出该级的喷嘴排数,一般每一级为 1~2 排。也可以先选取喷嘴排数,然后验算喷嘴密度。

例 4 - 1 某空调室夏季采用二级喷水室冷却空气,若每级的喷水量为 84000kg/h,被处理的空气量为 100000m³/h,求每级所需的喷嘴数并选择喷嘴的布置形式。

解:选用 FD—Ⅰ型喷嘴,孔径 $d = 8$mm,喷水压力为 0.06MPa,查表 4 - 1 得,每只喷嘴的喷水量 $q = 420$kg/h,则每级需要的喷嘴数为:

$$n = a\frac{W}{q} = 1.1 \times \frac{84000}{420} = 220(只)$$

若每级选用两排喷嘴,则每排喷嘴数为:

$$220/2 = 110(只)$$

如喷水室内经济风速取 3.0m/s,则喷水室断面积 F 为:

$$F = \frac{L}{v \times 3600} = \frac{100000}{3 \times 3600} = 9.26(m^2)$$

喷嘴密度 = 110/9.26 = 11.88 ≈ 12 只/(m² · 排),可采用梅花形布置方式,但要注意喷嘴密度不宜过大,数量不宜太多。

二、挡水板

挡水板是由多块直立的折板或板条组成,被安装在喷水室喷淋排管的后面。当夹带水滴的空气在挡水板中间曲折前进时,由于惯性作用,水滴与挡水板相碰撞后,沾附在挡水板上,并形成水膜,然后沿挡水板流入水池。挡水板不能把悬浮在空气中的细小水滴全部阻挡住,总有一部分水滴随空气一起通过挡水板并经过风道进入车间。漏过去的这部分水滴被称为挡水板的过水量。挡水板过水量不宜太大,否则会锈蚀设备和造成风道滴水。

挡水板的过水量多少与空气流速及挡水板本身的构造有关,传统的三弯四折金属挡水板,由于其阻力大、维护不便,已逐渐被淘汰,取而代之的是当今国内外性能最优越的高效低阻力波形挡水板。

波形挡水板比传统的挡水板挡水效果有较大的提高,而且阻力减小。波形挡水板的结构如图4-11所示,波形挡水板以铝板、玻璃钢或改性塑料为材料,故抗腐蚀性强,它的折角为120°,并呈流线型,因此其所受到的阻力较小。每块挡水板有四处弯曲成数个齿形槽(波纹),这样就可以将附着在挡水板上的水膜引导向下流动,以免水膜过厚被空气带走而增加过水量。波形挡水板的显著特点是阻力小,过水量少。波形挡水板的阻力系数为4.0左右。

在安装施工过程中一般以12片为一组,按喷水室的断面大小分成若干组被安置在支架上,上下可以分成二层或三层,分层排出分离出来的水滴,如图4-12所示,同时在施工中一定要注意挡水板的安装质量和喷水室壁与挡水板之间的严密性,否则会加大挡水板的过水量。波形挡水板的最大特点是,即使在6m/s左右的高速条件下,仍能起到较好的水气分离作用,且阻力亦较小。

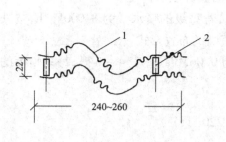

图4-11 波形挡水板结构
1—挡水板 2—隔套

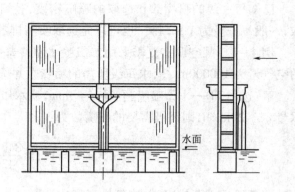

图4-12 波形挡水板安装示意图

三、露点温度计

为了及时掌握空气被水处理后的状态点即机器露点,在挡水板后的喷水室侧壁上安装拐角(俗称直角)式水银温度计,用它来测量送风状态。拐角式水银温度计属一般干球温度计,外加金属保护罩,感温部分与被水处理后的空气相接触。因空气被水处理后的状态接近饱和状态,所以空调工程上称这种状态为"机器露点",而把测量这种状态空气的普通拐角式水银温度计称为"露点温度计"。

露点温度是空调工掌握送风状态的重要依据。为了及时了解空调室的送风状态,以满足车间空气的温湿度需要,纺织厂空调室送风系统一定要安装露点温度计。

四、水池及其附属设备

(一)水池

为了使水池储水能连续供循环喷水之用并具有一定沉淀作用,喷水室水池要能容纳 2 ~ 3min 的喷水量。水池的深度一般为 500 ~ 700mm,长度和宽度可依据喷水室尺寸而定。为了便于检修和做清洁工作,也可以使喷水室的水池宽度略小于喷水室的宽度。若采用水过滤设备,还可以把水池延伸到喷水室的侧面或前面。喷水室的水池一定要注意防渗漏,水池底部朝泄水器(管)方向有 1/50 的坡度,有利于水池清扫时泄水。

(二)溢水管和泄水管

1. 溢水管　为了保持水池中具有一定的水位,就要设有溢水管(或溢水墙)。在使用回转式水过滤器的喷水室系统中,常采用溢水池的墙高来控制水池中的水位,而使用其他形式过滤器时,多采用溢水管来保持水池中的水位。溢水管的入口常做成喇叭形,出口做成 U 形水封。溢水管一般采用管径为 125 ~ 200mm 的铸铁管或钢管。溢水管的溢水量与溢流边缘上水头高度之间关系见表 4 – 3。

表 4 – 3　溢水量与溢流边缘上水头高度的关系

溢流边上的水头(mm)	5	10	15	20	25	30	40	50
溢水量[m³/(h·m)]	2.2	6.4	12.6	18.1	25.3	33.2	51.2	71.2

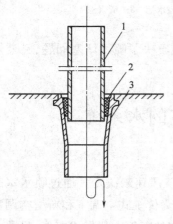

图 4 – 13　溢水管与泄水管
1—溢水管　2—橡胶塞　3—泄水管

2. 泄水管　在清扫和检修水池时,需将水池中的水全部放掉,这时就要使用泄水管。泄水管位于水池底部的最低处(池底有坡度)。泄水管可以用阀门开闭,也可以用橡皮塞。在使用中,通常把溢水管和泄水管装在一起,如图 4 – 13 所示。当清扫水池时,只要拔起溢水管,污水就可以从泄水管口排出。

(三)补水管

当喷水室内采用循环水喷淋时,由于空气被加湿,挡水板过水及水的外溅和渗漏等,水池的水位将不断下降。为了保持水池中的水量,就必须及时补充水量,这样就要求在喷水室内设置补水管。补水管的补水量,一般为设计喷水量的 3% 左右。补水管装有浮球阀,用以控制水面的高度。

(四) 滤水器

纺织厂空调室使用的喷嘴孔径较小,为防止堵塞,在使用循环水处理空气时,一定要对水进行过滤。水的过滤方法有很多,如在水泵吸水管端装网状滤水器,也可在挡水板下方或喷水室外侧的小水池中,使用插板式过滤网。这些方法虽然也能达到除杂的目的,但效率低,而且又需要经常清扫过滤网上的杂质。回转式水过滤器解决了滤水网的人工清扫问题,而且过滤杂质的效率比上述几种过滤方式都高,如图4-14所示,其过滤水量有60t/h、130t/h、200t/h几种。过滤网可用锦纶或不锈钢丝布制成,常用规格为5网孔/cm。

利用回转式水过滤器,喷淋水过滤流程如图4-15所示。从喷淋水池中来的水,含有一定杂质,穿过回转滤网后,杂质被留在滤网表面。被过滤后的水从圆筒敞开的一端进入清水池,供喷淋泵使用。回转滤网带着杂质转到反冲水管出口位置时,滤网上的杂质被反冲水冲入杂质收集器中。回转滤网的动力来源有两种,一种是电动机带动,另一种是喷淋泵供给的水作动力。回转滤网的回转速度为1~2r/min。

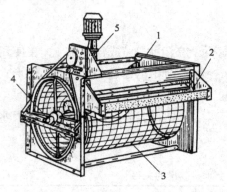

图4-14 回转式水过滤器

1—机架 2—杂质收集器 3—回转滤网
4—反冲水管入口 5—电动机及传动部分

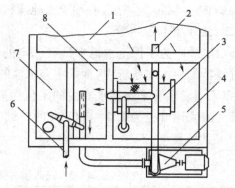

图4-15 喷淋水过滤流程示意图

1—喷淋水池 2—喷淋供水管 3—回转水过滤器
4—待过滤水池 5—水泵 6—供冷水管
7—溢水池 8—清水池

回转式水过滤器的特点是过滤效果好,效率高,运行可靠,既解决了喷嘴堵塞问题,又减轻了工人的劳动强度,是一种较为理想的滤水设备。

第四节 喷水室的结构及空调室的水系统

一、喷水室的结构

喷水室的断面积可根据通过喷水室的空气量和喷水室内经济风速来决定。通过喷水室的空气量按照夏季喷水室处理的空气量来考虑,而对于经济风速分为传统式空调室和新型空调室两种,传统式空调室取2~3m/s,新型空调室取4~5m/s。喷水室的断面一般做成矩形,尺寸可按高度与宽度之比为1.1~1.3考虑。

喷水室断面积 $F(\mathrm{m}^2)$,可用下式计算:

$$F = \frac{L}{v \times 3600}$$

式中:L——通过喷水室的空气量,m^3/h;

v——喷水室断面上的经济风速,m/s。

喷水室的外墙一般用 80~100mm 厚的钢筋混凝土浇制,也有采用砖砌体。用砖砌必须注意防水问题。喷水室内的水池要注意防止沉积而造成池底有裂纹渗水现象。

为了便于检修人员出入,在喷水室的侧墙上,根据需要于每两排喷嘴之间开设检查门。检查门的尺寸一般为 500mm × 800mm。检查门为双层结构,中间夹以隔热材料,可用薄钢板或玻璃钢板制成,其中上部设有观察窗,其结构如图 4-16 所示。检查门应注意密封,以免漏风漏水。在喷水室检查门的上方装有低压防水灯,以利于观察。

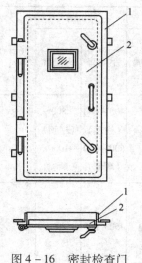

图 4-16 密封检查门
1—门框 2—门

喷水室内喷淋排管位置的布置,应考虑让喷嘴喷射出来的水滴在喷水室内分布均匀,有利于空气与水的热湿交换。喷水室的长度应根据喷嘴排数、喷排间距及喷排与挡水板间的距离来确定。经济风速 2~3m/s 的喷水室,喷淋排管布置可参考表 4-4 的布置方式;经济风速在4m/s 以上的喷水室,采用匀流器、新型喷嘴和波形挡水板,其喷淋排管布置可参考表 4-5。

喷淋排管的连接方式有上分式、中分式和下分式三种,如图 4-17 所示。上分式喷淋水均匀,下分式拆装方便,中分式适用于断面较大的喷水室。

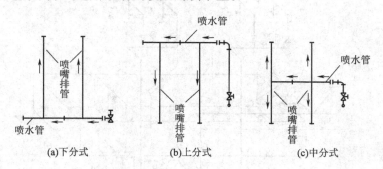

(a)下分式　　　　(b)上分式　　　　(c)中分式

图 4-17 喷嘴排管的连接方式

二、空调室的水系统

空调室水系统是指包括喷嘴供水、从水池流出的回水及溢水和泄水的整个系统。空调室用的循环水是由补水管供给的,低温水则是来自冷冻站或深井。喷水室的溢水可回至冷冻站,被冷却后重新送到喷水室使用,还可以过滤后用于其他方面。

对于表 4-4 的喷水室,水系统可参考图 4-18;对于表 4-5 的喷水室,水系统可参考图 4-19。

表4－4 风速在2～3m/s的喷水室喷淋排管布置方式

喷嘴排列形式 空气流向 →	a(mm)			b(mm)	c(mm)		d(mm)		e(mm)
	吸入式与池边距离		压入式 与风机 距离		小喷嘴	大喷嘴	小喷嘴	大喷嘴	
	无水泵 吸口	有水泵 吸口							
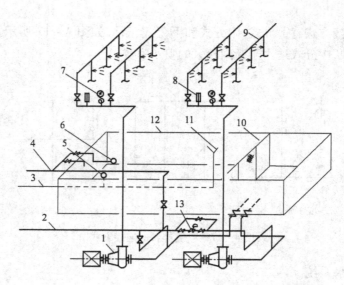	150～200	1000	2000	500～800	1000 ～ 1200	1600	400～600 (逆喷) 600～800 (顺喷)	800 (逆喷) 1000 (顺喷)	
	150～200	1000	2000	500～800	1000 ～ 1200	1600	450～600	800	
	150～200	1000	2000	500～800	1000 ～ 1200	1600			500

图4－18 传统空调室管道系统示意图

1—水泵 2—冷水管 3—泄(溢)水管 4—自来水管 5—泄水口

6—补水管 7—压力表 8—温度计 9—喷水排管 10—滤水网

11—溢水口 12—水池 13—自动调节阀

表4-5 风速在4m/s以上的喷水室喷淋排管布置方式

喷淋排管位置空气流向	a(mm)	b(mm)	c(mm)	d(mm)	e(mm)
	130	450	304	1736	260

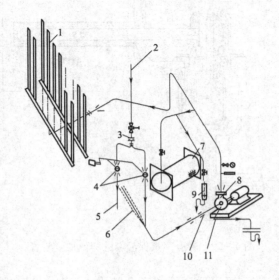

图4-19 新型空调室管道系统图

1—喷淋排管 2—冷冻水供水管 3—节流孔板 4—自动调节阀

5—冷冻水回水管 6—吸水管 7—水过滤器 8—水泵

9—溢水管 10—软接头 11—水泵排水管

第五节 空气的加湿及加热设备

一、空气加湿设备

在纺织厂除了主要采用喷水室加湿空气外,还大量采用在车间直接喷蒸汽或喷雾等方法来对空气进行加湿。随着国内外科技的发展,又出现了许多新的空气加湿系统和加湿设备。

(一)喷蒸汽加湿

直接向车间空气喷入有限量的水蒸气,空气状态变化属等温加湿过程。纺织厂某些车间经常采用这种简单的方法加湿空气。直接向车间空气喷射水蒸气,可采用蒸汽笛管喷蒸汽(有的直接用塑料软管将锅炉房蒸汽送到车间),也可采用干蒸汽加湿器喷蒸汽。前者构造简单,但是经常伴有凝结水喷出;后者喷出的蒸汽均为干蒸汽。目前,纺织厂常采用干蒸汽加湿器来加湿空气,如图4-20所示。其工作原理是蒸汽首先沿管道进入喷管外套,以加热喷管外壁、保证蒸汽呈过热状态,再经挡板进入加湿器的筒体,蒸汽中的凝结水可从下端排出,然后经调节孔进入干燥室,最后进入蒸汽喷管。所以,从蒸汽喷管喷出的蒸汽是干蒸汽。

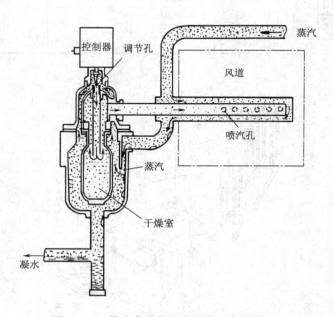

图4-20 带有蒸汽保温套的蒸汽加湿装置

干蒸汽加湿器的规格较多,可以适合不同场合的需求。加湿量的控制有手动、电动和气动三种方式。它的特点是结构紧凑、使用方便,不仅可用于车间,还可装在风道中使用。

(二)喷雾加湿

是将常温水雾化后直接喷入空气,从而使空气得到等焓加湿处理的一种方法。它是纺织厂常用的一种加湿空气的方法,尤其是针织车间或织布车间应用更广泛。因为只要适当地改变喷雾量就可以达到调节车间温湿度的目的。

喷雾加湿可以分为空调系统加湿和车间直接加湿两种,空调系统加湿如我国结合国外技术生产的 ASFU 型干风道节能空调系统和 SFT 型悬挂式湿风道系统,这两种系统与传统喷水室空调系统相比节能效果明显,且维护管理方便。目前,该系统已在全国范围内被推广使用。车间直接加湿设备有我国结合国外技术生产的离心式加湿器,该加湿器一般安装在车间天花板上方(也可以采用壁挂或柜式等),以细密格栅分隔高速离心作用下的液体粒子,以360°的角度向外喷洒,空气流经过一个大的过滤器,可除去尘埃与污物。目前直接加湿设备还包括超声波加湿器、超高压微雾加湿器、湿膜式加湿器等。其中超高压微雾加湿系统具有节能、性能稳定、卫生、加湿能力高、控制精度高、操作方便等特点,被广泛使用。

二、空气加热设备

(一) 加热器分类

按热媒种类分为电加热器、蒸汽加热器、热水加热器等;按结构型式分为光管式加热器、翼片式加热器等;按使用方式分为预热器、再热器、天窗排管等。

1. 光管式加热器 纺织厂常用的加热器为光管式加热器,因为光管式加热器阻力小、易清扫、造价低。常用的热媒为蒸汽或热水。

光管加热器一般采用直径为 25mm 左右的钢管,按一定距离焊接在两个联箱(或直径较大的钢管)之间,如图 4-21 所示,根据需要可做成 1~4 排。

光管加热器装于室内供直接采暖用时,通常称为光管散热器,光管散热器一般管径较大,常做成单排。

2. 天窗排管 为了提高车间上部温度,消除天窗凝水,一般把蒸汽管道敷设在锯齿形厂房天窗下,这种蒸汽管道叫做天窗排管。天窗排管实际上起着散热

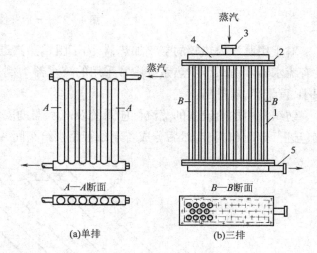

图 4-21 光管式加热器
1—光管 2—管板 3—供汽管 4—联箱 5—回水管

器的作用,所以也可以按需要的散热量,决定散热面积和选取管径。因为天窗排管是沿着天窗下沿敷设的,所以长度较长。又因为蒸汽进入天窗排管后,管壁温度升高,使工作温度与安装时的温度差异较大。为此,一定要考虑管道热胀冷缩问题。

管道因热膨胀的伸长量 Δl 可用下式计算。

$$\Delta l = KL(t_2 - t_1) = 0.012L(t_2 - t_1) \qquad (4-3)$$

式中:K——常用钢管的热胀冷缩系数,mm/(m·℃),一般为 0.012;

L——管道长度,m;

t_1——管道安装时温度,℃;

t_2——管道工作时温度,℃。

由上式可知,若是管道长度较长,温差较大,则管道伸长量较大。如果管道没有自由伸缩的可能,将使管道本身承受很大的热应力,而使管道或管道支架发生损坏,因此在管道中应设有热补偿器。补偿器种类很多,如套管补偿器、方形补偿器和波纹管补偿器等。当伸长量较小时,可用管子的自然拐弯来补偿管道的热伸长量,一般称为自然补偿。天窗排管常使用方形补偿器。方形补偿器是一个做成 π 形的弯曲管件,如图 4-22 所示。当管道受热伸长时,由于 π 形弯的变形(虚线所示)补偿了管道的伸长量,因此减少了对固定支架的推力和管子本身的热应力。

方形补偿器的具体补偿量可由有关说明书中选取。

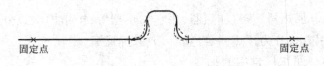

图 4 – 22   π 形补偿器

对于用蒸汽为热媒的空气加热器,为了阻挡蒸汽进入凝水管,并能使凝结水顺利排出,必须设有疏水器。纺织厂供热系统中常采用的疏水器为倒吊筒式疏水器,其特点是排水性能好、体积小、重量轻、易排出空气。

纺织厂中加热设备的蒸汽供应系统及疏水器的安装位置可参考图 4 – 23。蒸汽首先经分汽包进行分配和调节,然后分成若干条管路供给车间各用汽设备。

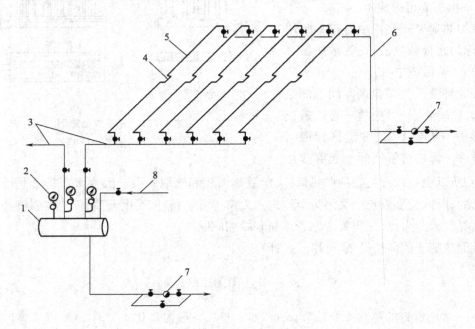

图 4 – 23   车间加热设备的蒸汽供应系统示意图

1—分汽包 2—压力表 3—供气支管 4—π 形补偿器 5—天窗排管
6—回水管 7—疏水器 8—外来供气管

(二) 加热器计算

1. 加热空气所需要的热量   加热空气所需要的热量就是加热器应该产生的热量。

$$Q = C_P m (t_2 - t_1) \tag{4-4}$$

式中:Q——空气加热所需热量,W;

C_P——空气的定压比热容,J/(kg · ℃);

m——被加热的空气量,kg/s;

t_1——加热前空气的温度,℃;

t_2——加热后空气的温度,℃。

在工程上,预热器或再热器的加热量一般用焓差来计算,详见第三章。

2. 加热空气所需要的加热面积

$$F = \frac{Q}{K(t - t')} \qquad (4-5)$$

式中:F——加热面积,m^2;

Q——加热空气所需要的热量,W;

t——热媒的平均温度,℃;

t'——空气通过加热器的平均温度,℃;

K——加热器的传热系数,$W/(m^2 \cdot ℃)$。

热媒为蒸汽的平均温度可根据蒸汽压力来确定,热媒为热水的平均温度可根据进出口水温来确定。空气通过加热器的平均温度可用下式计算。

$$t' = \frac{t_1 + t_2}{2}$$

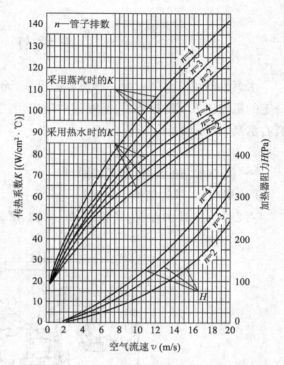

图 4-24 光管加热器的传热系数

3. 加热器的传热系数 光管加热器的传热系数 K,可根据热媒种类、管子排数和空气流速从图 4-24 中查得。

若空气通过加热器属受迫运动(如空气在风机作用下通过再热器),则由图 4-24 查得的 K 值还需乘以从表 4-6 中查得的修正值 i。若空气通过加热器属自然流动(如装在车间内的散热器),则由表 4-7 查得 K 值。

表 4-6 修正系数表

空气的平均温度(℃)	0	10	20	30	45	50
传热修正系数 i	1.0	0.98	0.96	0.94	0.92	0.90

表 4-7 空气自然流动时光管加热器的传热系数

热 媒		热 水					蒸 汽	
		$\Delta t = t_{sh} - t_h$					压力 P	
		40	50	60	70	80	0.03	0.1 以上
管子排数	单排	11.0	11.0	11.6	12.2	12.8	14.0	15.2
	多排	9.3	9.3	9.9	10.5	10.5	12.8	14.1

注 t_{sh} 为散热器中热水的平均温度(℃),t_h 为室内空气温度(℃);蒸汽压力 P(MPa)为表压力。

第六节　水　泵

水泵是纺织厂空调室中一种重要的设备,无论是喷淋低温水或循环水都需采用水泵给水以一定的压力压入喷射排管,再从喷嘴中喷出,与空气进行热湿交换。常用的是单级单吸悬臂式离心水泵(ZB 型水泵)。

一、离心水泵的结构和工作原理

(一)离心水泵的结构

离心水泵主要由叶轮、泵体、泵盖、泵轴、密封件、轴承体和底座等组成,如图 4 – 25 所示。

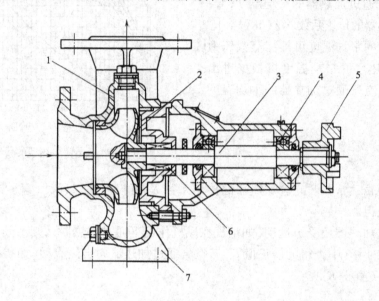

图 4 – 25　ZB 型离心水泵结构图

1—泵体　2—叶轮　3—泵轴　4—轴承体　5—联轴器　6—机械密封体　7—支撑脚

1. 叶轮　离心水泵主要是靠装在泵体内叶轮的作用输送液体。叶轮的尺寸、形状和制造精度对泵的性能影响很大。叶轮是一个带有叶片的圆轮,为了提高水泵的效率,离心水泵的叶片一般都是后弯的。

2. 泵体　泵体安装在叶轮的外面,成蜗壳状,其主要作用是将叶轮封闭在一定空间内,汇集从叶轮中甩出来的液体、导向排出管路,并将液体的一部分动能转变为压能。

3. 底座、泵轴　底座用以支承泵体和泵轴。叶轮如悬臂状固定在泵轴上,所以称为单级单吸悬臂式离心水泵。泵轴上一定要装有填料类密封装置,以防止泵体内的水从缝隙中流出,同时防止空气进入泵体中。

(二)离心水泵的工作原理

当水从水泵进口流入到旋转着的叶轮泵叶中时,水就随着叶轮一起旋转。由于旋转时离心力的作用,使水压升高,并沿叶片向外周抛出,当水达到叶尖时,就以一定的压力和相当大的流速离开叶轮而进入泵体。由于泵体内叶轮和泵壳间截面积逐渐增大,因此流速逐渐降低,水压进一步升高,最后使水在离开水泵的出口时,达到所要求的水压和流量。当叶轮中的水被压出后,叶片间形成真空,此时水泵进口处的水就在大气压力作用下又被压入叶轮中。这样叶轮不断旋转,水泵就不断地吸水和送水。

二、离心水泵的性能参数

1. 流量 流量是指水泵在单位时间内能输送的水量,用 Q 表示,单位为 m^3/s、m^3/h、L/s。

2. 扬程 扬程是指水泵产生的压力大小,亦可看做是能把水扬升的高度,用 H 表示,单位为 MPa 或 mH_2O。

离心水泵所需的扬程由以下三部分组成。

$$H = H_1 + H_2 + H_3 \qquad (4-6)$$

式中:H_1——喷嘴前需要的水压;

H_2——喷水室上部喷嘴与水池水面间垂直距离的液柱压力;

H_3——管道中的阻力。

在水泵的扬程中通常有一吸水扬程(允许吸上真空度),水泵的吸水扬程是靠当地大气压力压入的高度。因此,在标准大气压力下,若水泵的位置在水面以上约 10m 时,则水泵内即使已成真空状态,外界的大气压力也无法把水压入泵体的叶轮内,因而无水压出。水泵位置离水面高度应小于此值。一般将水泵置于水面之下,若高于水面,即使在吸水扬程之内,在开始运转时,也应在水泵内灌满水后方能运转,否则由于水泵叶轮内空气的存在而使水抽吸不上来。

3. 轴功率 水泵运转时,由电动机传给水泵轴的功率叫做水泵的轴功率,用 N_Z 表示,单位为 kW,可用下式计算:

$$N_Z = \frac{QH}{\eta} \qquad (4-7)$$

式中:Q——流量,m^3/s;

H——扬程,MPa;

η——水泵的效率,%。

4. 效率 效率 η 是评价一台水泵设计、制造水平的一项重要指标,它反映水泵工作的经济性。水泵效率可用下式计算。

$$\eta = \frac{QH}{N_Z} \times 100\% \qquad (4-8)$$

5. 转速 转速是指水泵在效率最高时的回转速度。水泵必须在额定转速下工作,其流量、扬程、轴功率才能得到保证。高于额定转速就容易烧坏电动机;低于额定转速,水泵的流量、扬程、轴功率都将减小,甚至会吸不上水。

三、离心水泵的选用

选择水泵时应根据其用途、输送介质的物理化学性质、温度和含杂情况,并结合流量、扬程、效率等性能参数由水泵性能表直接选用。纺织厂常用的离心水泵有 BA 型和 ZB 型等。ZB 型离心水泵的性能见表4-8。

表4-8 ZB 型离心水泵性能表

型 号	流量 Q [m³/h(L/s)]	扬程 H (MPa)	转速 n (r/min)	配用功率 N (kW)	效率 η (%)	汽蚀余量 (MPa)
80ZB—22	50(13.89)	0.225	2900	5.5	80.5	0.028
80ZB—22A	40(11.18)	0.225	2900	4	80	0.028
100ZB—22	90(25)	0.225	2900	7.5	82.5	0.04
150ZB—22	180(50)	0.225	2900	15	82.5	0.065

ZB 型号的意义以 80ZB—22A 为例,其中 80 为吸入口直径(mm),ZB 为节能泵代号,22 为泵的扬程(MPa),A 为变型产品。

ZB 型离心水泵结构简单、工作可靠、拆装方便,其效率达到国内外先进水平,具有显著节能效果。

第七节　空气处理设备的安装及维修

只有对空气处理设备进行正确的安装,科学合理的维护,才能保证其正常运转,发挥其功能,达到设计的目的,以满足生产的需要。为此,本节将重点介绍空气处理设备的安装与维修。

一、回风过滤设备的安装与维修

(一)回风过滤网窗

回风过滤网窗构造比较简单,安装也方便。一般在窗口的四周预埋螺栓,用压板来固定。

回风过滤网窗多用人工来清扫,每班都要扫几次。因此,要经常检查,特别是铜丝布,更容易损坏。发现铜丝布损坏后须马上更换,否则会使许多短纤维及尘土进入混合室及喷水室,增加空气含尘浓度,从而影响送风质量,同时也使空调室内墙壁及送风道内挂花,增加阻力。

对于织布车间的回风过滤网窗,因在回风中含有少量浆料粘在过滤网上,更要定期清除、及时更换,以减少阻力和锈蚀。

(二)圆盘回风过滤器

圆盘回风过滤器的安装,根据主轴悬伸长度的不同分为 A、B 两种。A 型安装于 410mm 厚的砖墙内,B 型安装于 100mm 厚钢筋混凝土板墙内。具体要求有如下几个方面。

(1)安装时圆盘的表面滤网必须绷紧,绷紧后的盘面不平度不得大于 2~3mm。

(2)圆盘安装后,其盘面和墙面的不一致量不得大于 3mm。

（3）清扫器安装后,泡沫塑料对盘面的过盈量控制在 6～8mm。转动圆盘观察泡沫塑料对全圆周范围内的最小过盈量不小于 3～5mm。

（4）密封装置的密封圈在安装后,应与网面均匀贴紧,保证 ±2mm 的贴合要求。

（5）清扫器的泡沫塑料容易老化,为了保证清扫效果,要求每半年更换一次。

（6）滑槽与滚子磨损后,当间隙大于 1mm 时,必须更换滚子。

（7）链条、链轮、滑槽与滚子采用 20 号机油,加油周期为一个月;含油轴承,也采用 20 号机油,加油周期为半年。

（8）圆盘过滤器的圆盘部分,每年用温热肥皂水或洗衣粉水清洗一次。清洗过程一定要整体清洗,不允许拆开。

（三）转笼式过滤器

转笼式过滤器适用于纤维性粉尘或间有颗粒粉尘的空气过滤。作为一级滤尘器使用时,用于棉、毛、麻纺织厂各车间的空调回风的过滤。

转笼式过滤器在安装前必须检查网面和漆面是否损伤,有损伤时应补上;运转部件转动是否灵活,是否有杂音。

（1）安装时应做到以下几个方面。

①组装后,主封板的迎风面与铅垂直线的偏差不大于 ±2mm。

②转笼的中心线与水平线的偏斜,一节转笼时为 1mm,两节转笼时为 2mm。

③转笼表面径向跳动,必须小于 5mm。

④过滤材料必须均匀紧张,无局部过紧或过松。

⑤各密封处、转接处不能漏风。

⑥调整吸嘴与转笼表面的距离,保证吸嘴能将滤料上的积尘吸干净。

⑦各润滑部位加注润滑剂。

（2）在使用转笼式过滤器时应注意以下几个方面。

①尘室及安装集尘器的房间应保持密闭,以免灰尘扩散。

②照明的灯具应当选用安全防爆型的。

③转笼与主封板间的锥筒形密封毡受磨损时,可适当移动密封毡,使与主封板接触即可,勿用力压紧。

（3）转笼过滤器的维修保养应注意以下几个方面。

①经常检查转笼的运行情况,转笼是否平稳,有无杂音。

②每周要检查一次传动机构,并要清扫和加油。

③滤料用到半年或最长不超过一年时,要进行清洗和更换。

④转笼式过滤器的转笼,配用 120W 的电动机。电动机通过减速箱进行减速。吸嘴是由转笼轴头上的皮带轮带动的,经过一对圆锥齿轮换向后,再由链条等机构使吸嘴进行往复移动。对于这些传动构件必须进行经常性的检查,及时进行维修与保养。

⑤定期检查转笼与挡板间的密封带是否失效与损坏,如发生损坏或失效,应及时进行修补与更换。

⑥平时经常检查并调节传动皮带的张力及往复部件链条的张力。

⑦检查 U 形压力计的压差值,超过规定值(一般为 392Pa)时,需做清洁工作。

⑧两轴承及传动件的清洗周期一般为 1~2 年。清洗后,轴承内加注润滑脂,其余各部件用20 号机油润滑,润滑的周期一般为一个月。

二、喷水排管、喷嘴、溢水排水管及挡水板的安装与维修

(一)喷水排管、喷嘴、溢水排水管

喷水排管及喷嘴是喷水室中的重要构件。喷水排管是采用碳钢管或塑料管。喷嘴用铜或用工程塑料制作,目前大多采用工程塑料制作。喷水排管及喷嘴长期与水接触,碳钢管容易锈蚀。采用聚氯乙烯塑料喷水排管,干管与立管采用卡口连接,安装方便,重量轻,耐腐蚀。

(1)喷水排管的安装:喷水排管底部的干管一般都放在水池上面,上部的干管吊在喷水室顶板预埋件上。

(2)喷嘴的安装:目前,采用带内螺纹管牙的尼龙喷嘴和工程塑料喷嘴,直接拧在喷水排管的支管上。用于塑料喷水排管上的喷嘴,则用卡子来安装,方便准确。

(3)喷水排管及喷嘴的维修:对于采用碳钢的喷水排管,需要两年大修一次,每半年内要小修一次。检修时要清除管内的水垢和铁锈,刷上防锈漆。由于许多工厂都采用了水过滤器,循环水比较干净,因此喷嘴可以一个月清理一次。喷嘴在长期使用中,内外要结水垢。对于铜喷嘴可用稀硫酸除去水垢;对于塑料喷嘴,可用去污粉清洗或用人工铲除。此外,对于喷水排管上各种阀门也要定期维修。

(二)挡水板

目前纺织厂空调室普遍采用后置挡水板,即挡水板安装在喷水室的后面。挡水板的安装,一定要平直正确,使每个折角及每两片间距一样,以保证挡水效果。运转中一定要保持清洁,减少阻力,以增加风量。挡水板的材质最好采用玻璃钢,以减少破碎和腐蚀。挡水板的清洁时间,与回风过滤条件有关,原则上每月冲洗一次。如果回风过滤效果差,有许多短纤维及灰尘挂在挡水板上,冲洗次数则要增加。

三、回转式水过滤器的安装与维修

回转式水过滤器用于空调室的回水过滤。净化回水,对减少喷嘴堵塞有重要作用。回转式水过滤器主要有电动变速传动和水力变速传动两种。

(一)回转式水过滤器的安装与维修

(1)水过滤器最好安装在喷淋室外面的小水池内,这样便于管理和维修。

(2)回转滤网的安装位置有左、右两种,面对皮带轮方向看,回转滤网逆时针转动为左式,顺时针转动为右式。根据喷水室具体情况来确定左式还是右式安装。

(3)安装时应保证滤网的水平位置,其轴向水平度偏差应不超过 1mm。

(4)每运行一年后,应检查减速箱滚动轴承的磨损情况,必要时予以更换。

(5)采用电动传动时,减速箱齿轮油更换时间,第一次为运行满一个月,第二次为再运行满

三个月,以后每运行满半年更换一次。可用 20 号(冬季)和 30 号(夏季)齿轮油。

(6)皮带要保持松紧适度,每月应检查一次,必要时调整张紧轮的位置。

(7)每隔 3 ~ 6 个月应检查回转滤网与整个机体两端板之间的密封情况,如果磨损发生渗漏,应当更换橡胶密封环。

(8)应定期清洗回转滤网上残留的尘杂和水垢。在清洗滤网时,先放空水池中的水,转动回转滤网至搭扣处于上部位置,松开搭扣,取下过滤网,然后分别加以清洗。

①在含有家庭用洗涤剂的温水中清洗,然后再用清水漂洗干净。

②积有水垢的滤网,在 10% 甲酸水溶液中浸泡后,再用清水彻底清洗干净。

③将电动机保护好,用清水冲洗过滤器其他构件。

冲洗完毕后,重新装配滤网,滤网要均匀、平整地包覆在转笼骨架上,搭扣要扣牢。

(9)反冲水管上的喷嘴(或喷孔),必须调整到使之对滤网成 90°的喷射角,使水直接喷向侧面顶板上。

为了保证喷管内清洁,不积水垢,要经常清洗喷管。具体做法是先放空水池中的水,松开管接头,从夹子中取出喷管,放入 10% 甲酸水溶液中浸泡 15 ~ 60min,时间长短随积垢程度确定。浸泡取出后,用清水彻底冲洗干净,再安装复原。

(二)回转式水过滤器的故障、原因及排除方法(表 4 – 9)

表 4 – 9　回转式水过滤器的故障、原因及排除方法

故　障	原　因	排　除　方　法
回转滤网不转动 (电动机传动时)	电动机断路	1. 如熔断器被烧断,更换新的,若换后再次烧断,应通知电工修理 2. 检查电动机开关的热继电器动作,按下启动按钮,如热继电器短期内再动作,应查看电流读数,并且与电动机铭牌数据相比较 3. 电动机开关的热继电器产生动作,但电动机超负荷,是由于线路中的一相有故障,应通知电工进行修理
	电动机耗电过多	1. 检查滑动轴承 2. 检查电动机绕组是否有缺陷
	传动皮带张力不足	调整张紧结构
	传动皮带撕裂	更换皮带
回转滤网不转动 (水力传动时)	供水管无水	检查是水泵故障还是管道堵塞,应及时处理
	水斗转轮不转动	检查转轮是否被纤维、尘杂所缠绕,停车清理
	传动部分发生故障	查明原因,停机修理
反冲洗喷嘴或喷孔不喷水	水泵故障	合上水泵开关,检查水泵电动机熔断器和水泵电动机开关的热继电器的动作是否正常
	喷嘴或喷孔堵塞	及时清洗喷嘴或喷孔和喷管
	接至喷嘴的供水管发生堵塞	清理疏通管道

四、离心水泵的安装及维修

(一)水泵的安装

目前,纺织厂空调室普遍采用的 BA 型和 ZB 型离心水泵,是由电动机直接传动,出厂时配有铸铁底座。安装时先在底座上画出水泵的纵横中心线,然后将底座吊放在基础上,套上地脚螺栓和螺母,调整底座位置,使底座上的纵横中心线和浇灌基础时所定水泵纵横中心线保持一致。然后,将铁水平尺放在底座加工面上,检查底座水平度。检查时,应将水平尺放在相互垂直的两个方向分别进行测量,不平时应在底座下加垫铁进行调整。垫铁高度以 30～60mm 为宜,找平时应放在地脚螺栓两旁,垫铁数目一般不超过三片。经过中心线找正和水平找正以后,拧紧地脚螺栓,在基础及地脚螺栓孔内洒水,灌入水泥砂浆,待凝固以后,再安装水泵。

电动机安装是以已经安装好的水泵为依据,用联轴器作基准进行调整。

(二)水泵的装配

泵在装配前应首先检查零件质量和查看装配等技术要求,并擦洗干净,方可进行装配。

(1)应预先将各处的连接螺栓、丝堵等分别拧紧在相应的零件上。

(2)应预先将密封环和填料、填料环、填料压盖等依次装到尾盖内。

(3)将滚动轴承装到轴上,然后装到轴承体内,加入二硫化钼润滑脂,再合上压盖,均匀拧紧,并在轴上套上挡水圈。

(4)将轴套装在轴上,再将尾盖装到轴承体上,然后再将键叶轮、叶轮螺母等装上并拧紧,方符合装配技术要求。

(5)最后将上述组件装到泵体内,并均匀拧紧螺母,使主轴正常转动。

(三)水泵的启动、停止与运转

1. 启动

(1)应在启动前检查泵及管路结合处有无松动现象,检查旋转方向是否正确,泵的转动是否灵活,不能有卡住、异声等不正常现象。泵的旋转方向,从驱动端看为逆时针旋转。

(2)关闭出水管路上的闸阀,用真空泵抽尽空气(无底阀)。

(3)水泵用底阀时,泵内要灌满水。

(4)接通电源,当泵达到正常运转后,再逐渐打开出水管路上的闸阀,并调节到所需要的工况。在出水管路上闸阀关闭的情况下,泵连续工作的时间不能超过3min。

2. 停止

(1)逐渐关闭出水管路上的闸阀,切断电源。

(2)如环境温度低于0℃,应将泵内水放出,以免冻裂。

(3)如果长期停止使用,应将泵拆卸保养、上油,油封保管。

3. 运转

(1)在开车及运转过程中,必须注意观察仪表读数、轴承发热、填料漏水及发热及泵的振动和杂音等是否正常,如果发现异常情况,应及时处理。

（2）轴承温度最高不大于 80℃，轴承温度不得比周围温度超过 40℃。

（3）填料正常，漏水应该是均匀滴流，不许渗漏。

（4）轴承内应保持正常油量。

（5）如密封环与叶轮配合部位的间隙磨损过大应更换新的密封环。

（四）水泵常见故障原因及排除方法（表 4-10）

表 4-10　水泵常见故障原因及排除方法

故　障	原　因	排除方法
水泵不吸水,出水压力表及吸水真空表的指针在剧烈摆动	进入水泵的水不够,泵内积有空气,吸水管路或密封等漏气	拧紧丝堵、密封面等漏气处,再抽真空或灌足引水
水泵不吸水,吸水之前有高度真空	底阀没有打开或已淤塞,吸水管阻力太大,吸水水位太低	校正或更改底阀,清洗或更改吸水管,水泵位置放低
水泵出水管有压力,然而水管仍不出水	出水管阻力太大,旋转方向不对,叶轮淤塞,转速不够	检查或缩短出水管,检查电动机。取下水管接头,清洗叶轮,增加转速
流量低于设计流量值	叶轮淤塞,口环磨损过多,转速不够	清洗水泵及管子,更换口环,增加转速至铭牌上规定值
水泵消耗功率过大	填料函压缩太紧,填料函发热,叶轮或轴承已损坏,水泵供水量增加	检查、更换填料函,拆下叶轮、主轴进行检查或更换,关小出水阀门,降低流量
轴承过热	没有油,水泵轴与电动机轴不在一条中心线上,轴承磨损间隙过大	注油,把轴中心对准,更换轴承
水泵内部声音反常,水泵不出水	流量太大,吸水管内阻力过大,吸水高度过大,在吸水处有空气渗入,所输送的液体温度过高或叶轮吸到固体异物	关小出水阀门以减低流量,检查泵吸水管有无堵塞,检查底阀,减少吸水高度,拧紧丝堵漏气处,降低液体的温度
水泵振动	泵轴与电动机轴不在一条中心线上,叶轮不平衡,轴承间隙过大	把水泵和电动机的中心线对准,叶轮作静平衡,更换轴承

习题

1. 喷水室是由哪些主要构件组成的？分别说明它们的主要性能和作用。

2. 挡水板是怎样分离空气中水滴的？折数和折角的大小对分离水滴有什么影响？

3. 加热空气可以用哪几种方法？纺织厂空调室常用哪一种形式的加热器？为什么？

4. 水泵常见故障、原因及排除方法有哪些？

5. 在冬季当车间需加热时,采用天窗排管或在空调室中装置加热器,试述两种不同加热方式的优缺点。

6. 圆盘回风过滤器和回转式滤尘器分别适用于什么场合？

7. 干蒸汽加湿器为什么能保证喷出来的蒸汽是干燥的？

第五章 冷源与热源

● 本章知识点 ●

掌握冷源的种类及其适用条件。

重点 蒸汽压缩式、溴化锂吸收式制冷机工作原理及过程。

难点 水蓄冷、热泵工作原理。

空气调节过程使用着大量冷、热源。夏季,室外空气的温度比较高,在江淮流域地区的黄梅季节,不仅温度高,而且湿度也高,处于高温高湿天气。因此为了保证车间内一定的温湿度,必须用低温水在喷水室中对空气进行喷淋,通过降温加湿或降温去湿的处理,然后送入车间满足生产的需要,保证产品的产量和质量,加强劳动保护。这种低温水就要冷源来解决。

冷源可分为天然冷源和人工冷源。天然冷源包括浅井水、深井水、山洞水、天然冰等;人工冷源包括蒸汽压缩式制冷机、离心式制冷机、螺杆式制冷机、吸收式制冷机等。

供热通风和空气调节中常用的热源是水蒸气。如在蒸汽采暖系统中利用水蒸气的凝结放热来取暖;在人工制冷设备中利用水蒸气作为热媒工质来制冷等。因此,掌握水蒸气的性质及来源是十分重要的。

第一节 天然冷源及其设备

一、地下水

纺织厂所用的天然冷源,主要是地下水(也叫深井水)。地下水主要是由地面上的雨水以及融化了的雪水和冰水,通过透水地层渗透到较深的地层而形成的含水层。地下水经过地层的过滤,杂质较少,水温也几乎不受气温的影响。我国在 20 世纪 50 年代和 60 年代所建的纺织厂绝大多数采用深井水。作为冷源,采用深井水不仅可以节省投资,而且可以节约用电及运行费用,因而是最经济的冷源,特别是深井回灌技术问世以来,深井水的优越性更加突出,冬灌水的水温低达 10℃左右,完全能满足空调需要。

地下水一般是用掘井的方法将它汲取到地面上来的。根据掘井的深度可分为浅井和深井。

(一)浅井

浅井是指在离地面较浅的含水层里集水的(一般距地面 30m 左右),由于它水质污染严重,水温不稳定,特别是水量不足,因此空调工程中应用得很少。

(二)深井

深井是在离地面较深的含水层里集水的。深井一般是用第二水层的水,当然也有用第三水层的水。华东地区的第二水层一般在地面下 100m 左右。第二水层的水是用深井泵或潜水泵汲取到地面上来的,其水温一般在 19.5℃左右。

二、深井泵和潜水泵

深井泵实际上是一种立式多级的离心水泵,它主要由包括滤网在内的泵的工作部分和包括泵底座、传动轴在内的扬水管部分以及传动装置等组成。在水泵的轴上固定着许多叶轮,叶轮的个数与要求的扬程数相配;在叶轮外面罩着相连的外壳,上端与扬水管连在一起,电动机与泵底座安装于井口地面上,靠传动轴从井上直通到井下,带动叶轮旋转;传动轴由橡皮轴瓦支承,扬水管、传动轴均由许多一定标准长度的单节所制成,其数量根据井的深度来决定。深井泵按扬程大小有 2~30 个叶轮。当泵运转时,水从第一级叶轮的进口吸入后,被压到外壳里面,然后又进入第二级叶轮的进口。井水每经过一级叶轮,就获得一定的扬程,逐级增加压力,最后通向扬水管,由出口排出。纺织厂用的有 JD 型深井泵和潜水泵,其结构如图 5−1、图 5−2 所示。

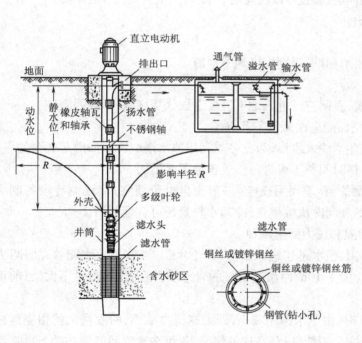

图 5−1 深井与深井泵

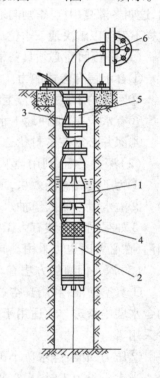

图 5−2 潜水泵

1—多级叶轮 2—电动机 3—电缆
4—进水口 5—扬水管 6—排出口

两者的区别在于普通深井泵的电动机与泵底座安装于井口地面上,靠传动轴从井上直通到井下,带动叶轮旋转;而潜水泵是泵和电动机直接连接,并一同置于井中水位以下工作,它不需要很长的传动轴,因此具有节约原料、安装拆卸简单、使用管理方便的特点。

(1)深井泵型号:以 8JD 80×21 型深井泵为例。8 代表深井最小井径(英寸,即 200mm 被 25 除得的整数);JD 代表多级深井泵;80 代表泵的输水量,即流量(m³/h);21 表示叶轮级数。

(2)潜水泵型号:以 250 QJ80—100/5 型深井潜水泵为例。250 代表深井潜水泵适用的最小井径(mm);QJ 代表深井潜水泵;80 代表泵的输水量,即流量(m³/h);100 代表泵的总扬程(m);5 代表叶轮的级数。

三、深井回灌

随着工业生产的不断发展,抽用地下水的地区、层次和时间都相当集中,因此地下水位逐年下降,深井的出水量相应减少,甚至有的地方还出现地面下沉,因此从 20 世纪 60 年代开始有些地区开展了人工补给地下水的回灌工作。

由于地层含水层中地下水的流动非常缓慢,一般在 1~2m/昼夜,因此我们可把含水层当作能储存冷、热水的容积巨大的水库。在冬季向地下灌入温度较低的冷水,到夏季从地下抽出用于降温,这叫冬灌夏用;夏季则向地下灌入温度较高的水,到冬季从地下抽出用于加热;这叫夏灌冬用。这样不仅可以解决地下水位下降的问题,而且可以改变地下水温,满足空气调节的需要。

(1)进行回灌必须具备下列条件。

①含水层有渗透能力。

②回灌的水质须符合生活饮用水标准,否则污染地下水源。

③有水位差,促使地下水能流动。

④深井必须在密封状态下回灌,否则空气进入地下砂层造成气相堵塞,影响回灌。

(2)深井冬灌,利用地下含水层储能应注意以下几点。

①为了提高储能效果,须降低冬季注入水温,为此冬季利用凉水塔制冷后回灌是必要的。

②灌水量应略大于抽水量,这样时间长了可进一步改善地下水温。

③如果同时安装有人工制冷设备,春季利用夜电(一般夜里电价便宜)启动制冷设备制冷回灌,在必要时也可采用。同时,冬春制冷机效率高,冷却水热量还可合理利用。

(3)深井回灌的方法有真空回灌和压力回灌两种。

①真空回灌:利用真空虹吸作用,使水迅速进入泵管,产生水头差,使回灌水能够克服阻力向含水层中渗透。它适用于静水位大于 10m 而渗透良好的含水层,但由于回灌量不大,目前很少采用。

②压力回灌:静水位小于 10m 时,由于水头差减小,即渗透压力减小,回灌量也就相应地减小。当水头差为零时,真空回灌就完全不能进行,在这种情况下,可在真空回灌的基础上再将深井管密封,然后增加回灌水压力进行回灌,这就叫压力回灌。如果利用自来水的管网压力进行回灌即叫正压回灌;如果利用水泵增加压力回灌即叫加压回灌。由于回灌水具有一定压力,所以适用于地下水静水位较高、透水性较差的含水层,但深井的滤网强度要好。

图 5-3 所示为"冬灌夏用"和"夏灌冬用"交替使用的供水系统图。夏季,打开阀门 8、6,关闭阀门 7、9,开动冷深井泵 1,将深井水送至喷水室 3 去冷却干燥空气,水吸收了空气的热量,温度升高后再经滤水器 4 过滤净化,由回灌泵 5 打至热深井 2 储存起来,以备冬季取用,此即所谓的"夏灌冬用"。冬季,关闭阀门 8、6,打开阀门 7、9,开动热深井泵 2,抽取夏季灌入的"热水",对空气进行加热、加湿处理后,水的温度降低,冷回水则用回灌泵 5 打入冷深井 1,储存起来以备夏季取用,此即所谓的"冬灌夏用"。这样就可达到冬夏交替使用的目的。

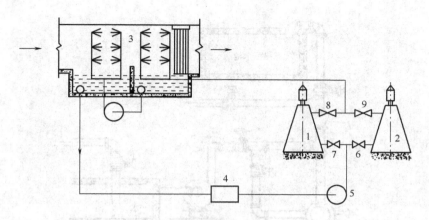

图 5 - 3　冬夏交替使用的回灌深井供水示意图

1—冷深井（泵）　2—热深井（泵）　3—二级喷水室　4—滤水器　5—回灌泵　6、7、8、9—阀门

为了防止冷水和热水在含水层里相互干扰,控制合理的井距是十分重要的。当含水层的岩性以中砂为主,且厚度大于 20m 时,灌水量亦大于用水量时,冬灌井与夏灌井的合理井距以不小于 100m 为宜。

（4）正压回灌和加压回灌管路:两种回灌管路由出水管路、进水管路、回流水管路和扬水管路四个系统组成。如图 5 - 4 所示为采用自来水管网压力的正压回灌装置。压力回灌则需把回灌水先引入水池,然后用离心水泵把水压入深井,如图 5 - 5 所示。

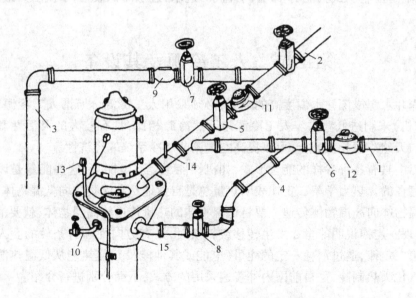

图 5 - 4　深井水泵正压回灌管路装置图

1—进水管　2—出水管　3—扬水管　4—回流管　5—出水阀门　6—进水阀门　7—回扬阀　8—回流阀
9—单向阀　10—放气阀　11—出水水表　12—进水水表　13—真空压力表　14—温度表　15—井管座

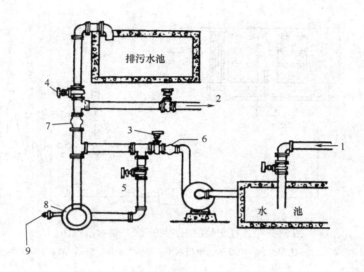

图 5 - 5　加压回灌管路装置平面示意图
1—进水管　2—出水管　3—进水阀　4—出水阀　5—回流阀
6—进水水表　7—出水水表　8—井管　9—放气阀

压力回灌的进水方式除了从泵管内进水外,还可以从泵管外进水和从泵管内、外同时进水,所以,在进水管路中增加回流管路装置。回流管路一端用三通与进水管路连接,另一端与井管连接,中间用阀门控制。试验证明,泵管内外同时进水,过水面积最大,水流阻力最小,所以回灌量最大。

第二节　人工冷源及其设备

在缺乏深井水源或深井水温度高的地区,必须采用人工冷源。所谓人工冷源,就是用制冷机(或叫冷冻机)来制造低温水。人工冷源与天然冷源相比,具有较大的灵活性和适应性。如果人工冷源与天然冷源相互配合,可以提高空气调节制冷系统的经济性。

在自然界中具有各种各样的能量形式,如机械能、热能、电能等,这些能量是以某种特定的运动状态而存在的。热力学第二定律表明热量总是自发地从高温物体向低温物体传递,而不能自发地从低温物体向高温物体传递。要将低温物体的热量传递给高温物体,就要消耗外界的能量,才可能实现。定律说明能量在发生转移或转换时,是有方向性和有条件的。人工制冷正是按照热力学第二定律,通过消耗一定的能量(电能或其他能量),使热能从低温热源向高温热源转移。液体汽化吸热制冷,是目前国内外普遍采用的方式,下面分别进行介绍。

一、蒸汽压缩式制冷机

压缩式制冷有活塞式、离心式和螺杆式三种方式,它们共同的特点是对制冷剂蒸汽进行压缩,以便于冷凝。

(一)制冷剂、冷媒

制冷剂又称制冷工质,它是制冷系统中完成制冷循环的工作介质。制冷剂在蒸发器内吸取被冷却对象的热量而蒸发,在冷凝器内将热量传递给周围空气或水而被冷凝成液体,制冷机就是借助于制冷剂的状态变化,达到制冷的目的。载冷剂或冷媒是制冷系统中用来传递冷量的工质。因此,制冷剂和载冷剂是制冷系统不可缺少的物质。

1. 制冷剂的种类 理想的制冷剂应具备对人体无害,不腐蚀金属,不燃不爆;具有良好的热力性能,即单位容积制冷量要大,在常温及普通低温范围内都能液化,冷凝压力不太高,蒸发压力不太低,最好不要低于一个大气压,这样可防止空气的渗入;与润滑油不起化学作用,泄漏时易发现,价廉易购等,以满足制冷要求。但是,在实际工作中,理想的制冷剂是没有的,因此制冷剂的选择应视其热力性能及其在冷冻机使用的其他条件下确定。目前,常用制冷剂的种类见表5-1。

表5-1 常用制冷剂主要物理性能及使用范围

制冷剂名称	化学分子式	代 号	标准大气压力下沸腾温度(℃)	标准大气压力下冷凝温度(℃)	使用压力范围	使用温度范围	使用冷冻设备种类	用途	特 点
水	H_2O	R—718	100.00	0.0	低压	高	吸收式	空调	无毒,不燃不爆,价格低廉,制冷温度只能在0℃以上
氨	NH_3	R—717	-33.35	-77.7	中压	低、中	活塞式、离心式、螺杆式、吸收式	制冰、冷藏、空调	单位容积制冷量大,价格低廉,但易燃,有臭味和毒性,对铜及大部分合金有腐蚀
氟利昂—11	$CFCl_3$	R—11 (F—11)	23.7	-111.0	低压	高	离心式	空调	无毒,不燃烧,对金属不腐蚀,R—11蒸发温度高,蒸汽比容大,适用小型制冷机
氟利昂—12	CF_2Cl_2	R—12 (F—12)	-29.8	-155.0	中压	低、高	活塞式、离心式、螺杆式	冷藏、空调、制冰	R—12无毒,不燃烧,对金属不腐蚀,但制冷量小,价格贵而渗透性强,适用中、小型空调系统
氟利昂—22	CHF_2Cl	R—22 (F—22)	-40.9	-160.0	中压	超低、高	活塞式、离心式、螺杆式	低温制冷、空调	R—22无毒,不燃烧,对金属不腐蚀,制冷量略小于氨,但吸水性差,适用柜式、窗式空调和低温装置

注 1. R是英文"制冷剂"的第一个字母;F是英文"氟利昂"第一个字母。

2. 温度范围:高-1～10℃,中-18～-1℃,低-60～-18℃,超低-90～-60℃。

3. 压力范围:高(1.96×10^6)～(6.86×10^6)Pa,中(2.94×10^5)～(1.96×10^6)Pa,低(2.94×10^5)Pa以下。

在纺织厂蒸汽压缩制冷系统中,以前广泛使用的制冷剂是氨和氟利昂。氟利昂包括 R—11、R—12、R—22 等,其中 R—11、R—12 对臭氧层破坏最为严重,是首批受控物质,发达国家已停止生产和消费,而发展中国家 2010 年 1 月 1 日起停止使用和消费;R—22 对臭氧层破坏较轻,属过渡性物质,即在合适的替代物质找到之前,使用时间可以稍长一些,发达国家可使用到2030 年,发展中国家可使用至 2050 年,但终究还是会被禁用的。就目前的情况来看,空调用制冷机中 R—22 正被作为过渡性的替代制冷剂而广为使用。它不仅被用于活塞式、螺杆式冷水机组中,同时被用于离心式冷水机组中。若考虑再长远一点,目前被看好的 R—11 的替代物是R—123,R—12 的替代物是 R—134a,但替代所牵涉的许多问题(如毒性、腐蚀性、溶油性等)仍在研究之中。此外,非共沸混合制冷剂作为替代物的研究也正方兴未艾。为保护环境,除了积极寻找氟利昂的替代物之外,氨的性质将被重新评价,其使用范围将会扩大,当然这依赖于很好地解决氨的泄漏和毒性问题。R—134a R—123 制冷剂的物理性质见表 5 – 2。

表 5 – 2   R—134a   R—123 制冷剂的物理性质

化学名称	分子式	代 号	标准沸点(℃)	临界温度(℃)	临界压力(MPa)	临界比体积(L/kg)	凝固温度(℃)
四氟乙烷	CH_2FCF_3	R—134a	−26.5	100.6	3.944	2.407	−101.0
三氟二氯乙烷	$CHCl_2CF_3$	R—123	27.6	184.0	3.605	1.857	−107.0

2. **冷媒的种类**   对冷媒的要求是冰点低,可以扩大使用范围;热容量大,储存的能量多,温度波动小,即当制冷设备发生故障时,可将储存的能量供应出去;对金属不造成腐蚀;价格低廉,容易获取。常用的冷媒有空气、水和盐水等。空调制冷系统中常用的冷媒为水,这种水称为冷冻水,但是水温低于 0℃ 时必须改用盐水,否则会结冰。

(二)活塞式压缩制冷机

这是我国目前使用最为广泛的一种制冷方式,具有运行可靠、产冷量大、使用方便等特点,其标准产冷量为 1.163 ~ 555.914kW。但是这种制冷机易磨损的零部件较多,因而相应地增加维护保养的工作量。

1. **工作原理**   活塞式压缩制冷系统由活塞式压缩机 1、冷凝器 2、节流阀(或称膨胀阀)3 和蒸发器 4 等主要设备组成,如图 5—6 所示,并由管道将它们连成一个封闭的循环系统。一般称压缩机为主机,称蒸发器、冷凝器和膨胀阀等为辅机。其工作过程是低温低压制冷剂液体(氨或氟利昂),在蒸发器内蒸发为气体时,吸收周围介质(冷冻水或空气)的热量后被压缩机吸入气缸内。气体在气缸中经压缩,其温度和压力都要升高,然后被排入冷凝器中。在冷凝器内,高温、高压制冷剂气体与冷却水或空气进行热交换,放出凝结热,将热量传给冷却水或空气,而本身由气体凝结为液体,此高压液体经节流阀节流降压至蒸发压力,在节流过程中制冷剂温度下降到蒸发温度,节流后的气液混合物进入蒸发器,再进行气化吸热,使蒸发器周围被冷介质温度降低,而蒸发器内制冷剂气体又被压缩机吸走,从而完成一个制冷循环,周而复始,不断地将蒸发器周围介质的热量带走,从而获得低温,达到制冷的目的。

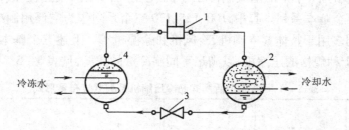

图 5 - 6　活塞式压缩制冷系统

由制冷原理可知,假设低温热源被冷却物的热量为 Q_o,被制冷剂液体汽化所吸收,经冷冻机吸入压缩,消耗压缩功 AL,然后送至高温热源冷凝器。假如高温热源全部吸收的热量为 Q_k,则 $Q_k = Q_o + AL$。从这里不难看出,被冷却物的热量 Q_o 被不断带走而获得了低温,然后送到冷凝器中放出来,是消耗了一定的压缩功(由电能转变而来)作为补偿的,制冷装置工作原理如图 5 - 7 所示。

2. 制冷机主要设备

(1)压缩机:压缩机在制冷系统中主要用来压缩和输送制冷剂蒸汽,使制冷剂进行制冷循环。在各类制冷设备中,活塞式制冷压缩机应用最为广泛,由于它具有效率高、使用温度范围广、灵活可靠、适用多种制冷剂等优点,因此,在中、小型制冷量范围内,大多采用这种压缩机。

活塞式制冷压缩机是依靠活塞在气缸中作往复运动时,形成一个不断变化的工作容积来完成吸气、压缩和排气的功能。当容积由小变大时,制冷剂蒸气被吸入气缸;当容积由大变小时,吸入的蒸气受压缩,然后从气缸经排气阀排出。压缩机连续不停地运转,就会循环不断地进行吸气、压缩、排气、膨胀四个过程,简称吸、压、排、膨。在完成一次吸、排气时,活塞在气缸中往返一次,曲轴则旋转一周,如图 5 - 8 所示。

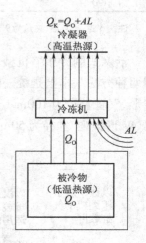

图 5 - 7　制冷装置工作原理图

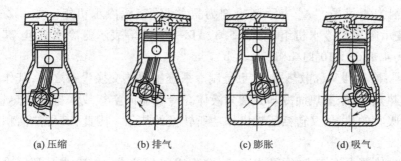

(a) 压缩　　　(b) 排气　　　(c) 膨胀　　　(d) 吸气

图 5 - 8　活塞式压缩机的工程过程

目前,我国生产的中、小型活塞式制冷压缩机系列产品,根据气缸直径(mm)不同分为50、70、100、125、170五个基本系列。其中,100、125、170三个系列作为空调用制冷成套设备的压缩机;50、70两个系列多用于整体式空调机、冷风机和除湿机等。上述五个基本系列,再配置不同的缸数,可组成数十种规格的压缩机,以满足不同制冷量的需要,见表5－3。

表5－3　中、小型活塞式制冷压缩机系列气缸布置形式

缸径(mm)＼缸数形式	2	3	4	6	8
50	V	W	S	W	S
70	V	W	S	W	S
100	V 或 L		V	W	S
125	V 或 L		V	W	S
170	V		V	W	S

注　V 表示 V 形,夹角为90°;L 表示立式;W 表示 W 形,夹角为60°;S 表示扇形,夹角为45°。

活塞式制冷压缩机型号的编制有两种方法:一种是开启式和半封闭式;另一种是全封闭式,但两种方法基本上是统一的。如8FS10型制冷压缩机,表示8缸、制冷剂为氟利昂、气缸排列成扇形、气缸直径为100mm开启式压缩机。又如3FW5B型制冷压缩机,表示3缸、制冷剂为氟里昂、W形排列、缸径为50mm的半封闭式压缩机。

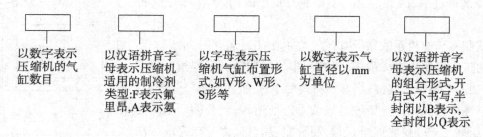

以数字表示压缩机的气缸数目　以汉语拼音字母表示压缩机适用的制冷剂类型:F表示氟里昂,A表示氨　以字母表示压缩机气缸布置形式,如V形、W形、S形等　以数字表示气缸直径以mm为单位　以汉语拼音字母表示压缩机的组合形式,开启式不书写,半封闭以B表示,全封闭以Q表示

如果压缩机与电动机组成机组,其型号名称一般与压缩机名称相同,部分厂家另取名称用"F"表示制冷剂为氟里昂,"A"表示制冷剂为氨,"JZ"表示冷水机组。如 FJZ—15、FJZ—20、FJZ—40A 等表示氟里昂冷水机组;AJZ—5.3、AJZ—2.65 等表示氨冷水机组,其后面数字表示制冷量,单位为 4.1868×10^4 kJ/h(10^4 kcal/h)。

(2)冷凝器:冷凝器又称散热器,它也是制冷系统主要热交换设备之一,其作用是将压缩机排出的高压过热蒸气,经散热面冷却凝结为液体。冷凝器向空气或水排放的热量,既包括制冷剂在蒸发器中吸收的热量,又包括压缩机作功所转换的热量。因此,其传热面积大于蒸发器的传热面积。

目前常用的冷凝器有三大类,即水冷式、空冷式和蒸发式。水冷式是利用冷却水作为介质来吸取制冷剂蒸气的热量,并将制冷剂冷凝成液体的换热器。冷却水可以一次流过后排至地下,也可以经过凉水塔冷却后继续循环使用,前者用水量大,不经济,后者耗水量很少,因而被广

泛采用。水冷式冷凝器有壳管式、套管式、沉浸式等。图5-9为水冷立式壳管冷凝器,这种冷凝器多用于氨制冷,它结构紧凑,传热效果较好,在大、中、小制冷设备中广泛采用。空冷式(或称风冷式)冷凝器是以空气为冷却介质的冷凝器。制冷剂在冷却管内流动,而空气在管外流过,吸收冷却管内制冷剂的热量,并把它散发于周围环境中。为增加空气侧的传热面积,通常在管外加肋片(或称散热片),同时采用通风机来加速空气流动,增强空气侧的传热效果。空冷式冷凝器最大的特点是不需要冷却水,因此特别适用于供水困难的地区。近年来在中小型氟里昂空调机组中,特别是窗式空调器和组装式空调器大多采用这种冷凝器。蒸发式则主要利用水蒸发吸热的原理,使制冷剂冷凝成液体。

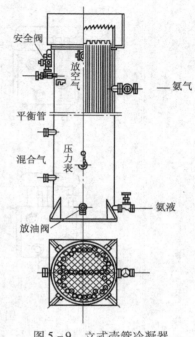

图5-9 立式壳管冷凝器

(3)蒸发器:蒸发器是一种热交换器,在制冷过程中,将被冷物的热量传给制冷剂,使制冷剂液体汽化。制冷剂在本设备内汽化吸收大量的汽化潜热,把被冷物的热量带走,从而达到所需要的低温。制冷剂本身则由液体变为气体,而被压缩机吸走。

蒸发器按其冷却方式不同可分为两大类,一类是冷却液体的蒸发器;另一类是冷却空气的蒸发器。冷却液体的蒸发器是以冷却盐水、水或酒精等作为载冷剂,由载冷剂再去冷却被冷物,因此,它是一种间接冷却式的蒸发器。按其构造可分为立管式蒸发器、螺旋管式蒸发器和卧式管壳式蒸发器等。图5-10(a)、(b)分别为立管式蒸发器和螺旋管式蒸发器。螺旋管式蒸发器与立管式蒸发器的区别在于以螺旋管代替了直立管,这样当蒸发面积相同时,其外形比立管式蒸发器小,因而其结构紧凑,占地面积小,布液均匀。冷却空气的蒸发器(即表面式蒸发器)是直接用来冷却空气的,利用通风机使空气强制流经蒸发器表面;当氟里昂通过膨胀阀节流后,经垂直安装的液体分布器,而分路从上部进液,使各蒸发管进液均匀,制冷剂液体在带肋片的管内蒸发吸收空气的热量,达到制冷的目的,蒸发后的气体被压缩机吸入。

(4)氨节流阀:氨节流阀又称调节阀,它是制冷系统中四大件之一。其作用是使高压制冷剂液体减压,从冷凝压力减压至蒸发压力,同时控制制冷剂进入蒸发器流量的多少,并调节蒸发器工况。氨节流阀的结构形式、外形和其他截止阀相同,只是在阀芯(瓣)的结构上采用针形或圆锥形缺口两种。图5-11(a)为针形节流阀,图5-11(b)为圆锥形缺口节流阀。

节流过程是一个绝热膨胀过程。由于过程进行很快,制冷剂来不及与周围环境进行热交换,也没有功能交换,因此,认为节流前后的焓不变。当制冷剂以高压进入节流阀时,由于阀芯构造特殊,只能有一狭窄的断面通过,阻力很大,于是制冷剂能量受到损失,压力下降,速度上升。通道断面越小,压力降就越大,流量也减少。当压力降低之后,制冷剂分子运动的速度也降低,其温度也随之下降。这是因为节流时,制冷剂比体积增大,需要有一部分能量来克服分子间

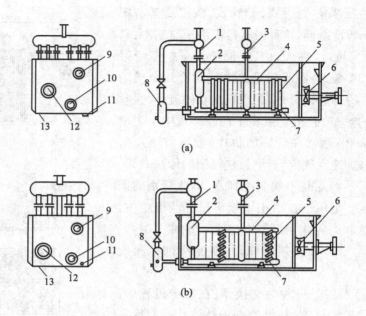

图5-10 立管式和螺旋管式蒸发器

1—氨气出口管 2—氨液分离器 3—氨液进口 4—上集气管 5—蒸发排管
6—搅拌机叶轮 7—下集液管 8—蒸发器油包 9—溢流管 10—冷冻水出口
11—排污管 12—搅拌机飞轮 13—蒸发器箱体

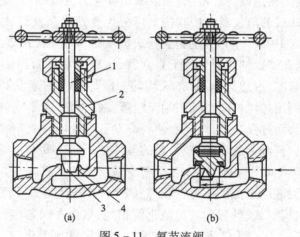

图5-11 氨节流阀

1—传动杆 2—阀体(座) 3—阀针 4—阀针孔

的作用力,使内部势能增大。势能的增加是靠降低自身内动能作为代价的,所以节流后温度是降低的。节流阀并非一般的截止阀,它的开大、关小直接关系到蒸发器的工况,也关系到冷冻机的效率,因此要按照冷冻机的调节规程进行。

3. 活塞式制冷机的常见故障的产生原因与排除方法(表5-4)

表5-4 活塞式制冷机的常见故障的产生原因与排除方法

常见故障	产 生 原 因	排 除 方 法
压缩机不启动	电源断电或保险丝接触不良、熔断	检查电源、保险丝
	启动器接触不良	检查启动器,用砂布擦净触点
	温度控制器发生故障	检查温度指示位置,检查各元件
	压力继电器设定不当	检查压力继电器设定值及各元件
冷凝压力太高	冷却水量不足	增加冷却水量,检查冷却水滤网是否堵塞
	冷却水温太高	检查冷却塔工作是否正常
	冷凝器结垢	拆下清洗
	冷凝器中有不凝性气体积存	排除系统内的不凝性气体
	冷凝面积不足	排出冷凝器中的积液
	蒸发式冷凝器风机因故障停转	检查故障后修复或更换
蒸发压力太低	节流阀堵塞或开度不足,供液太少	开大或清洗节流阀
	供液管堵塞或有"气囊"	检查管路阀门或消除"气囊"
	系统内制冷剂充灌量不足	补充制冷剂到适量
	蒸发器结垢	拆下清洗
蒸发压力太高	压缩机的制冷量小于实际负荷	增加压缩机开启台数或减小负荷
	压缩机阀片、活塞环或旁通阀漏气	检查,修复或更换
	供液量太多	关小节流阀
压缩机在运转过程中突然停车	吸气压力低于压力继电器下限	按"蒸发压力太低"一条排除故障
	排气压力高于压力继电器上限	按"蒸发压力太高"一条排除故障
	油压太低,压差继电器动作断电	检查输油系统管路和油泵
	电动机过载,热继电器动作断电	检查电源电压是否偏低或冷负荷过大
压缩机发生湿冲程	热力膨胀阀失灵,开启度太大	检查热力膨胀阀
	停车后大量液态制冷剂进入蒸发器	检修供液管上的电磁阀
	系统中制冷剂充注量太多	取出多余的制冷剂
	热力膨胀阀感温包绑扎松动	检查感温包的绑扎情况
压缩机卡死	润滑油中有杂质	更换润滑油,检修油过滤器
	油泵或输油管系统故障,压缩机缺油,活塞卡死	检修油泵或输油管路
气缸中有异常声音	气缸上止点余隙过小	调整加厚气缸垫片
	活塞销与连杆小头衬套间隙太小	更换活塞销或衬套
	阀片损坏	更换阀片
曲轴箱中有异常声音	连杆大头螺栓松动	停车紧固
	连杆大头轴瓦间隙过大或损坏	更换轴瓦

续表

常见故障	产 生 原 因	排 除 方 法
压缩机与电动机的联轴器处有杂音	压缩机与电动机的联轴器配合不当	按正确装配要求重新装配
	联轴器的键和键槽配合松动	调整键与键槽配合,换新键
	联轴器的弹性圈松动或损坏	紧固弹性圈或更换新的
	皮带过松	调整拉紧皮带
轴封泄漏	轴封装置安装不当,造成磨损	更换新的,并按正确方法安装
	密封件磨损	更换密封件

(三)离心式制冷机

离心式制冷机适用于大冷量的冷冻站。随着大型公共建筑、大面积空调厂房和机房的建立,离心式制冷机得到相应的发展。

1. 离心式制冷机的特点 离心式制冷机与活塞压缩式制冷机相比具有以下特点。

(1)单机容量大、结构紧凑、外形尺寸小(占地面积也小)、质量轻。在相同制冷工况和制冷量的情况下离心式压缩机的质量只是活塞式压缩机的1/5～1/8。

(2)工作可靠。这种制冷机由于没有阀片、弹簧、活塞环等易损零件,因此工作可靠,维修周期长,维修费用低,约为活塞式压缩机维修费用的1/5。

(3)没有活塞连杆等部件,减少冲击,运转平衡,振动小,对基础无特殊要求。

(4)工作叶轮和机壳之间没有摩擦,因而润滑油的需要量少。运行时制冷剂与润滑油不接触,所以随制冷剂气体带入系统的润滑油也少,对蒸发器和冷凝器的传热性能不会因此而受影响。

(5)能既容易而又方便地进行制冷量调节,调节范围大。

离心式制冷机因本身的结构和技术要求缘故,也存在不足之处。

(1)由于叶轮的转速很高,而制冷机尺寸受加工的限制不能造得很小,因此,决定了离心式制冷机适用于较大的制冷量。

(2)离心式压缩机因气流速度高,流道中的能量也较大,所以效率一般低于活塞式压缩机。

(3)这种压缩机转速高,对材料的强度、加工精度和制造质量要求较高,因而造价较高。

(4)制冷机的工况范围比较狭窄,不宜采用较高的冷凝温度和过低的蒸发温度。冷凝温度一般为40℃左右,冷凝器进水温度一般为32℃左右,蒸发温度为0～10℃,蒸发器出口冷冻水温度一般为5～7℃。

目前离心式制冷机使用的制冷剂主要有R—11、R—12,国产离心式制冷机单机制冷量为580～4410kW。对于要求制冷能力大、蒸发温度低的大型离心式制冷机多用氨、乙烯、丙烯、丙烷等作制冷剂。

2. 离心式制冷机的组成和工作原理 离心式制冷机的制冷循环基本与活塞式制冷机相同,也是由制冷剂压缩、冷凝、节流和蒸发四个主要过程组成,这就决定了它的组成部件。离心式制冷机除有离心式压缩机、冷凝器、节流阀和蒸发器四个最基本的部件外,还需要保证制冷机安全可靠运行的保护装置和适应负荷变化的冷量调节装置以及排除不凝性气体的抽气回收装置等辅助设备。

　　离心式制冷机流程如图 5－12 所示。离心式制冷压缩机的工作原理与离心机械（如水泵）相似,由蒸发器汽化吸热后的制冷剂气体经由压缩机的进气室进入叶轮的吸入口,由于叶轮以高速旋转,把叶片间的气体以高速度甩出去,气体在被甩出去的过程中,叶轮对气体作了功,因此气体的速度增大,同时压力也增高。从叶轮出来的高速气体,进入叶轮后面的扩压器,由于扩压器是一个环形的通路,气体流经扩压器时沿流动方向的截面积是逐渐增大的,因而气流的速度降低,压力进一步增高,即由速度能转化为压力能。从扩压器出来的气体进入冷凝器中,其热量被冷却水带走,制冷剂蒸气冷凝为液体状态。液态制冷剂从冷凝器下部节流至蒸发器侧的浮球阀室,经节流降压后流入蒸发器下部蒸发,如此循环往复、周而复始达到连续制冷的目的。

　　由于对离心式制冷压缩机的制冷温度和制冷量有不同要求,除了采用不同种类的制冷剂外,同时压缩机要在不同的蒸发温度,即不同的蒸发压力和冷凝压力下进行工作,这就要求离心式压缩机能产生不同的压力。因此,离心式制冷压缩机有单级压缩机和多级压缩机之分。也就是说,主轴上的工作叶轮可以是一个,也可以是几个。显然,工作叶轮的转速越高、级数越多,离心式压缩机产生的压力也就越高。

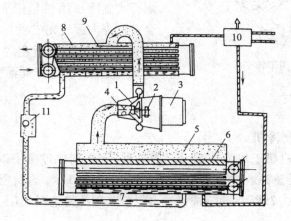

图 5－12　离心式制冷机流程图

1—压缩机　2—增速器　3—电动机　4—入口导流叶片
5—蒸发器　6—挡液网　7—均液板　8—冷凝器
9—均气板　10—抽气回收装置　11—浮球阀室

（四）螺杆式制冷机

近年来螺杆式制冷机在空气调节、工业制冷、制冰、食品冷藏等方面的应用越来越广泛。

1.螺杆式压缩机的特点　　螺杆式制冷压缩机具有下列特点。

（1）机器结构紧凑、体积小、质量轻。

（2）运行平稳可靠、操作方便。

（3）运行时由于要向转子腔喷油,因此排气温度低,氨制冷剂一般不超过 90℃,但油路系统比较复杂。

（4）可以在较高压缩比的工况下运行，单级运行时氨蒸发温度可达 - 40℃。

（5）可允许湿蒸气或少量液体制冷剂进入机内，无液击危险。

（6）可借助滑阀改变有效压缩行程，进行 10% ~ 100% 的无级能量调节。

（7）机器易损件少，运行周期长，维修次数少，维护费用低。

（8）可适用 R—717、R—12、R—22 等多种制冷剂。

它的缺点是噪声较大，一般都在 80dB 以上，同时转子加工精度要求较高。

2. 螺杆式压缩机的结构及工作原理　螺杆式制冷压缩机是一种回转型容积式压缩机，它由一对相互啮合的阴阳转子、机体（气缸和吸、排气端座等）、轴封、轴承、平衡活塞及能量调节装置等组成。其下部还设有能量控制滑阀装置，可实现减载启动及 15% ~ 100% 能量无级调节。滑阀内通过一定数量的润滑油，向机体高压腔内喷射，以减少转子与机体之间以及转子啮合间隙之间的气体泄漏，并且还可冷却气体和消声，降低排气温度，提高压缩机效率。如图 5 - 13 所示，螺杆式制冷压缩机是依靠一对阴阳转子相互啮合在机壳内回转完成吸气、压缩与排气过程。

在压缩与排气过程的同时，其啮合线的另一侧又开始吸气，这样周而复始，一个循环接一个循环重复进行而实现制冷。

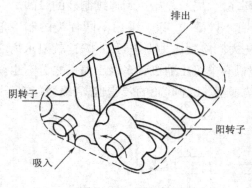

图 5 - 13　阴阳转子

二、溴化锂吸收式制冷机

溴化锂吸收式制冷机属于热力式制冷机的一种，它在制冷过程中以消耗热能作为补偿能量，因此需要具备适用的热源。这种热源可以是 29.4 ~ 98.1kPa 的低压蒸汽或高于 75℃ 的热水，也可利用 686.5 ~ 980.7kPa 的蒸汽或燃油、燃气，其制冷量范围从几十 kJ/h 到数万 kJ/h。

（一）工作特点

（1）以热能为动力，电能消耗量不大，且有综合利用低位热能的可能性，对节约电能具有重大意义。

（2）整个制冷机除屏蔽泵外，无其他运动部件，振动和噪声小。

（3）以溴化锂水溶液作为工质，制冷在真空下进行，具有无毒、无臭、无爆炸危险、安全可靠等优点。

（4）可在 10% ~ 100% 范围内无级调节制冷量，且调节时机组的热力系数下降率不大，能很好地适应负荷变化的要求。

（5）结构简单，制造方便。

（6）机组对安装技术要求较低，不需要特殊的机座，可安装在建筑物的中间层或顶层上，也可露天安置。

（7）操作简单，维修保养方便。常在机组中配备一些自动控制元件，进行自动化运行。

（8）溴化锂水溶液对普通碳素钢具有强腐蚀性,当设备内有空气存在时腐蚀更为严重,因而必须保证在高真空度下运行。

（9）以水为制冷剂,只能制取 0℃以上的冷水。

（10）冷却水量约为蒸气压缩式制冷机的 1.5 倍左右。

（二）工作原理

水在汽化(即蒸发)时必须向周围物体吸收热量,而且水在蒸发时的温度与其相应的压力有密切关系,压力越低,水的蒸发温度也越低。如在绝对压力为 874Pa 时,水的蒸发温度为5℃,如果我们能创造一个压力很低的环境,让水在这种环境中蒸发吸热,那就可以获得很低的温度。

一定温度和浓度的溴化锂溶液的饱和蒸气压力比同一温度水的饱和蒸汽压力低得多,而且溶液的浓度越高或温度越低,其水蒸气分压力越低,吸湿能力越强。由于溴化锂溶液和水之间存在蒸气压力差,溴化锂溶液即吸收水的蒸汽,使水的蒸汽压力降低,水则进一步蒸发并吸收热量,而使本身的温度降低到对应的较低的水蒸气压力蒸发温度。另外,由于水的沸腾温度比溴化锂溶液低得多,因此水又很容易从溶液中分离出来。溴化锂吸收式制冷机正是利用水作制冷剂,利用溴化锂溶液作吸收剂,其制冷过程也是依靠制冷剂在蒸发器内不断蒸发吸热来实现的。

溴化锂吸收式制冷循环原理如图 5 - 14 所示。溴化锂吸收式制冷机与机械压缩机相比,吸收器在较低压力下起吸收水蒸气的作用,相当于压缩机吸气,在发生器内较高压力下放出水蒸气,相当于压缩机的排气。吸收剂溶液的循环实际上起着压缩机的作用。

吸收剂溶液按下面途径进行循环。溴化锂—水稀溶液在发生器内,被热源加热不断析出水分而逐渐变浓。当发生器内吸收剂溶液浓度达到规定的上限值时,需要引出进行吸收稀释。为此,应将浓溶液通入吸收器内,使其大量吸收由蒸发器过来的冷剂水蒸气。浓溶液因吸收水分而逐渐降低浓度,当浓度

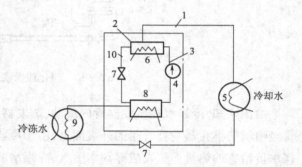

图 5 - 14　溴化锂吸收式制冷机循环原理
1—水蒸气　2—发生器　3—溴化锂—水稀溶液　4—泵
5—冷凝器　6—加热蒸气　7—节流阀　8—吸收器
9—蒸发器　10—溴化锂—水浓溶液

达到规定的下限值时,再经节流阀送回发生器,重新使用,形成吸收剂溶液的再循环。

从发生器引出的过热水蒸气叫做冷剂水蒸气(即制冷剂),进入冷凝器后,被冷却水冷却凝结成冷剂水。冷剂水经节流阀降压后进入蒸发器,在蒸发器中吸收冷冻水的热量而再度在低温下蒸发,周而复始连续制冷。被冷却的冷冻水送到空调室,将冷量传递给空气而使空气逐渐降温达到空气调节的目的。而低温的冷剂水蒸气则进入吸收器,被溴化锂—水溶液所吸收。在吸收器中通以冷却水,来排除在吸收过程中放出的热量,被吸收的冷剂水,则随同吸收剂溶液一起,由泵抽送返回发生器,如此不断循环。

通过以上分析,可以看出原理图中实际上存在两个循环,一个是制冷剂水蒸气的制冷循环,另一个则是吸收剂溴化锂—水溶液的循环。

由图 5 – 14 可知,溴化锂吸收式制冷机由发生器、冷凝器、蒸发器和吸收器四个主要部分组成。这四个部分可装在两个圆柱形的筒内,即冷凝器和发生器装在上部圆筒内,而蒸发器和吸收器装在下部的圆筒内,两圆筒的各有关部分用管路连接,此种装置称为双筒式溴化锂吸收式制冷装置。另外,也可将四部分都装在一个圆筒内,称为单筒式溴化锂吸收式制冷装置。通常制冷量大于 $628 \times 10^4 kJ/h$ 的多采用双筒式,而小于 $628 \times 10^4 kJ/h$ 的多采用单筒式。

(三)溴化锂吸收式制冷装置的实际工作过程

现以图 5 – 15 所示的溴化锂吸收式制冷机循环系统图为例,来说明它的实际工作过程。

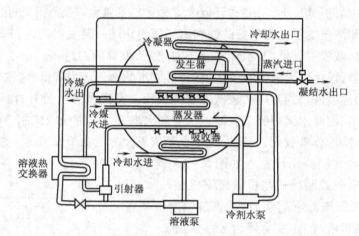

图 5 – 15　溴化锂吸收式制冷机循环系统图

由图可知,冷媒水在蒸发器管内流动,蒸发器水盘中的冷剂水由冷剂水泵抽吸并送到喷淋管经喷嘴喷淋在蒸发器管簇的外表面上,由于冷媒水温度比冷剂水高,冷剂水便吸收了管内冷媒水传给它的热量而蒸发成冷剂水蒸气,冷媒水的温度因而下降,即为所谓冷冻水,送往空调室使用。为了使这个过程连续不断地进行下去,就必须不断地抽走冷剂水蒸气以维持蒸发器中很低的压力,同时还必须不断地补充蒸发掉的冷剂水。蒸发器中的冷剂水蒸气需经过挡水板后进入吸收器,防止水滴未蒸发就进入吸收器,影响设备性能。

吸收器的上部装有中间溶液喷淋管,由引射器来的混合液(中间溶液)在喷淋管中经喷嘴喷淋在管簇表面上,喷淋的溴化锂—水溶液吸收了由蒸发器来的冷剂水蒸气,其浓度被稀释,其稀释热和凝结潜热由吸收器管内流动的冷却水带走。稀溴化锂—水溶液被吸收器下部的溶液泵抽走,其中一部分经溶液热交换器被由发生器来的浓溶液加热后送往发生器;另一部分则流到引射器中。

在引射器中稀溶液汲取由溶液热交换器出来的浓溶液混合成中间浓度的溶液,被送往吸收器喷淋。溶液热交换器为长方体形,浓溶液在管外流动,稀溶液在管内流动,温度高的浓溶液将热量传给温度低的稀溶液,从而减轻了发生器和吸收器的热负荷。

发生器是使溴化锂—水稀溶液变为浓溶液的设备。稀溶液在发生器中被管内高温的工作蒸汽加热而沸腾,故又称沸腾器。溶液中的冷剂水被蒸发成水蒸气而使溶液变浓。高温工作蒸汽在管内冷凝成凝结水排出,浓溶液借助重力和压力差的作用而流经溶液热交换器。

在冷凝器中,由发生器蒸发出来的冷剂水蒸气经过挡水板流入冷凝器,凝结成冷剂水。其凝结潜热被管内的冷却水带走。冷凝器水盘中的冷剂水借助压差和重力通过节流阀流往蒸发器。整个过程中,冷却水先进入吸收器,然后流到冷凝器,最后排出。从冷凝器中凝结的冷剂水通到蒸发器,蒸发器中的冷剂水再用冷剂水泵抽吸送到蒸发器喷淋管喷淋在蒸发器管簇外表面上吸热蒸发,如此循环不已,不断地进行制冷。

(四)2000 型蒸汽双效机概述

2000 型蒸汽双效溴化锂吸收式冷水机组是我国研制生产的一种新型吸收式制冷机。

2000 型蒸汽双效机流程如图 5 - 16 所示,该机工作原理与前面叙述的基本上一样,溴化锂水溶液是吸收剂(吸收水蒸气),水是制冷剂,利用水在高真空状态下低沸点沸腾吸取热量,达到制冷的目的。

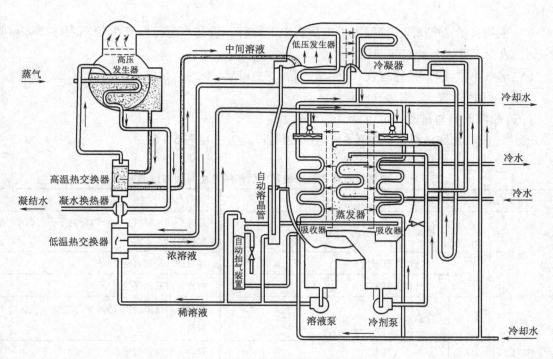

图 5 - 16　2000 型蒸汽双效机流程图

真空泵将机组抽至高真空后,由溶液泵将吸收器内的稀溶液送入高压发生器。经工作蒸汽加热初步浓缩成中间溶液,并产生高压冷剂蒸汽。中间溶液随即进入低压发生器内,高压冷剂蒸汽则进入低压发生器的铜管内,释放热量(自身变成水),使溶液进一步浓缩成浓溶液,同时也产生冷剂蒸汽。

冷剂蒸汽在冷凝器中被管内的冷却水冷凝成水,经节流装置进入蒸发器。再由冷剂泵将它分布到蒸发器的铜管表面,在低压条件下吸收管内冷水的热量而沸腾,从而使管内冷水变成低温冷冻水。

低压发生器的浓溶液经布液器直接分布到吸收器管簇表面,在大量吸取来自蒸发器的冷剂蒸汽的同时浓溶液变成稀溶液,同时产生的热量被管内冷却水吸收。

高、低温热交换器中稀、浓溶液相互交换热量,充分利用热能,有利于提高机组热效率。

2000型蒸汽双效机主要具有以下特点。

(1)改变了传统的结构形式,蒸发器、吸收器由原来的上下排列改为竖直放置、左中右排列。浓溶液直接吸收,热质交换最佳,单位制冷量的蒸汽耗量减少。

(2)独创"二泵制、无喷嘴"技术,去掉了传统的两效溴化锂吸收式制冷机中的吸收器泵,将传统的三泵系统改为二泵系统,不仅使设备减少了泄漏点,提高了机组的真空度,而且主机耗电量也相应降低。改传统的喷淋吸收系统为现在的独特的不锈钢淋激装置,去掉了喷嘴,浓溶液直接喷淋,从根本上解决了因喷嘴堵塞而导致冷量急剧衰减的弊病。

(3)吸收器、冷凝器的冷却水系统由原来的串联流程改进为并联流程,冷却水循环量减少了11%。

(4)采用自动抽气装置,确保了机组高真空下运行。设备在运行中产生的不凝性气体可随时排出,减少了真空泵的运转费用。

(5)溶液串联流程,操作方便,不容易结晶,安全可靠。

(6)体积小,重量轻,溶液充注量少。

(五)故障原因与排除

溴化锂吸收式制冷机常见故障的产生原因与排除方法见表5－5。

表5－5　溴化锂吸收式制冷机常见故障的产生原因与排除方法

常见故障	产 生 原 因	排 除 方 法
启动时溴化锂溶液结晶	冷却水温太低	提高冷却水温,打开冷却塔旁通管或关闭冷却塔风机
	空气泄入机组内	开启抽气装置排除空气
	抽气设备效果不良	检查并修复抽气设备
运行中溴化锂溶液结晶	冷却水温太低	提高冷却水温,打开冷却塔旁通管或关闭冷却塔风机
	空气泄入机组内	开启抽气装置排除空气
	抽气设备效果不良	检查并修复抽气设备
	加热热媒流量太大或温度太高	降低加热热媒流量或温度
制冷量降低	空气泄入机组内	开启抽气装置排除空气
	抽气设备效果不良	检查并修复抽气设备
	冷却水流量太小或温度太高	检查冷却塔风机或冷却水管滤网
	加热热媒流量太大或温度太高	检查加热热媒供应压力、调整阀门设定值
	冷凝器传热管结垢	清洗传热管或采用水质好的冷却水
	能量添加剂不足	添加能量增强剂

续表

常见故障	产生原因	排除方法
机组因安全装置停车	电动机过载	使电动机过载继电器复位,进一步寻找过载原因
	屏蔽泵过载	如泵气蚀,则加入溶液或冷剂水;若泵内结晶,则用蒸汽溶晶
	冷却水温度继电器动作	检查继电器设定值,检查冷却水温度是否太低
停车期间溶液结晶	稀释循环时间短	检查稀释温度继电器设定值
	冷却水泵没关	检查并关闭冷却水泵
	热源阀门没有完全关闭	检查并关闭热源阀门
停车期间真空度下降	机组内漏入空气	作气密性试验检漏
	机组产生腐蚀	检验溶液质量、更换溶液或缓蚀剂
抽气装置运转不正常	溶液泵出口没有溶液到抽气装置	检查所有阀门位置是否正常
	抽气装置内出现结晶	用热源从外部消除结晶
机组产生腐蚀	机组气密性差	作气密性试验检漏并修复
	抽气装置效果不良	检查抽气装置并修复
	溶液中缓蚀剂分解	更换溶液或添加缓蚀剂
	长期停车时保养不良	长期停车时充入氮气保养

以上介绍的是以低压蒸汽为高压发生器加热源的溴化锂吸收式制冷机。如果没有低压蒸汽,也可采用另一种新的 2000 型直燃式溴化锂吸收式制冷机。该设备由高低压发生器、冷凝器、蒸发器、吸收器和高低温换热器及屏蔽泵、真空泵等组成,其是用燃料燃烧作为高压发生器的加热源,所用燃料可以是轻柴油、重柴油、重油(碴油)的燃油型,也可以是人工煤气、天然气、液化石油气的燃气型。

三、冷却塔

(一)冷却塔的作用

工业生产或制冷工艺过程中产生的废热,一般要用冷却水来导走。从江、河、湖、海等天然水体中吸取一定量的水作为冷却水,冷却工艺设备吸取废热使水温升高,再排入江、河、湖、海,这种冷却方式称为直流冷却。当不具备直流冷却条件时,则需要用冷却塔来冷却。冷却塔的作用是将挟带废热的冷却水在塔内与空气进行热交换,使废热传输给空气并散入大气。

(二)冷却塔的分类

冷却塔类型很多,一般按通风方式分类,有自然通风和机械通风两类;按水和空气流动的方式分,有逆流式和横流式冷却塔,通常所称逆流式和横流式冷却塔,实际上都是一种机械通风循环冷却水系统,只是它们的水和空气的流动方式不同而已。

逆流式冷却塔工作时,空气在传热传质过程中与水的流向是逆流的,而横流式则是交流的。逆流式的降温冷却效果较好,而且可以根据不同的制冷系统及对水冷却温差的要求,选择低温差(温差5℃)或高温差(温差10℃)的冷却塔。所以,目前逆流式节能低噪声型机械能风冷却塔,在纺织厂得到广泛的使用。

(三)冷却塔的工作原理

冷却塔是利用水和空气的接触,通过蒸发作用来散去工业上或制冷空调中产生的废热的一种设备。其工作的基本原理是干燥(低焓值)的空气经过风机的抽动后,自进风网处进入冷却塔内;饱和蒸汽分压力大的高温水分子向压力低的空气流动,湿热(高焓值)的水自播水系统洒入塔内。当水滴和空气接触时,一方面由于空气与水的直接传热;另一方面由于水蒸气表面和空气之间存在压力差,在压力的作用下产生蒸发现象,将水中的热量带走即蒸发传热,从而达到降温之目的。

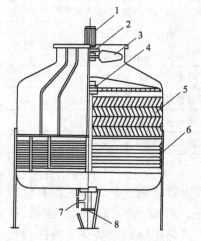

图5-17 玻璃钢逆流冷却塔
1—电动机 2—齿轮减速器 3—风机
4—布水器 5—填料 6—进风窗
7—进水口 8—出水口

(四)冷却塔的组成部分

纺织厂使用较多的冷却塔是机械通风、逆流鼓风、玻璃钢外壳、薄膜填料的冷却塔,它的主要结构由淋水装置(或称填料)、配水系统、通风设备、空气分配装置、集水池、进、出水管道和塔体等部分组成,如图5-17所示。

1. 淋水装置 纺织厂因受占地面积限制,常用薄膜式淋水结构,它用定形聚氯乙烯或聚丙烯等塑料薄片,按斜交错纹路,以一定的空隙距离串组构成,亦有用纸质制成蜂窝状浸以酚醛胶质填料,多层组合而成。较高温度回水沿着斜交错薄片或蜂窝壁下淋时形成水膜,空气由下向上与水膜作逆流接触,带走水在蒸发和热交换中放出的热量,从而使水温降低。

2. 配水系统 热水通过进水管进入冷却塔,使水在喷淋范围内均匀分布在淋水装置上,起到提高冷却能力、减少消耗的效果。配水系统分为固定式与转动式两类,固定式又分管式、槽式等。通过槽式或管式配水系统,使热水沿塔平面成网状均匀分布,然后通过喷嘴,将热水洒到填料上,穿过填料,成雨状通过空气分配区(雨区),落入塔底水池,变成冷却后的水待重复使用。空气从进风口进入塔内,穿过填料下的雨区、与热水成相反方向(逆流)穿过填料、通过收水器、抽风机、从风筒排出。

转动式喷淋布水器装有多喷孔的配水管,可在水平面作圆周旋转。热水自喷水孔喷出时产生反作用力,推动水管旋转。这种布水器配水比较均匀,喷水管的角度变换和配水有间歇性,均有利于提高热交换效率。

3. 通风设备 机械通风冷却塔主要用轴流风机通风。风机翼片材料有钢板、铝合金、玻璃钢等,调节叶片角度可改变风量与风压等参数。冷却塔风机大都为电动机直联传动,风机直径越大,翼轮的转速越低。

4. 空气分配装置 由进风窗与导风板组成。它们是调整气流均匀与防止水滴外溅的装置，一般为倾斜式百叶板，倾斜角度为45°，材料多选用光滑、质轻、防腐的塑料板、玻璃钢板、层压纤维板等。

5. 集水池 在塔的下部，起集水、储存与调节水量作用，容积不少于10min循环用水量。池内设有滤水网、补充水自动调节、溢水管和排污阀等。水质处理常在集水池中进行。

6. 塔体 是冷却塔的外围结构。敞开式冷却塔的塔体为多层框架结构。因占地面积大和自然通风热交换不稳定，现已较少应用。机械通风和风筒抽风式都是密闭型，塔体占地面积较小，常为混凝土结构、木结构、金属结构或玻璃结构。外形呈方形、矩形、圆形或上宽下窄形。

（五）冷却塔的维护保养

（1）使用前必须检查电动机及减速器的润滑油量是否适当，无油或少油时应添加充足后方可启动。

（2）检查通风机旋转方向是否正确，叶片安装角是否正确一致，否则必须进行调整。

（3）经常检查布水器运行是否灵活稳定，布水管要定期清洗。

（4）经常检查进、出水流是否畅通，补水要适量（宜用浮球阀自动补给），水质要保持清洁无尘杂污物。

（5）经常检查水温、声音有无异常，否则应停机检查，查明原因，并消除故障。

（6）冷却塔停用数月以上时，风机、电动机等转动部分应包扎好。每隔半年塔内外应清洗一次，防止污物积聚；每隔1~2年要对金属部分进行防锈处理。塔体部分在清洗干净后，内外表面涂上树脂，以延长使用寿命。

（7）在维修时，使用明火焊接必须注意火警，特别要防止壳体玻璃钢燃烧发生火灾。

四、蓄冷技术

空调蓄冷技术是在夜间电力负荷低时，采用电制冷机制冷，并将冷量储存起来，在白天电力负荷较高时，即用电高峰期，把储存的冷量释放出来，满足建筑空调或生产工艺的需要。20世纪70年代，世界范围的能源危机促使空调蓄冷技术成为电力负荷调峰的重要手段，目前在许多国家和地区均得到广泛应用。我国20世纪70年代开始在体育馆建筑中采用水蓄冷空调技术。90年代在一些工程中应用冰蓄冷空调技术，目前空调蓄冷技术已分布于全国20多个省市。蓄冷技术包括水蓄冷和冰蓄冷两种。

（一）水蓄冷技术

水蓄冷系统是以水作为蓄冷介质、利用水的显热蓄存冷量的蓄冷方式。水蓄冷系统是空调蓄冷系统的重要方式。

水蓄冷空调系统如图5-18所示，充冷循环时一次水泵将水从水蓄冷槽的高温端汲取出来，经制冷机组冷却到4~6℃，送入水蓄冷槽的低温端储存起来，当槽内充满4~6℃冷水时，充冷循环结束。释冷时二次水泵（负荷泵）从水蓄冷槽的低温端取出冷水，送往空气处理设备，回水送入水蓄冷槽的高温端。除某些工业生产厂房（如纺织厂）外，释冷温度受到除湿要求的限

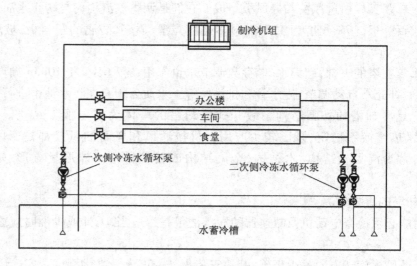

图 5-18　水蓄冷空调系统示意图

制,其上限温度为 8~9℃。蓄冷温度越低,空调回水温度越高,可利用的蓄冷温差越大,蓄冷量也越大。在开式循环的水蓄冷空调系统中,由于水蓄冷槽的存在,冷量生产和消费不需要同步,可以有时间上的差异(负荷转移),有利于制冷机和一次水泵实现避峰运行。

1. 水蓄冷系统的特点和分类

(1)水蓄冷系统的特点。

①与建筑物结构设计相结合,利用低矮地下空间,如双层板式抗震基础,经适当分离作为蓄水槽或者利用消防水池、建筑竖井等空间作为水蓄冷装置,达到节省初投资的目的。

②常用蓄冷温度为 4~6℃,可以使用常规冷水机组(包括吸收式冷水机组)直接制取蓄冷水,制冷效率高。

③减少冷水机组容量、提高运行效率,由于水槽可以存储部分冷量,冷水机组安装容量可以减少,安装费、维护费和运行费也随之减少,另外由于冷水机组满负荷运行,提高机组运行效率。

④适用于常规空调系统的扩容和改造,不增加制冷机组而增加原有系统的供冷能力,系统原有的空调器、配置等设备仍然可以使用,因此增加费用不多。

⑤水蓄冷结构简单,一次投资低,造价低廉,还可以用来冬季蓄热,提高了水蓄冷系统的经济性。

⑥提高空调系统的安全性,作为备用冷源,当制冷机组发生故障时,储存的冷水仍可以在一定时间内提供冷量。

(2)水蓄冷系统的分类。

①按照槽内水温:根据槽内储存水的温度以及一年中的使用情况,可以分为冷水专用槽、热水专用槽、冷热水槽等。冷水专用槽指一年中只蓄冷水,热水专用槽指一年中只蓄热水,根据季节和负荷的变化交替用于蓄冷水和热水时为冷热水槽,如图 5-19 所示。冷水蓄水温度一般为 5~15℃,热水蓄水温度一般为 35~45℃。

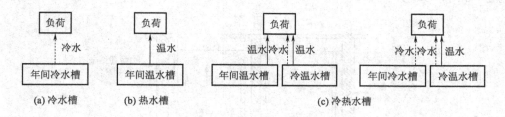

图 5－19　水蓄冷系统按照槽内水温的分类形式

②按照槽内水的混合特点:根据槽内不同温度水的混合特征分成混合型和温度分层型水蓄冷槽。

③按照槽的结构形式:根据水槽结构形式的不同,可以分为多槽混合型,温度分层型,空、实槽多槽切换型,隔膜型和平衡型等。

2. 多槽混合型水蓄冷槽　多槽混合型水蓄冷槽是将蓄冷水槽分隔成多个单元槽,采用堰或连通管将单元槽有序地串联起来,也可用内、外集管连接,结构如图 5－20 所示。一般利用建筑物的双层板式抗震基础,经适当改造而成。为了使槽的容积得到充分利用,避免产生"死水区",该类型的水蓄冷槽应尽量使每一个单元槽内的水完全掺混,通过单元槽间的连接使得水蓄冷槽整体达到抑制混合的效果。

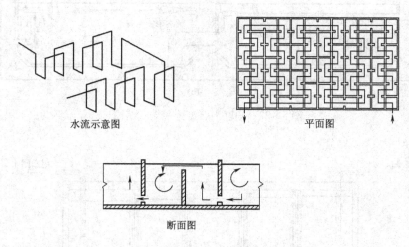

图 5－20　多槽混合型水蓄冷槽示意图

多槽混合型水蓄冷槽又分为串联混合型水蓄冷槽和并联混合型储槽。串联混合型水蓄冷槽由若干个单元槽串联组成,每个单元槽内水充分混合,通过多个单元槽的串联实现水蓄冷槽的整体水温分布。按其单元槽连接方式分为堰式和连通管式。堰式结构即在水槽内设置潜水堰,如图 5－21 所示,适用于单元槽数量较多的场合。连通管式结构采用 S 形连通管连接各单元槽,管端设计成圆盘或条形,配有稳定水流的浮子,如图 5－22 所示。也有在连通管接近水面的端部设置柔性伸缩接口,当水位升降时自行变位调节,使连通管上端始终处于水面位置,保持流速稳定,如图5-23所示。

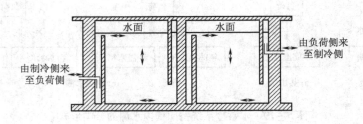

图5-21 串联混合型堰式储槽

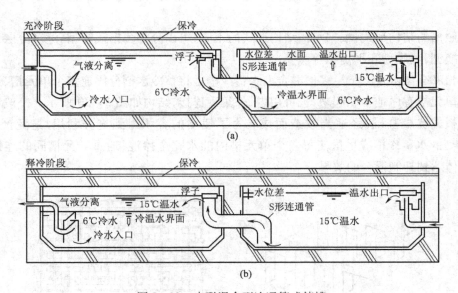

图5-22 串联混合型连通管式储槽

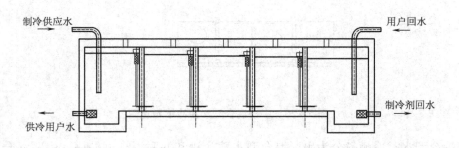

图5-23 带节能柔性伸缩接口连通管式储槽

3.水蓄冷技术在纺织厂的应用 纺织厂空调属工艺性空调,对温度和湿度的控制精度相对较高,所以送风温度与室内温度的差值不宜太大,温差与室温控制的精度有关,其关系见表5-6。

表5－6 室温的控制精度与送风温差的关系 单位：℃

室温控制精度	±(0.1~0.2)	±0.5	±1
送风温差	2~3	3~6	6~10

以某纺织厂细纱车间为例，空调设计参数为 $t = 30℃$，$\varphi = 65\%$，送风温度 t_s 为 26.9℃，冷水温度为 15.45℃，回水温度为 18.83℃。而水蓄冷装置提供的冷冻水温度为 1~4℃，远低于普通喷淋室所使用的冷冻水温度，要保证车间温湿度的控制精度，可以将低温冷冻水与部分回水按一定的比例混合，形成二次冷源供喷淋室使用。

混合比例可按以下公式计算。

$$Q = Cm\Delta t \tag{5-1}$$

假设喷淋水及送风参数不变，混合水温控制在 15.45℃。

$$Q_1 = Q_2$$

即：

$$Cm_1\Delta t_1 = Cm_2\Delta t_2 \tag{5-2}$$

式中：Q_1，Q_2——低温冷冻水吸热量，回水放热量，kJ；

m_1，m_2——低温冷冻水水量，回水水量，kg；

Δt_1，Δt_2——低温冷冻水温升温差，回水温降温差，℃。

计算可得：

$$\frac{m_1}{m_2} = \frac{3}{14}$$

（二）冰蓄冷技术

冰蓄冷技术，即是在电力负荷很低的夜间用电低谷期，采用电动制冷机制冷，使蓄冷介质结成冰，利用蓄冷介质的显热及潜热特性，将冷量储存起来。在电力负荷较高的白天，也就是用电高峰期，使蓄冷介质融冰，把储存的冷量释放出来，以满足建筑物空调或生产工艺的需要。

1. 冰蓄冷装置的特点

（1）电力移峰填谷，均衡电力负荷。由于转移了制冷机组用电时间，起到转移电力高峰期用电负荷的作用。制冷机组在夜间电力低谷时段运行，储存冷量，白天用电高峰时段，用储存的冷量来供应全部或部分空调负荷，少开或不开制冷机。对城市电网具有明显的"移峰填谷"的作用，社会效益显著。

（2）运行费用低。由于电力部门实行峰、谷分时电价政策，所以冰蓄冷合理利用谷段低价电力，与常规中央空调系统相比，运行费用大大降低，经济效益显著。且分时电价差值越大，得益越多。

（3）降低设施投资。由于供冷温度低且供冷稳定，与低温送风系统结合，可以减少水泵、风机、冷却塔等辅助设备的容量和耗电量，减少管路尺寸，节省建筑空间，降低造价。

（4）充分使用设备。冰蓄冷空调系统制冷设备满负荷运行的比例增大，从而提高了制冷设备 COP 值和制冷机组的经常运行效率，制冷机组工作状态稳定，提高了设备利用率并延长机组的使用寿命。

（5）兼有水的显热和潜热，利用较小的槽容量可以获得较大的蓄冷量；且蓄冷密度大，蓄冷槽体积小,容易实现设备标准化,为冰蓄冷技术的应用提供了有利条件。

(6)设备和管路比较复杂,自控和操作技术要求较高。

2.冰蓄冷装置的分类　冰蓄冷装置有多种形式,按制冰方法分为静态制冰和动态制冰,按传热介质分为直接蒸发式和间接冷媒式制冰,按融冰方式分为外融冰式和内融冰式。静态制冰方式包括盘管蓄冰和封装冰,封装冰根据容器形状分为冰球、冰板和蕊芯冰球等。动态制冰包括冰片滑落式和冰晶式等。

(1)静态制冰和动态制冰:静态制冰是指制冰过程中所制备的冰处于不可运行的状态。盘管式蓄冰是常用的静态制冰方式,由沉浸在充满水的储槽中的金属或塑料盘管作为换热表面,制冷剂或乙二醇水溶液在盘管内循环,吸收储槽中水的热量,在盘管外形成圆筒形冰层。

封装冰是另一种静态制冰方式。将注入蓄冷介质并密封的容器密集地堆放在储槽中,蓄冷介质在容器内冻结成冰。按容器的形状分为冰球、冰板和蕊芯冰球。

将注入蓄冷介质并密封的容器密集堆放在储槽中。蓄冰时,经制冷机组冷却的载冷剂(一般为乙二醇溶液)流经容器的间隙,使容器内的蓄冷介质结成冰。融冰时,来自负荷侧的温热载冷剂液体流经储槽,将容器内的冰融化,被冷却的载冷剂液体通过换热器与用户连接或直接送往空调用户。蓄冷容器的形状有冰球、冰板和蕊芯冰球。球形封装冰蓄冰和融冰过程如图5-24所示。

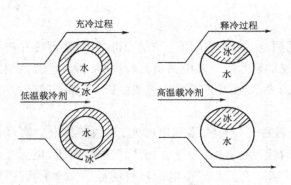

图5-24　封装冰蓄冰—融冰过程示意图

动态制冰是指制冰过程中所制备的冰处于可运动的状态。用特殊设计的蒸发段来生产和剥落冰片或冰晶。制冰时,来自蓄冰槽的水被泵送到蒸发器的表面,冷却冻结成冰。也可以将载冷剂与水的混合溶液冷却,使一部分水冻结成冰晶。还可以将低温传热介质直接通入蓄冰槽,促使水冻结成冰。

冰片滑落式制冰分成制冰和收冰两个阶段,一般采用时间控制。制冰时,水流经板式蒸发器表面固化成冰,时间一般控制在10~30min,这时冰层厚度为3~6mm。收冰时,改变制冷剂循环方向,使高温制冷剂蒸汽进入原蒸发器,时间控制在20~30s。与热表面接触的冰层脱落,靠自重落入位于其下方的储槽。

冰晶式制冰系统是将低浓度载冷剂溶液经特殊设计的制冷机组冷却至冰点温度以下,使之产生细小均匀的冰晶,并形成泥浆状流体,称冰浆(即含有很多悬浮冰晶的水)。也可以将溶液送至特制的蒸发器,当溶液在管壁上产生冰晶时,用机械方法将冰晶刮下,与溶液混合成冰泥,泵送至蓄冰槽。还可以将低温载冷剂直接通入蓄冰槽与水接触(直接制冰),水冻结成冰晶浮在蓄冰槽上部。

与冰片滑落式制冰比较,冰晶式制冰的制冷机组可连续产生冰晶,不需要热气脱冰,避免冷量损失。适用于较小容量制冰机长时间连续运转,储存大量冰晶。由于生产的冰晶数量多,热交换面积大,可以获得非常高的融冰速率,供应短时间内急需的大量空调用冷,对负荷的适应性强。

（2）直接蒸发式和间接冷媒式制冰:根据传热介质的不同,又分为直接蒸发式和间接冷媒式制冰。

①直接蒸发式和间接冷媒式制冰工作原理:直接蒸发式制冰以制冷机组的蒸发器为换热表面,冰层在蒸发器表面生长或融化。采用直接蒸发式的蓄冰方式主要有盘管外融冰式、冰片滑落式和冰晶式等。这种方式由于制冷剂用量大,并且容易泄漏,多用于小型冰蓄冷空调,如户式蓄冰空调,以及牛奶场与食品加工等行业。以盘管式蓄冰为例说明直接蒸发式制冰的工作原理如图 5 – 25 所示。

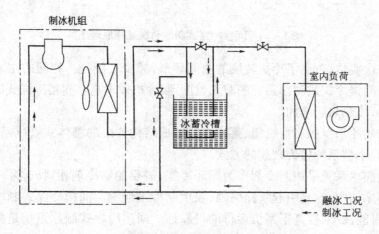

图 5 – 25　直接蒸发式制冰系统工作原理图

制冷剂经压缩、冷凝后,高温液态制冷剂经膨胀阀进入蓄冰盘管蒸发,与蓄冰槽内的水交换热量,使水降温并在盘管外表面上结冰。气态制冷剂回流到压缩机,进入下一制冷循环。通常使用氨为制冷剂,价格相对比较低廉,并且符合环保要求。但是氨制冷系统结构复杂,由于氨的可窒息性、刺激性和易爆性,安全防范要求比较严格,需由专业设计人员设计。

间接冷媒式是利用载冷剂输送冷量,一般须经过两次换热。采用间接冷媒式的冰蓄冷技术主要有盘管蓄冰和封装冰等制冰方式。在中央空调、化工厂、食品厂、纺织厂空调、冷冻仓库等行业广泛应用。间接冷媒式制冰系统工作原理如图 5 – 26 所示。

载冷剂(一般是浓度为 25% 的乙二醇溶液)被制冷机组冷却之后进入蓄冰槽的制冰盘管,与蓄冷槽内的水或者封装容器内的水进行热交换,使水在盘管外表面或容器内结冰。随着蓄冰过程的进行,冰层逐渐增厚,传热热阻增加,为保持一定的蓄冰速率载冷剂温度也须随之下降,待冰层达到设计厚度时蓄冰过程结束。

②直接蒸发式和间接冷媒式制冰的特点:直接蒸发式制冰系统以蒸发器作为换热设备,制

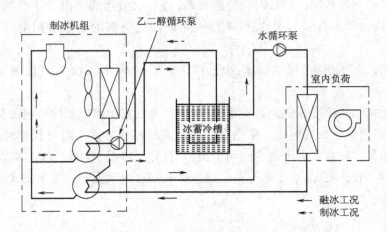

图 5 - 26　间接冷媒式制冰系统工作原理图

冷剂与冷冻水一次换热,避免了冷热转换的中间环节,减少了能耗。相同的结冰厚度下制冷机的蒸发温度高于间接冷媒式制冰系统的蒸发温度,制冷机效率高。间接冷媒式制冰系统一般需要经过两次换热,传热热阻增加。

　　直接蒸发式制冰系统的制冷机组、蓄冰槽等组成结构紧凑的整体式蓄冰系统,减少占用空间,是户式空调等小型系统较为理想的方式。

　　直接蒸发式制冰系统采用制冷剂作为循环冷媒,需要的制冷剂相对较多。另外,蒸发器盘管长期浸泡在蓄冰槽内,容易引起管路腐蚀,发生制冷剂泄漏。间接冷媒式制冰系统的制冷剂用量少,泄漏的可能性小,提高了系统运行的可靠性。间接冷媒式制冰系统是集中式空调系统中采用较多的冰蓄冷方式。各种蓄冰技术的特点见表5 - 7。

表 5 - 7　各种蓄冰技术的特点

系统类型	盘管外融冰	盘管内融冰	封 装 冰	冰片滑落式	冰 晶 式
制冷方式	直接蒸发式、间接冷媒式	间接冷媒式	间接冷媒式	直接蒸发式	直接蒸发式
取冷流体	水	载冷剂	载冷剂	水	水
制冰方式	静态	静态	静态	动态	动态
压缩机	活塞式、螺杆式	活塞式、螺杆式、离心式、蜗旋式	活塞式、螺杆式、离心式、蜗旋式	活塞式、螺杆式	活塞式、螺杆式
制冷机种类	双工况冷水机组或直接蒸发式制冷机	双工况冷水机组	双工况冷水机组	分装式或组装式制冷机组	分装式冷水组或整体型
制冷机蓄冰工况性能系数（COP）	2.5～4.1	2.9～4.1	2.9～4.1	2.7～3.7	—

续表

系统类型	盘管外融冰	盘管内融冰	封装冰	冰片滑落式	冰晶式
冰充填率(IPF)	20%~40%	50%~70%	50%~60%	40%~50%	45%
冰槽体积[m³/(kW·h)]	0.023	0.019~0.023	0.019~0.023	0.024~0.027	—
蓄冰槽形式	开式槽	闭式系统	开式或闭式系统	开式槽	开式槽
蓄冰温度(℃)	−9~−4	−6~−3	−6~−3	−9~−4	−9~−4
取冷温度(℃)	1~2	1~3	1~3	1~2	1~2
取冷速率	中	慢	慢	快	极快
应用范围	空调及工艺制冷	空调	空调	空调或食品加工	空调或食品加工

(3)内融冰和外融冰:按照冰融解方向的不同分为内融冰和外融冰。融冰释冷时,冰层自内向外逐渐融化,称为内融冰方式。冰层自外向内逐渐融化,称为外融冰方式。

完全冻结式内融冰过程如图5-27所示。冰融化时在冰与盘管之间形成水环,冰与管内传热介质之间的热量传递通过水环进行。由于水的热导率低于冰的热导率[0℃时冰的热导率2.22 W/(m·K),水的热导率0.551W/(m·K)],随着水环直径的增大,传热性能下降,出口温度升高。

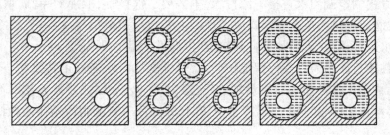

图5-27　完全冻结式内融冰过程示意图

外融冰取冷过程如图5-28所示。蓄冷过程完成时,水被冻结成具有一定厚度的冰层包裹在盘管外壁上,蓄冰槽内仍有液态水,融冰释冷时温度较高的空调回水直接进入蓄冰槽,冰层自外向内逐渐融化,蓄冰槽内的水直接参与空调水循环。

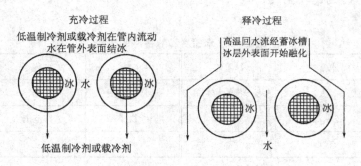

图5-28　外融冰方式的蓄冰/融冰过程

盘管外融冰过程如图5-29所示。制冰时盘管四周形成冰柱,融冰时随着融冰量增加,冰层和盘管之间形成水环,冰层由于受到水的浮力作用,始终与盘管保持良好接触。在冰层融化到仅剩20%~30%时,与盘管接触处的冰层破裂,冰层均匀散落在水中,形成温度均衡的0℃冰水混合物,该现象称为不完全冻结式融冰的碎冰机理。

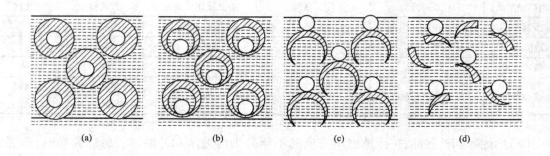

图5-29 不完全冻结式内融冰过程示意图

外融冰和内融冰主要有以下几个方面的不同。

①外融冰方式的空调回水直接与冰接触,不需要二次换热,取冷效率高,取冷温度低,同时取冷过程平稳,能够满足大温差低温送风要求。内融冰一般采用二次换热,载冷剂通过板式换热器与空调回水进行热交换,增加了换热热阻,空调供水温度升高。

②由于外融冰蓄冰槽内需要保留足够的水,保证融冰时水能够正常流动,外融冰方式的冰充填率(蓄冰槽内最大制冰量与总水量之比)一般为50%左右。内融冰方式因不需要保留水流空间,冰充填率可达70%以上。当蓄冷量一定时,外融冰方式的蓄冷槽比内融槽方式须占用更大的空间。

③外融冰方式的储槽和冷水系统一般为开式,须考虑静压维持措施;内融冰方式为闭式流程,对系统的防腐及静压问题处理比较简单。

④为了使结冰融冰均匀,外融冰方式通常设置空气泵等搅拌装置,长期使用易使槽内的水呈弱酸性,对管道和金属槽具有腐蚀性。

水蓄冷和冰蓄冷的比较见表5-8。

表5-8 水蓄冷和冰蓄冷的比较

项 目	水蓄冷	冰蓄冷	项 目	水蓄冷	冰蓄冷
蓄冷槽体积	大	水蓄冷槽的1/4~1/3	运行管理费	低	稍高
取冷温度	5~7℃	2~4℃	压缩机类型	选择范围大	受限
蓄冷槽效率	稍低	高	—	—	—

3. 制冷量与性能系数（COP） 为了使水结成冰，制冷机组必须提供温度为 −9 ~ −3℃ 的传热介质，蒸发温度降低导致制冷机组的制冷能力下降。研究表明，制冷机的蒸发温度每下降 1℃，功率下降 3% 左右。图 5 − 30 所示是某热泵机组制冷量与性能系数随冷媒蒸发温度的变化曲线。

与蒸发温度为 0℃ 相比，蒸发温度为 −10℃ 以下时，制冷机组制冷量减少到 55%，性能系数下降到 70% 左右。制冷机组制冷量减少意味着必须增加制冷机组容量，即增加设备投资。因此，研发具有较高蒸发温度的冰蓄冷系统是冰蓄冷技术的重要研究课题。

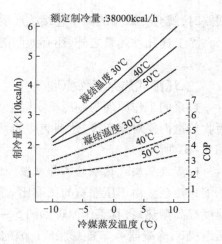

图 5 − 30 热泵制冷量与性能系数（COP）的变化

第三节 热泵技术

在工业生产中，不但需要大量能源，而且产生和浪费了大量各种形式的余热，特别是低温位余热。实践证明，低温余热完全可以作为二次能源开发和利用，其中采用热泵技术就是重要方法之一。

热泵是一种利用高位能使热量从低温位热源流向高温位热源的节能装置。顾名思义，热泵也就像泵那样，可以把不能直接利用的低温位热源（如空气、土壤、水中所含的热能、太阳能、工业废热等）转换为可以利用的高温位热能，从而达到节约部分高位能（如煤、燃气、油、电等）的目的。热泵虽然消耗了一定的高位能，但它所供给的热量却是所消耗的高位能和吸取的低位能之和，故采用热泵装置可以节约高位能。

一、热泵分类

按照热泵系统的热力循环形式，通常将热泵分为如下几类。

1. 蒸汽压缩式热泵 这是热泵最主要的应用形式。按照低温热源与供热介质的组合方式不同，蒸汽压缩式热泵系统又分为空气—空气热泵、空气—水热泵、水—水热泵、水—空气热泵、地热—空气热泵和土壤热源—水热泵等几种主要应用形式。

2. 蒸汽喷射式热泵 此类热泵的工作原理与蒸汽压缩式热泵基本相同，只是由蒸汽喷射器代替压缩机，这种热泵主要用于热电厂综合热能利用中，与吸收式热泵相比，蒸汽喷射式热泵效率较低，目前较少使用。

3. 吸收式热泵 吸收式热泵是一种利用低温位热源实现将热量从低温热源泵向高温热源的循环系统。

4. 热电式热泵 热电式热泵又称为温差电热泵，即当直流电通过了两种不同导体组成的回路时,就会在回路的两个连接端产生温差现象。

　　除上述几种热泵之外,还有太阳能热泵、化学式热泵等其他形式的热泵。

二、压缩式热泵工作原理

　　热泵的工作原理与制冷机实际上是相同的,两者的不同之处在于使用目的。制冷机是利用吸收热量而使对象变冷,达到制冷的目的;而热泵则是利用排放热量向对象供热,其工作原理如图 5 – 31 所示。

　　1. 蒸汽压缩式热泵的工作原理　低温蒸汽通过压缩机吸收外功后,提高其温位者称为蒸汽压缩式热泵。由于压缩机的压缩比一般都比较大,故余热温位可以得到较大提高,这种热泵属温度提高型热泵,其工作原理如图 5 – 32 所示。构成蒸汽压缩式热泵的主要部件有蒸发器2、压缩机3、冷凝器4、节能膨胀阀(节流阀)6 等,所用循环工质均为低沸点介质,如四氟乙烷(R—134a)、氨等。

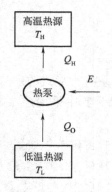

图 5 – 31　热泵的工作原理

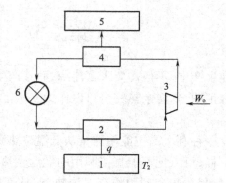

图 5 – 32　蒸汽压缩式热泵的工作原理
1—低温热源　2—蒸发器　3—压缩机　4—冷凝器
5—高温热源　6—节能膨胀阀

　　蒸汽压缩式热泵系统的工作过程如图 5 – 32 所示,低沸点工质流经蒸发器时蒸发成蒸汽,此时从低温位处吸收热量,来自蒸发器的低温低压蒸汽,经过压缩机压缩后升压,达到所需温度和压力的蒸汽流经冷凝器,在冷凝器中,将从蒸发器中吸收的热量和压缩机耗功所相当的那部分热量排出。放出的热量 Q 就传递给高温热源 5,使其温位提高。蒸汽冷凝降温后变成液相,流经节流阀 6 膨胀后,压力继续下降,低压液相工质流入蒸发器,因而很容易从周围环境的低温热源 1 吸收低温热量而再蒸发,又形成低温低压蒸汽,依次不断地进行重复循环。吸收了周围环境热量的蒸汽再进入压缩机,供给压缩机以功(机械功或电能)而驱动压缩机不断运行,如此循环往复不断,就能使低温热量连续不断地传递到高温热源 5 处,以满足工艺和其他方面的需要,从而使难以直接利用的低温位热能得到有效的利用,达到节能的目的。故热泵是一种充分利用低温位热能的高效节能装置。

　　2. 地源压缩式热泵的工作原理　除了传统的空气源热泵之外,地源热泵是近期研究的热

点。它是一种利用地下浅层低温地热资源的既可供
热又可制冷的高效节能热泵系统，其工作原理如图
5-33 所示。地能分别在冬季作为热泵供暖的热
源，同时蓄存冷量，以备夏用；而在夏季作为冷源，同
时蓄存热量，以备冬用。相对于传统的空气源热泵
空调系统，地源热泵安装成本相对较高，但是由于地
表 5m 以下温度一年四季相对稳定，夏季比环境空
气低，冬季比环境空气高，是热泵很好的冷热源。这

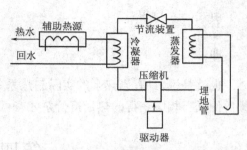

图 5-33　地源热泵的工作原理

种温度特性使得地源热泵比传统系统运行效率要
高，节能效果明显，运行更加可靠、稳定。此外，储存于地表浅层的地热是一种可再生且无污染
的能源，无论是热带地区还是寒带地区均有地热可供使用，因此应用范围广。同时地源热泵系
统埋地换热器不需要除霜，减少了冬季除霜的能耗，还可以与太阳能联用改善冬季运行条件；机
组的使用寿命长；结构紧凑，节省空间；维护费用低；自动控制程度高。地源热泵的这些优点使
得它成为人们关注的焦点。地源热泵系统根据循环形式可以分为开式循环系统、闭式循环系统
和混合循环系统，目前所使用的大部分为闭式。

三、热泵节能原理及经济性分析

1. 节能的简单原理　一台比较完善的热泵，只需要少量的逆循环净功，就可能获得较大的
供热量 Q。这不是能量不平衡问题，它仍然遵循着能量守恒定律。这是因为伴随着低温热源
（冷源）把一部分热量 q 传递给高温热源的同时，热泵所消耗的逆循环净功 W 也转化为热量而
一同流向（传递）给高温热源。通俗地说，热泵节能的原理就是把还没有完全做功（有潜能）的
低温位热能"泵"回到高温位热能中，使其与其他高温位热能一起做功；在完成这一轮功的同
时，还会有低温位热能产生，热泵再次将其"泵"回到高温位热能中，使其再做功，如此反复。热
泵是利用了低温位热能，而不是增加能量，过去这部分低温位热能是白白流失掉了。

2. 经济分析　当热泵采用电动机驱动时，其经济性主要取决于热泵的实际制热系数 φ_e 与
当地实际电、热比价 K 的大小。φ_e 的意思是当热泵消耗电功为 W_P（折算成热量）时能获得热量
Q_P，即：

$$\varphi_e = \frac{Q_P}{W_P} \tag{5-3}$$

只有当获得热量的得益大于消耗电费量，采用热泵技术才有可能获得经济效益。即：

$$Q_P K_H > W_P K_E \tag{5-4}$$

式中：K_H——热价，元/（4.18×10^6 kJ）；

K_E——电价，折算成对应的热量计价，元/（4.18×10^6 kJ）。

因为：

$$K = \frac{K_E}{K_H} \tag{5-5}$$

由式(5-4)得：

$$\frac{Q_P}{W_P} > \frac{K_E}{K_H} \qquad (5-6)$$

即：

$$\varphi_e > K$$

也就是说,只有当热泵的实际制热系数 φ_e 大于当地的电、热比价 K 时,即只有当消耗的电量折价低于相应获得的热量折价泵才有可能得益。

第四节　热　源

水蒸气在工业生产中应用广泛,也是供热通风和空气调节工程中常用的热源。如蒸汽采暖系统中利用水蒸气的凝结放热取暖;在人工制冷设备中利用水蒸气作为热媒工质进行制冷等。工业用水蒸气是由蒸汽锅炉产生的。

一、锅炉

随着工业生产的发展,蒸汽锅炉的地位越来越重要。目前,锅炉广泛地用于国民经济各个部门和人民生活之中。锅炉的用途不同,对它的要求也就不同,即使是同样用途的锅炉,对它的要求也可能不同。

如果按锅炉的用途来分类,则不易说明锅炉的性能和特点,因此通常是按压力来进行分类的。

(1)低压锅炉:2.452MPa 以下。

(2)中压锅炉:2.452 ~ 5.884MPa。

(3)高压锅炉:5.884MPa 以上。

国家规定,压力在 2.452MPa 以下的任何蒸发量的锅炉都叫工业锅炉。工业锅炉除用于发电之外,一般不要求过热蒸汽,但是水管锅炉都有安装过热器的空间位置,如果需要,都可以加装过热器。

(一)锅炉的工作原理

1.锅炉的工作过程　锅炉是利用燃料燃烧放出的热量或工业生产中的余热生产热水或使水汽化为水蒸气的热力设备。

锅炉工作主要包括两个同时进行的过程,其一是燃料在炉膛内燃烧后不断地放出热量,燃烧产生的高温烟气通过热的传播,将热量传递给锅炉受热面,然后通过烟道由烟囱排出;其二是锅炉受热面将吸收的热量传递给受热面内的炉水,使水加热和生成水蒸气。锅炉在运行中,由于炉水的循环流动,不断地将受热面吸收的热量全部带走,不仅使水汽化成水蒸气,而且使受热面得到良好的冷却,从而保证了锅炉受热面在高温条件下安全地工作。

2.锅炉水循环　工业锅炉水循环普遍采用自然循环的方式。常见的水管锅炉自然循环原理如图 5-34 所示,它是由上锅筒、下降管、下锅筒或下集箱和上升管组成的循环回路。当位于炉膛内的上升管将吸收的热量传递给管中的水时,水受热并部分汽化成气泡,形成气水混合物,密度较前减小，而位于炉膛外下降管内的水不受热，所以密度较大，这样水循环回路中的两根管子的水一轻一重，就产生了压差，于是水和水汽混合物便在锅炉中连续不断地流动，形成了自然水循环。如果上升管吸收的热量 Q 较多，亦即产生的蒸汽越多，那么形成水循环的动力也就越大。如果循环回路的高度 H 越高，水循环的动力也就越大。锅炉的循环动力克服了水及水汽混合物在下降管、锅筒或集箱、上升管中的流动阻力，并且提供了水汽循环流动的动能。因此，锅炉运行时，必须要有足够的循环动力，才能保持锅炉良好的水循环。若水循环遭到破坏，受热面就易产生过热损坏（严重时会导致爆管），影响锅炉的安全运行。

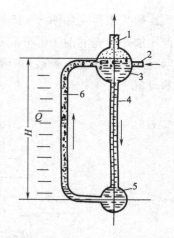

图 5 – 34　水管锅炉自然循环原理
1—蒸汽出口　2—给水管　3—上锅筒
4—下降管　5—下锅筒　6—上升管

（二）工业锅炉的结构和特性

由于锅炉的使用对象、地点、场所不同，因此对锅炉在结构和性能方面的要求也各不相同，如锅炉的蒸发量、蒸汽品质、适用煤种等。另外也由于各单位的操作条件和管理水平不同，因而出现了适合各种需要的多种锅炉形式，现简单介绍一种水火管锅炉的结构和特性。

1. **结构**　水火管锅炉是一种带水冷壁的卧式外燃快装锅炉，主要由锅壳、前封头、前后管板、烟管、水冷壁管、下降管、集箱等部分组成，全部为焊接结构，如图 5 – 35 所示。

（1）锅壳：是根据锅炉的不同容量而用 1 ~ 3 节锅炉钢板焊制成的，所用钢板的厚度需通过强度计算确定。在锅壳上，开有炉门、手孔、水位表孔等。锅壳下端应与地面相隔适当的距离，以免底部受潮腐蚀。

（2）封头：一般有两种形式，一种是平板封头，另一种是凸形封头。如用平板封头，则应加设许多角拉撑，以防止平板封头凸出变形和转角处的钢板应力集中；如用凸形封头，则无需另装角拉撑。凸形封头几乎没有弹性，因此在它与锅壳、炉胆相连之处应有适当大小的弧度，以便消除应力集中。

（3）管板：靠近炉门的管板叫前管板，靠近喉管的管板叫后管板。前、后管板的上、下板边分别与上、下两节锅壳相连，左、右板边与中间锅壳相连，后管板的下部还与喉管相连。

（4）火管：一般选择直径为 63mm 的无缝钢管作为火管，用胀接或焊接的方法将其装在前、后管板之间。在管区纵向靠锅壳的排管中，还应间隔配置一定数量的拉撑管，拉撑管的管壁较厚，可用来防止管板和锅壳变形。通常采用焊接法将拉撑管焊在管板上，同时它也是一种火管。

（5）水冷壁管：由布置在炉膛四周吸收辐射热的成排炉管组成，它们紧靠炉墙安装，每排水冷壁管下端连接一个集箱，称为下集箱。下集箱是圆形或方形的长筒，其作用是将水分配到各水冷壁管中去。下集箱底部有一排污管，用以排除其中沉积的污垢。水冷壁管上端一般也有集箱，称为上集箱，其形式与下集箱相同。上集箱用以汇集水冷壁管中上升的水、汽，经上升管送往锅筒。在卧式外燃快装锅炉中，装在炉膛两侧的水冷壁管的上端直接接入锅筒，下端与两个下集箱连接，两个下集箱的后端与从锅筒接来的下降管连接，这样便构成了完整的水冷壁系统。

2.烟气流向　如图 5－35 所示,卧式外燃快装锅炉的炉排位于锅壳的前下方。运行时,火焰首先加热锅壳的前半部分和布置在两侧的水冷壁,然后经小烟室进入一侧的火管束,到前烟箱后反入另一侧的火管束,然后经烟道加热省煤器由引风机从烟囱排出。省煤器是预热锅炉给水的设备。

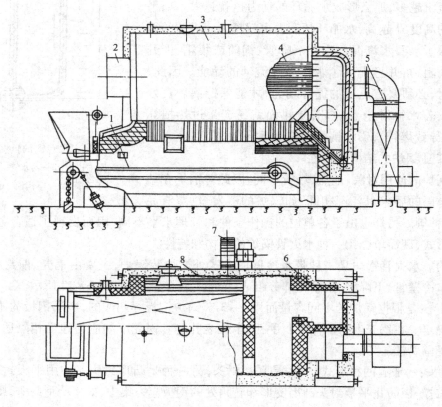

图 5－35　卧式外燃快装锅炉

1—链条炉排　2—前烟箱　3—锅壳　4—烟管　5—铸铁省煤器　6—下降管
7—鼓风机　8—水冷壁管

3.水循环　炉膛两侧水冷壁管和锅壳的下半部分受热较强,产生的蒸汽也多,水汽混合物由此上升,经过火管后,蒸汽进入上部空间,水则由锅壳两侧下降到底部,这是一个水循环;锅壳内的水经下降管进入左、右下集箱到水冷壁管,水汽再上升到锅筒,形成另一个水循环。

4.特性　卧式快装锅炉通常都装有机械通风设备,为了提高锅炉热效率,尾部还装有铸铁省煤器。其工作压力在 1.275MPa 以下,蒸发量为 0.5～4t/h。

卧式快装锅炉的优点是锅炉热效率较高;结构紧凑,体积小;没有大量的砌砖工作量;对地基的要求不高,因而安装简便,也便于移动,投资省。缺点是火管两端与平板封头连接处对热胀冷缩的适应性差,容易漏;负荷突然有大的变化时,容易产生水汽共腾;火管容易结灰;检修不便。

二、水蒸气

(一)液体的汽化

液态的水变成水蒸气的过程叫汽化。液体的汽化方式有蒸发和沸腾两种。在工程上所用的蒸汽大都是在定压下对液体加热沸腾而获得的。

1. **蒸发** 在液体表面进行的汽化现象叫蒸发。蒸发实际上是液体分子脱离液面变成蒸汽分子的过程。影响液体蒸发快慢的因素很多,如液体的温度越高,表面积越大,液面上空蒸汽分子的密度或蒸汽压力越小以及空气流速越大,蒸发就越快。

2. **沸腾** 沸腾是指液体加热到一定温度时,其内部产生大量气泡,气泡上升到液面破裂而放出大量蒸汽,这种在液体表面和内部同时进行的剧烈汽化现象称沸腾。液体沸腾时的温度叫沸点,在沸腾时,虽然对液体还继续加热,但其温度却保持不变,而且蒸汽和液体的温度相同。液体的沸点随液体在加热时所承受的压力大小而改变。水的沸点和压力关系见表5-9。

表5-9 水的沸点和压力关系

压力 P(hPa)	10	50	100	200	500	1000	2000	5000
沸点 t(℃)	6.92	32.88	45.84	60.08	81.35	99.64	120.23	151.84

由于沸腾是液体内部和表面同时进行的剧烈的汽化现象,能产生大量的蒸汽,所以工业生产上所用的蒸汽都是以沸腾的方式获得的。

3. **饱和状态** 在密封容器里,从液体里飞离出来的分子,只能聚集在液体上部空间内作无规则的运动,这些分子间相互作用并与器壁以及液面发生碰撞,使一部分分子又回到液体中去。开始汽化时,离开液面的分子数多于回到液体中的分子数,随着液体表面上部空间内蒸汽分子数的逐渐增多,回到液体中的分子数也随之增多,最后达到在同一时间内,从液体中飞离出来的分子数等于回到液体中的分子数,这时液体与蒸汽处于动态平衡,蒸汽的密度不再改变,这一状态称为饱和状态,这时的蒸汽叫做饱和蒸汽,饱和蒸汽的压力叫饱和压力,相应的温度叫饱和温度,未达到饱和状态的蒸汽则称为未饱和蒸汽。液体的饱和压力与饱和温度呈对应关系,温度越高,饱和压力也越大。水蒸气的饱和压力与饱和温度的关系见表5-10。

表5-10 饱和水蒸气压力和温度的关系

温度 t(℃)	0.01	5	30	45	80	100	120
饱和压力 P_b(hPa)	6.112	8.719	42.41	95.84	473.6	1013.25	1985.4

可见,沸腾温度是饱和蒸汽压力等于外界压力时液体的饱和温度。

4. **汽化潜热** 液体在沸腾时,虽继续加热,但液体的温度并不升高,这时加给液体的热量,被用于克服液体分子间的引力及液面的张力,使之由液态转变为气态。将1kg液体在一定温度下,转变为同温度的蒸汽所需吸收的热量称为汽化潜热或汽化热,用符号 γ 表示,单位为 kJ/kg。同一液体,其汽化潜热随温度而变化,温度较高时,液体分子的平均动能较大,在汽化时克服分子引力所消耗的能量较少,故汽化潜热较小。不同温度下水的汽化潜热见表 5 – 11。

表 5 – 11   水的温度和汽化潜热的关系

温度 t(℃)	0.01	5	30	45	80	100	120
汽化潜热 γ(kJ/kg)	2501	2489	2430	2394	2308	2257	2202

应该指出,液体在定压状态下加热能沸腾汽化,在降压沸腾汽化时也需汽化潜热,此时因未对液体加热,所需汽化潜热依靠消耗液体自身热能,因而液体的温度将会下降。

同样,蒸汽凝结时要放出热量,并且单位质量的蒸汽凝结时放出的热量,等于同一温度下它的汽化潜热。通常将蒸汽凝结时放出的热量称为凝结潜热。

(二)水蒸气的定压发生过程

工程上所用的水蒸气是由锅炉在压力不变的情况下产生的。从锅炉中水蒸气的生产过程来看,由水变成过热蒸汽,经历了未饱和水→饱和水→饱和蒸汽→过热蒸汽等一系列的物态和状态变化过程。分析水的定压加热情况,可将水蒸气的发生过程分为三个阶段,即未饱和水的定压预热过程,饱和水的定压汽化过程和干饱和水蒸气的定压过热情况。

设将 1kg 未饱和水装在一个带有可以移动活塞的容器中,活塞上压有重块,使水承受一定的压力 P,当水被加热时,其压力将恒定不变,形成定压加热过程。根据水在锅炉中汽化过程的特点,将各过程简化成如图 5 – 36 所示的几种情况。

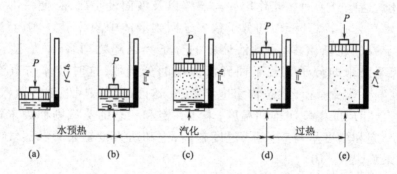

图 5 – 36   水在定压下沸腾汽化过程

1. **未饱和水的定压预热过程**   如图 5 – 36(a)所示,对容器中温度为 t(℃)、压力为 P 的 1kg 未饱和水加热,水温不断上升,比体积稍有增加,但因水的膨胀性很小,故比体积增加极小。当加热至 P 压力下的"饱和温度"或称"沸点温度" t_b 时,水开始沸腾,由液体汽化为蒸汽,这一状态下的水称为"饱和水",如图 5 – 36(b)所示。在加热过程中,将水从初始温度 t 加热至饱和温度 t_b 所需的热量称为液体热,其值取决于被加热水的质量和加热前后的温度差。每 1kg 水从温度 t 加热至 t_b 所需热量 Q(kJ/kg)可用下式表示。

$$Q = C_p(t_b - t) \tag{5-7}$$

式中:C_p——水的定压比热,为 4.19kJ/(kg·℃)。

2. 饱和水的定压汽化过程 对饱和水继续加热,则水不断汽化而变成蒸汽,随着加热过程的继续进行,气缸中的饱和水和水蒸气的温度并不升高,始终保持开始沸腾时的温度 t_b,只是气缸中的水量逐渐减少,蒸汽量继续增多,比体积明显增大,如图 5-36(c)所示。在汽化过程中,从锅炉等设备内沸腾而得的蒸汽,因汽化过程的进行不十分彻底,故在蒸汽内总是或多或少的含有一些未汽化的微小水滴,结果形成水滴和蒸汽共存的现象,这种水、汽两相混合物称湿饱和蒸汽,简称湿蒸汽。继续加热湿饱和蒸汽,湿饱和蒸汽的温度不变,但饱和水逐渐减少,而蒸汽逐渐增加,最后饱和水全部变成蒸汽,如图 5-36(d)所示。这时的蒸汽称干饱和蒸汽,简称干蒸汽。

湿蒸汽中饱和水和干蒸汽的相对质量或成分比例,通常用干度表示。干度就是指每单位质量湿蒸汽中干蒸汽的相对质量,以符号"x"表示。显然,饱和水的干度 $x=0$,干饱和蒸汽的干度 $x=1$,湿蒸汽的干度介于 0 与 1 之间。干度 x 值越高,蒸汽的品质越好。

$$x = \frac{干饱和蒸汽质量}{湿蒸汽质量} = \frac{干饱和蒸汽质量}{饱和水质量 + 干饱和蒸汽质量} \tag{5-8}$$

3. 干饱和蒸汽的定压过热过程 对于饱和蒸汽继续加热,不仅比体积增大,而且温度也升高,由饱和温度上升到过热温度,如图 5-36(e)所示,这种状态的蒸汽叫过热蒸汽。过热蒸汽的温度与同压力下干饱和蒸汽温度的差值称为过热度,它的大小说明蒸汽过热程度。过热蒸汽因其比体积大于干饱和蒸汽的比体积,在其空间中还可容纳更多的蒸汽分子而不致出现凝结现象,所以过热蒸汽是未饱和蒸汽,过热度越大,过热蒸汽的状态距干饱和蒸汽的状态越远。过热蒸汽的状态参数,可以通过过热蒸汽表查得,进而可计算干饱和水蒸气在定压过热过程中外界应补充的热量。

干饱和蒸汽的定压过热过程是在锅炉的过热器中进行的。

习题

1. 纺织厂夏季有哪些冷源可以作降温使用?什么是最经济的冷源?为什么?

2. 为何要深井回灌?什么是"冬灌夏用"与"夏灌冬用"?

3. 说明制冷工程中制冷、制冷剂、冷媒、冷却剂、吸收剂等重要概念。

4. 试述蒸汽压缩式制冷机的工作原理、工作过程,并画出原理图。

5. 试述吸收式制冷机的工作原理、工作过程,并画出原理图。

6. 试述冷却塔的工作原理,冷却塔的组成部分。

7. 简述水蓄冷的特点及在纺织厂的应用。

8. 热泵的作用是什么?简述蒸汽压缩式热泵的工作原理。

9. 简述锅炉的工作过程,以及由哪些主要部分组成?并说明其水循环和烟气流向。

第六章 空气输送原理与设备

━━━━━● 本章知识点 ●━━━━━

掌握空气输送原理与设备。
重点 通风机的构造和工作原理。
难点 通风机在管网中的运行(风量的调节)。

经过喷水室处理的空气,由于风机压力的作用,通过风道输送到车间,再由设在支风道上的送风口进行气流分配,以达到预期的空调效果。因此,如何正确地选择和使用风机,把风道设计得经济合理,有效地组织车间空气交换,以实现空调系统的经济运行,是本章讨论的主要内容。

第一节 流体的性质及流动方程式

空调工程中遇到的空气、水和蒸汽均属流体,这就要求我们了解流体的特性,掌握流体在管道内流动时的基本原理及变化规律。

一、流体的基本性质

(一)流体的基本特征和分类

由于流体质点间的内聚力很小,它不能保持自己的固定形状;当流体受到极小的剪力时,它就会产生很大的变形。这种特性称之为流体的流动性。这也是流体区别于固体的基本特性。

流体在可压缩性方面存在着很大的差别。气体是很容易压缩的,而液体即使在更大的压力下,也很少改变其体积。所以根据流体的压缩性质不同,通常把空气及其他气体看做是可以压缩的流体,而把水及其他液体则看做是不可压缩的流体。

(二)流体的黏滞性

流体在管道中流动时,由于流体与固体壁之间存在着附着力而产生外摩擦力,紧贴管壁的流体质点黏附在管壁上,流速为零。而位于管轴上的流体质点离管壁最远,受管壁附着力影响最小,故流速最大。介于管轴和管壁之间的流体质点,将以不同的速度沿管轴方向运动,如图6-1所示。显然,各流层的速度不相同,质点间便产生了相对运动,从而产生内摩擦力。流体内部质点间或流层间因相对运动而产生内摩擦力,用以反抗相对运动的性质,即为流体的黏滞性。

黏滞性主要是由于流体内部分子之间作不规则的热运动和分子间存在着吸引力,以及流体与固体壁之间存在着附着力的结果,它是流体流动时产生内摩擦力和阻力的基本原因。

在工程上,黏滞性的大小用运动黏性系数 ν 来表示。空气和水在不同温度时的运动黏性系数见表6-1。

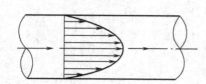

图6-1 流体速度在管道断面上的分布

表 6 – 1　空气和水的 ν 值

温度 t(℃)	空气的 ν(m²/s)	水的 ν(m²/s)
10	14.7×10^{-6}	1.308×10^{-6}
20	15.7×10^{-6}	1.007×10^{-6}
30	16.6×10^{-6}	0.804×10^{-6}

（三）理想流体和实际流体

不可压缩的和没有黏滞性的流体，称为理想流体。理想流体只是为了便于分析问题而假想的一种流体。实际流体都有一定的可压缩性和黏滞性。但水的可压缩性最小，可以认为是不可压缩的。空气的可压缩性虽然很大，但在通风管道内流动时，由于整个管道内的阻力很小，一般为 300～1000Pa，这也就是空气在管道内流动时的压力变化值，它与空气在管道中受到的绝对压力（10^5Pa 左右）相比较，是可以忽略不计的，故空气在风道内流动时，也可看做是不可压缩的。空气和水的黏滞性虽然较小，却不能忽略，因为液体在管道内流动时的阻力，一般都是由于实际流体的黏滞性所造成的。

二、流体流动方程式

（一）连续方程

当流体在周界密闭的管道内作连续稳定流动时（图 6 – 2），根据质量守恒定律，从管道一端流入的质量等于从另一端流出的质量，即单位时间内流过管道任一截面的流体质量是一常数，这就是连续原理，可用连续方程表示。

$$F_1 v_1 \rho_1 = F_2 v_2 \rho_2 = 常数 \qquad (6-1)$$

式中：F_1，F_2——截面 I—I 、II—II 处的横截面积，m²；

v_1，v_2——截面 I—I 、II—II 处的平均流速，m/s；

ρ_1，ρ_2——截面 I—I 、II—II 处的流体密度，kg/m³。

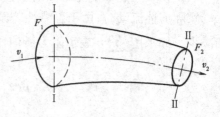

图 6 – 2　流体的连续流动

如果流体是不可压缩的，即 $\rho_1 = \rho_2$，则式（6 – 1）可简化为：

$$F_1 v_1 = F_2 v_2 = 常数 \qquad (6-2)$$

由式（6 – 2）可知，理想流体在管道内作连续稳定流动时，通过管道内任一截面的流体速度与截面积成反比。

（二）能量方程

流体的能量方程，是根据能量守恒定律推导出的理想流体在管道内作连续稳定流动时，其压能、位能和动能三者之间的关系式，即：

$$\frac{P}{\rho g} + \frac{v^2}{2g} + Z = 常数$$

或
$$P + \frac{v^2}{2}\rho + \rho gZ = 常数 \tag{6-3}$$

式中：P——流体的静压，Pa；

ρ——流体的密度，kg/m^3；

v——流体的流速，m/s；

g——重力加速度，m/s^2；

Z——流体的位能(位头)，m。

式(6-3)中第一项为流体的静压，第二项为流体的动压，第三项为流体的位压。

由式(6-3)可知，理想流体在作连续稳定流动时，在管道内的任一截面上，其静压、动压、位压三者之和(总压)是一常数。

静压 P 是没有方向性的，在流体内部任一点上的静压各个方向均相等。当流体流动时，它一般是以流体垂直作用于管道壁上的压能来表示的。静压有正负之分，正值表示管道内流体的压力大于外界大气压力，于是管内流体可以通过管壁上的孔口或缝隙流出管外。反之，若管内的静压为负时，则大气将通过管壁上的孔口或缝隙而被吸入管内。

动压 $\frac{v^2}{2}\rho$ 具有方向性，其方向为流体流动的方向，其大小与流体流速的平方成正比，且恒为正值。

位压 ρgZ 与选取的基准面的位置有关。流体离基准面越高，则位压越大。

实际流体流动时，由于黏滞性等原因，流体在流动过程中会受到阻力，其结果将使总能量逐渐减少。如果用 $\sum h$ 表示阻力所消耗的能量，则实际流体流动时的能量方程式为：

$$P_1 + \frac{v_1^2}{2}\rho + \rho gZ_1 = P_2 + \frac{v_2^2}{2}\rho + \rho gZ_2 + \sum h = 常数 \tag{6-4}$$

当流体在水平管道中流动时，因 $Z_1 = Z_2$，则上式可简化为：

$$P_1 + \frac{v_1^2}{2}\rho = P_2 + \frac{v_2^2}{2}\rho + \sum h = 常数 \tag{6-5}$$

通过以上讨论可知，流体在流动过程中的压能、动能、位能，均可以互相转化，并能用来克服阻力。流体在截面不变的水平管道内流动时，流速不变，阻力只能由静压克服，而在截面变化的水平管道内，阻力则是由总压克服的。

三、流体的流动方式

流体的流动方式可分为层流和紊流两种。当流速较小时，流体各流层间的流体质点互不干扰，作很有规则的直线运动，这种流动方式称为层流。当流速增大到一定程度时，流体质点间有横向流动,相互干扰,作非常紊乱的流动,这种流动方式称为紊流。流动方式可用雷诺数 Re 判别。雷诺数是一个无因次准则数,表述如下:

$$Re = \frac{vd}{\nu} \tag{6-6}$$

式中:v——流速,m/s;

　　ν——流体的运动黏性系数,m^2/s;

　　d——管道的几何尺寸,m。

对于圆形管道的几何尺寸 d,就是圆管的内径;对于非圆形管道,则用其水力半径 R 的 4 倍来表示,称为当量直径。水力半径 R 是指管道内断面积 F 与其湿润周界 u 的比值,即:

$$R = \frac{F}{u} \tag{6-7}$$

矩形管道的水力半径 R 为:

$$R = \frac{ab}{2(a+b)}$$

矩形管道的当量直径 d 为:

$$d = 4R = 4 \times \frac{ab}{2(a+b)} = \frac{2ab}{a+b} \tag{6-8}$$

式中:a,b——矩形管道的高和宽,m。

实践与理论证明,不同流体在不同直径的管道中流动时,只要雷诺数相同,则流动方式必相似。所以,可用雷诺数 Re 值的大小判别流体的流动方式。从层流转变为紊流时的雷诺数称为临界雷诺数,由实验求得临界雷诺数为 2320。当 Re < 2320 时,流体属层流流动;当 Re > 2320时,流体属紊流流动。空调系统管道内的流体一般均为紊流流动。

第二节　送风管道的设计与分析

风道是将处理好的空气引入车间的通道,是空调设备完成空气输送任务的重要构件。风道设计合理与否,不仅影响整个空调系统的造价、运行的经济性,还直接影响空调系统的实际效果。因此,把风道设计得经济合理,是风道设计的首要任务。

一、风道面积计算

在确定风道内空气流速后,根据所输送的空气量,可由下式计算风道的截面积 $F(m^2)$。

$$F = \frac{L}{v} \tag{6-9}$$

式中:L——各管段中的风量,m^3/s;

　　v——各相应管段中的风速,m/s。

由式(6-9)可知,风速大,面积小;风速小,面积大。如果设计风速过大,则空气在管道内流动时阻力太大,风机能耗太多,不经济;若设计风速太小,则流过同样风量时,管道截面积太大,不仅占用了厂房的有效空间,并影响采光,而且耗用管道材料多,也不经济。所以,通常设计风道,有一经济速度范围。纺织厂空调系统的常用风速见表6-2。

表6-2 各种管段中的常用风速

管 段 名 称	适宜风速(m/s)	最大风速(m/s)
总风道	6.0~9.0	6.5~11.0
支风道	4.0~5.0	5.0~9.0
送风口	3.0~4.0	3.0~5.0
回风道	—	6.0

二、风道阻力计算

空气沿通风管道流动时,因为受到阻力的影响而造成能量损失。由空气的黏滞性和管壁粗糙度所引起的流体质点与管壁间的阻力,称为摩擦阻力。空气流经管路上某些构件时,因产生涡流运动和质点间的碰撞所引起的阻力,称为局部阻力。

(一)摩擦阻力计算

风道材料表面的粗糙度是产生摩擦阻力的主要因素。在形状与截面不变的直管段内,空气流动时单位长度的摩擦阻力 R_m(Pa/m),可用下式计算。

$$R_m = \frac{\lambda}{d} \cdot \frac{v^2}{2}\rho \qquad (6-10)$$

式中:λ——摩擦阻力系数;

$\quad d$——管道的几何尺寸,m;

$\quad v$——平均流速,m/s;

$\quad \rho$——空气密度,kg/m³。

摩擦阻力系数 λ 是由雷诺数和管壁的绝对粗糙度 Δ 所决定的。几种常用管道材料的绝对粗糙度见表6-3。

表6-3 几种常用管道材料的绝对粗糙度

材 料 名 称	绝对粗糙度(mm)
镀锌钢板、薄钢板	0.1~0.15
胶合板、木板、石棉板、石膏板	1
混凝土、炉渣混凝土	1.5
表面光滑的砖风道	4

摩擦阻力系数值通常可采用公式计算。

（1）当流体在层流流动时，其摩擦阻力系数 λ 可用下式计算。

$$\lambda = \frac{64}{\text{Re}} \qquad (6-11)$$

（2）当流体在紊流流动时，其摩擦阻力系数 λ 可用下式计算。

$$\lambda = 0.11\left(\frac{\Delta}{d} + \frac{68}{\text{Re}}\right)^{0.25} \qquad (6-12)$$

求出摩擦阻力系数后，代入式（6-10），即可求得单位长度的摩擦阻力值。

如果管道长度为 $l(\text{m})$，则摩擦阻力 $h_{\text{m}}(\text{Pa})$ 可由下式求得：

$$h_{\text{m}} = R_{\text{m}}l = \frac{\lambda l}{d} \cdot \frac{v^2}{2}\rho$$

例 6-1　有一钢筋混凝土风道，长 50m、高 0.70m、宽 1.5m，管道内风速 10m/s，空气温度为 20℃，求管道的摩擦阻力。

解：当空气温度 20℃时，查表 6-1 知，$\nu = 15.7 \times 10^{-6}\text{m}^2/\text{s}$。

矩形风道的当量直径 $d = \dfrac{2ab}{a+b} = 2 \times \dfrac{0.7 \times 1.5}{0.7+1.5} = 0.95(\text{m})$

雷诺数 $\text{Re} = \dfrac{vd}{\nu} = \dfrac{10 \times 0.95}{15.7 \times 10^{-6}} = 6.05 \times 10^5 > 2320$，属紊流流动。

查表 6-3 知，钢筋混凝土的 $\Delta = 1.5\text{mm}$，则：

$$\lambda = 0.11\left(\frac{\Delta}{d} + \frac{68}{\text{Re}}\right)^{0.25} = 0.11\left(\frac{1.5}{950} + \frac{68}{6.05 \times 10^5}\right)^{0.25} = 0.022$$

管道的摩擦阻力为：

$$h_{\text{m}} = \frac{\lambda l}{d} \cdot \frac{v^2}{2}\rho = \frac{0.022 \times 50}{0.95} \times \frac{10^2}{2} \times 1.2 = 69.5(\text{Pa})$$

（二）局部阻力计算

风道的局部阻力往往占整个管路阻力的 90% 以上，因此必须掌握局部阻力形成的原因，以便采取措施减小局部阻力，节省能量消耗。

实验表明，当空气的流速变化时，局部阻力与速度的平方成正比，故风道部件的局部阻力 $h_{\text{j}}(\text{Pa})$ 可由下式计算：

$$h_{\text{j}} = \zeta \frac{v^2}{2}\rho \qquad (6-13)$$

式中：ζ——局部阻力系数；

v——相应风速，m/s。

局部阻力系数 ζ 很难从理论上求得，一般是用实验方法来确定。各种部件的局部阻力系数 ζ 值见附录表4。用实验方法确定局部阻力系数时，很难将风道部件本身的摩擦阻力和由涡流引起的局部阻力分开，因此局部阻力系数一般表示风道部件总的能量损失。

风道的局部阻力可分为两类，一类是风量不变时所产生的局部阻力，如空气通过弯头、渐扩管、渐缩管、阀门等；另一类是风量改变时所产生的阻力，如空气通过三通管等，现分述如下。

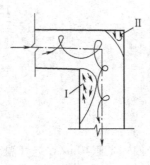

图 6-3 弯头

1. 弯头 如图 6-3 所示，当空气流经弯头时，由于速度方向的改变，使气流与管壁发生冲击，在 Ⅰ、Ⅱ 处产生涡流，同时在风道中形成旋转气流，因而产生了阻力。为了减少弯头的局部阻力损失，可以增大弯管的曲率半径 R，其值一般应为 $1.25 \sim 1.5b$（矩形管道的宽度）或 d（圆形管道的直径），最小不得小于 b（或 d）。也可以在矩形管道的弯头内部装设导风板；导风板有两种，一种叫做成形导风板，它是由一种有流线型外形而中间空心的双叶片构成的导风板；另一种叫做非成形导风板，它一般用薄钢板弯成。这两种导风板可参见附录表4中序号6。

2. 突然扩大（或突然缩小） 空气流经风道断面突然扩大或缩小处，都会和部件两边发生冲击，产生涡流，从而产生局部阻力，如图 6-4 所示。为了减少断面变化而造成的阻力损失，应尽量采用渐扩管或渐缩管，其扩大（或收缩）角通常以 $\theta \leqslant 45°$ 为宜，常用的为 $15° \sim 20°$。

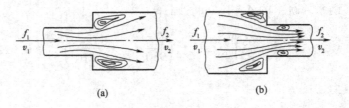

(a)　　　　　　　　　(b)

图 6-4 突然扩大与突然缩小

必须指出，在计算突然扩大或突然缩小所产生的局部阻力时，相应风速应该用速度较大的值。

例 6-2 有一突然扩大的空气管段，其小断面积 $f_1 = 0.64\text{m}^2$，风速 $v_1 = 8\text{m/s}$；大断面积 $f_2 = 0.8\text{m}^2$，风速 $v_2 = 6.4\text{m/s}$，空气的密度 $\rho = 1.2\text{kg/m}^3$，求突然扩大的局部阻力为多少？

解：管段两断面积的比值 $\dfrac{f_1}{f_2} = \dfrac{0.64}{0.8} = 0.8$，查附录表4序号9得，其局部阻力系数 $\zeta = 0.04$，则：

$$h_j = \zeta \frac{v^2}{2}\rho = 0.04 \times \frac{8^2}{2} \times 1.2 = 1.536(\text{Pa})$$

3. 三通　三通可以分为合流三通和分流三通两种,如图 6 – 5 所示,每种三通的局部阻力又有两种,需分别进行计算。

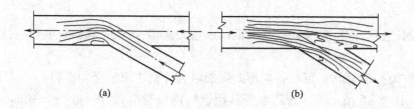

（a）　　　　　　　　　　　　　　（b）

图 6 – 5　三通

（1）流向不变的一股气流沿着总管流过时,由于支管气流的汇合或分出所受到的阻力,称为直通局部阻力,直通局部阻力系数用 ζ_{zt} 表示。

（2）支管中的气流在进入总管汇合处（合流三通）或气流自总管分流入支管（分流三通）时,支管气流所受到的阻力,称为支管局部阻力,支管局部阻力系数用 ζ_{zh} 表示。

通常合流（或分流）三通的 ζ_{zt}、ζ_{zh} 都是以总管内空气流速 v_z 作为相应风速来计算局部阻力的。

直通局部阻力 h_j 为:

$$h_j = \zeta_{zt} \frac{v_z^2}{2} \rho \qquad (6-14)$$

支管局部阻力 h_j 为:

$$h_j = \zeta_{zh} \frac{v_z^2}{2} \rho \qquad (6-15)$$

例 6 – 3　有一 45°圆形封板式合流三通,其直通管道面积 F_{zt} 与总管面积 F_z 相等,即 $\frac{F_{zt}}{F_z} =$ 1.0,其支管道面积 F_{zh} 与总管道面积 F_z 的比值 $\frac{F_{zh}}{F_z} = 0.5$；支管道的风量 L_{zh} 与总管道的风量 L_z 的比值 $\frac{L_{zh}}{L_z} = 0.4$,总管内空气流速为 8m/s,空气的密度 $\rho = 1.2 \text{kg/m}^3$,求直通管道与支管道的局部阻力各为多少?

解:根据 $\frac{F_{zh}}{F_z} = 0.5$,$\frac{L_{zh}}{L_z} = 0.4$,在 $\frac{F_{zt}}{F_z} = 1.0$ 的条件下,查附录表 4 序号 12 得,$\zeta_{zh} = 0.47$,$\zeta_{zt} = 0.09$,则:

支管局部阻力 h_j 为:

$$h_j = \zeta_{zh} \frac{v_z^2}{2} \rho = 0.47 \times \frac{8^2}{2} \times 1.2 = 18.05(\text{Pa})$$

直通局部阻力 h_j 为:

$$h_j = \zeta_{zt} \frac{v_z^2}{2} \rho = 0.09 \times \frac{8^2}{2} \times 1.2 = 3.46(\text{Pa})$$

一般在设计合流或分流三通时,均宜设计成弯头连接,或成一倾斜角度连接,以减少局部阻力损失。

空调系数的总局部阻力,可在各构件的局部阻力分别求出后叠加而得。

例6-4 图6-6所示为一根圆形等截面镀锌钢板管道,管内风速 $v = 10\text{m/s}$,求管道的总阻力值。

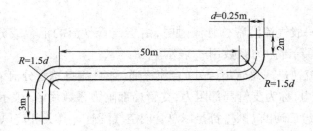

图6-6 例6-4图

解:由 $\dfrac{R}{d} = 1.5$,查附录表4序号7得,弯头的局部阻力系数 $\zeta = 0.24$,如管内空气的运动黏性系数 $\nu = 15.7 \times 10^{-6}\text{m}^2/\text{s}$,平均绝对粗糙度 $\Delta = 0.15\text{mm}$,则:

局部阻力 $\sum h_j$ 为:

$$\sum h_j = 2 \times 0.24 \frac{10^2}{2} \times 1.2 = 28.8(\text{Pa})$$

雷诺数 Re 为:

$$\text{Re} = \frac{vd}{\nu} = \frac{10 \times 0.25}{15.7 \times 10^{-6}} = 159000$$

摩擦阻力系数 λ 为:

$$\lambda = 0.11\left(\frac{\Delta}{d} + \frac{68}{\text{Re}}\right)^{0.25} = 0.11\left(\frac{0.15}{250} + \frac{68}{159000}\right)^{0.25} = 0.0197$$

单位长度摩擦阻力 R_m 为:

$$R_m = \frac{\lambda}{d} \cdot \frac{v^2}{2} \rho = \frac{0.0197}{0.25} \times \frac{10^2}{2} \times 1.2 = 4.728(\text{Pa/m})$$

摩擦阻力 $\sum h_m$ 为:

$$\sum h_{\mathrm{m}} = R_{\mathrm{m}} l = 4.728 \times (50 + 2 + 3) = 260(\mathrm{Pa})$$

管道的总阻力 $\sum h$ 为:

$$\sum h = \sum h_{\mathrm{m}} + \sum h_{\mathrm{j}} = 260 + 28.8 = 288.8(\mathrm{Pa})$$

三、送风管道的设计与分析

我国纺织厂厂房的建筑结构大多采用钢筋混凝土单层锯齿形框架结构,风道与承重结构相结合,采用双梁,使天沟底板与大梁连成整体,形成 Π 形等截面矩形风道,在风道底部开设数目不一的横向条缝形送风口。下面对该类风道进行分析讨论。

(一)风道内空气的静压力分布

由于条缝形送风口的出风速度主要与风道内空气的静压力有关,而送风口出风速度的大小将影响到车间工作区的空气流速,进而影响到生产工艺和人体健康,所以有必要研究整个管道上的静压力分布情况。

如图 6 - 7 所示为一水平敷设的等截面条缝形送风口风道,在其底部开设有 n 个送风口,各送风口面积都相等。

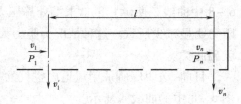

根据实际流体的能量方程式可导出如下的关系式。

$$P_1 + \frac{v_1^2}{2}\rho = P_n + \frac{v_n^2}{2}\rho + \sum h$$

图 6 - 7　水平等截面条缝形送风口风道

移项得:

$$P_n = P_1 + \frac{v_1^2 - v_n^2}{2}\rho - \sum h \tag{6-16}$$

式中: P_1, P_n——第一个出风口和第 n 个出风口处的静压力,Pa;

　　　v_1, v_n——第一段风道和第 n 段风道内空气的流速,m/s;

　　　$\sum h$——整条风道的总阻力,Pa, $\sum h = h_{\mathrm{m}} + \sum h_{\mathrm{j}}$。

由于在风道中,各送风口间空气的流速是依次降低的,即 $v_1 > v_2 > \cdots > v_n$,所以根据能量转化的原理,气流的一部分动压力将转化为静压力,可见沿风道长度方向静压力将逐渐增高。但是,从另一方面来说,空气在风道内流动时,因产生阻力而消耗的部分能量,又将使风道沿长度方向上的静压力逐渐降低。这时沿风道长度方向上空气的静压力究竟是上升还是下降,则取决于风道内空气能量转化及产生的阻力这两者的相对大小而定。

风道内能量转化关系可分为以下三种情况。

(1)当 $\dfrac{v_1^2 - v_n^2}{2}\rho = \sum h$ 时,则 $P_n = P_1$。此时,因流速降低而增加的静压力等于风道的阻力损

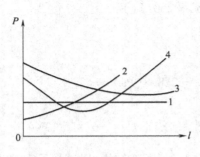

图6-8 沿风道全长空气静压力的分布

失,即静压力的增值全部消耗在克服风道的阻力上面。因为各个送风口的截面积都一样,所以沿风道长度方向各送风口的送风量均相等。其风道内空气的静压力分布如图6-8中直线1所示。但当前还没有这样一种风道材料,使风道中空气流速降低所增加的静压力恰好克服风道阻力而消耗掉,所以在等截面风道中,这种理想的压力分布情况是不存在的。

(2)当 $\dfrac{v_1^2 - v_n^2}{2}\rho > \sum h$ 时,则 $P_n > P_1$。此时,因流速降低所增加的静压力大于风道内的阻力损失,静压力和送风量沿着风道长度方向逐渐增加,如图6-8中曲线2所示。此现象一般只能在长度不大的金属风道或光滑风道内出现。

(3)当 $\dfrac{v_1^2 - v_n^2}{2}\rho < \sum h$ 时,则 $P_n < P_1$。此时,由于流速降低所增加的静压力小于阻力损失,静压力和送风量沿风道长度方向逐渐减小,当达到某一最低值后,在风道末端又略微增加,如图6-8中曲线3所示。风道末端处静压力微增的现象,是由于此时风道末端处的流速急剧降低、阻力明显减少所致。这种情况为阻力大的风道所特有。管壁粗糙、管路很长的钢筋混凝土风道就属此类。

目前,纺织厂所采用风道内空气的静压力分布大都介于第二种情况和第三种情况之间,如图6-8中的曲线4所示。

(二)送风口处静压力的计算

以上分析了整个管路上的静压力分布情况,现在讨论送风口处的静压力计算问题。因为整个管路上的静压力分布是有规律的,所以选取第一个送风口和最后一个送风口来进行讨论就具有代表性。

空气在风道内流动时,每经过一个送风口都有气流分出,从而使风道内空气流速逐渐降低。因为纺织厂支风道上条缝形送风口的数目比较多(10~20个),所以最后一个送风口处的空气流速远远小于第一个送风口处的空气流速,为简化计算,可忽略不计。

风道内空气每经过一个送风口时,会产生两种局部阻力,一种是弯向送风口的局部阻力,称支管局部阻力;另一种是前进气流风量减少后所产生的局部阻力,称直通局部阻力,它类同于突然扩大的局部阻力。但是,由于送风口数目较多,每经过一个风口后,其风道内风速的变化较小,所以气流越过条缝形送风口时的速度变化不如突然扩大那么显著,故可以认为气流直通局部阻力 $\sum h_j \approx 0$,于是风道的阻力就只剩下摩擦阻力了。

根据以上分析,式(6-16)可写成:

$$P_n = P_1 + \frac{v_1^2}{2}\rho - \sum h_m$$

若管道上不开送风口时,其摩擦阻力 $\sum h_\mathrm{m}$ 可由下式求得:

$$\sum h_\mathrm{m} = \frac{\lambda l}{d} \cdot \frac{v_1^2}{2}\rho$$

根据等截面条缝形送风口管道能量方程的数学分析,可以得出这样一个结论,即在管道上有很多出风口的管道摩擦阻力损失为没有出风口的管道摩擦阻力的1/3。因此,对于有送风口的管道,则有:

$$P_n = P_1 + \left(1 - \frac{\lambda l}{3d}\right)\frac{v_1^2}{2}\rho \qquad (6-17)$$

或

$$P_1 = P_n + \left(\frac{\lambda l}{3d} - 1\right)\frac{v_1^2}{2}\rho \qquad (6-18)$$

根据风道出风口处空气静压力的分布情况,便可分析出每个出风口出风速度和出风量。

(三)静压力和出风速度的关系

在条缝形送风口的风道中,空气的静压力将转化为空气从风口中流出的速度,它们之间的关系可用下式表示:

$$P_n = \zeta_n \frac{v_n'^2}{2}\rho \qquad (6-19)$$

$$P_1 = \zeta_1 \frac{v_1'^2}{2}\rho \qquad (6-20)$$

式中:v_1'、ζ_1——风道第一个出风口的出风速度和局部阻力系数,$\zeta_1 = 2.5 \sim 3$;

v_n'、ζ_n——风道最后一个(第 n 个)出风口的出风速度和局部阻力系数,$\zeta_n = 2 \sim 2.5$。

(四)初速比与风道吸风现象

空气在风道中流动时,垂直于风道壁的静压力使气流压出风道,沿着风道轴线方向的动压力使空气继续沿着轴线方向流动。如果风道内空气的动压力或风速太大,或者静压力很小,甚至小于大气压时,风道将发生吸风现象。将式(6-18)与式(6-19)联列求解,便可判断风道是否发生吸风现象。当求得的 P_1 为负值时,风道首端将吸风。此时可采用控制初速比的方法来消除吸风现象。

所谓初速比,是指风道第一个出风口的出风速度 v_1' 和第一段风道内风速 v_1 的比值,以符号 C 表示。

$$C = \frac{v_1'}{v_1} \qquad (6-21)$$

由式(6-21)可知,初速比 C 表示风道内空气静压力与动压力之间的关系。C 值愈大,则送风愈均匀,愈不会出现吸风现象。但 C 值亦不能过大,因为 C 值过大,必须使 v_1 减小或 v_1' 增大,而 v_1 减小会造成风道截面太大,制造材料费用增多,占用房间的有效空间增加;如 v_1' 增大,则会造成送至工作区的风速太大,影响人体健康和工艺过程的顺利进行。在风道设计时,C 值一般为 $0.8 \sim 1.2$。

例 6 – 5 若风道进风端风速 $v_1' = 8\text{m/s}$,末端出风口风速 $v_n' = 4\text{m/s}$,风道的摩擦阻力系数 $\lambda = 0.02$,风道长 $l = 25\text{m}$,风道直径 $d = 1\text{m}$,问风道进风端第一个出风口是否会出现吸风现象?

解:若取风道末端出风口的局部阻力系数 $\zeta_n = 2$,则风道末端出风口所需静压力为:

$$P_n = \zeta_n \frac{v_n'^2}{2}\rho = 2 \times \frac{4^2}{2} \times 1.2 = 19.2\,(\text{Pa})$$

风道进风端第一个出风口处的静压力为:

$$P_1 = P_n + \left(\frac{\lambda l}{3d} - 1\right)\frac{v_1^2}{2}\rho = 19.2 + \left(\frac{0.02 \times 25}{3 \times 1} - 1\right) \times \frac{8^2}{2} \times 1.2 = -12.8\,(\text{Pa})$$

因为 P_1 为负值,小于大气压力,故在风道进风端第一个出风口会出现吸风现象。

为了消除吸风现象,设计风道时可采取以下两种方法。

(1)增加风道截面积,适当降低风道进风端风速。

(2)减小出风口面积,适当增大出风口的风速。

(五)出风速度的计算

在风道设计中,送风口的出风速度是根据各车间工作区要求的空气流速,利用自由射流公式计算确定的。

1. 自由射流 自由射流是指一股由送风口射入周围空间,几乎可以不受限制地进行自由扩散的气流,如图 6 – 9 所示。出风口断面上的气流速度场分布一般是均匀的,它是自由射流的核心速度场。由于气流质点的横向移动,在射流前进过程中,周围空气逐渐混入射流中,使流量逐渐增加,核心速度场的范围相应缩小,直到消失为止。射流核心速度场的速度全部开始减慢的截面称为变化截面。在变化截面之前的一段称为起始段,变化截面以后的一段称为主体段。

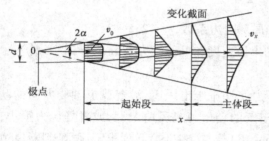

图 6 – 9 自由射流简图

起始段的长度 l_0 可由实验公式求得。

圆形发射口:
$$l_0 = 0.335\frac{d}{a} \tag{6 – 22}$$

扁平发射口:
$$l_0 = 0.515\frac{b}{a} \tag{6 – 23}$$

式中:d——圆形发射口的直径,m;

  b——扁平发射口的宽度,m;

a——紊流系数,由送风口形式所造成的气流紊乱程度所决定(表6-4)。

表6-4 各种发射口的紊流系数值

发射口名称	a 值
扁平形发射口	0.12
条缝形出风口	0.25
条缝形出风口—带扩散导风叶	0.5

实验证明,由于自由射流内各部分的静压几乎没有变化,即等于周围空气的压力,因此在流动过程中,阻力损失完全由动能的消耗来克服。气流离开发射口后,其速度逐渐减小,以致消失就是这个原因。

2. 扁平气流的自由射流公式 自由射流的计算公式,是根据实验用动量守恒定律求得的,纺织厂常用的条缝形送风口射出的扁平气流自由射流公式见表6-5。

表6-5 扁平气流的自由射流计算式

相对数值	符 号	起始段	主体段
中心速度	$\dfrac{v_x}{v_0}$	1	$\dfrac{0.848}{\sqrt{\dfrac{ax}{b}+0.205}}$
平均速度	$\dfrac{v_{xj}}{v_{0j}}$	$\dfrac{1}{1+0.86\dfrac{ax}{b}}$	$\dfrac{0.582}{\sqrt{\dfrac{ax}{b}+0.205}}$

注 v_0、v_{0j}分别为出风口处中心速度、平均速度(m/s);v_x、v_{xj}分别为 X 断面处中心速度、平均速度,即射流到达工作区时的中心速度、平均速度(m/s);a 为紊流系数;b 为扁平发射口的宽度(m);x 为出风口至 X 断面处的距离(m)。

3. 各车间工作区风速允许范围 送风口出风速度应满足车间工作区要求的空气流速。棉纺织厂各车间工作区允许的气流速度见表6-6。

表6-6 棉纺织厂各车间工作区风速允许范围 单位:m/s

车 间	v_{xj}	v_x
梳棉	0.1~0.3	0.2~0.4
粗纺	0.3~0.5	0.4~0.7
精纺	0.4~0.7	0.6~1.0
浆纱	0.7~1.0	1.0~1.5
织布	0.4~0.7	0.6~1.0

因纺织厂工作区离出风口距离一般都大于起始段长度,而处于自由射流的主体段范围,故常用主体段自由射流公式来计算出风口风速与车间工作区风速之间的关系。

例6-6 某精纺车间设置一风道,风道底板离地面高度为4m,如在其底板上开设有50mm

宽的条缝形送风口,并在送风口处装有扩散导风叶,要求工作区的平均风速为 0.6m/s,求送风口的平均风速。

解:先计算送风口离工作区的距离 x,再验算条缝形送风口起始段长度 l_0。

$$x = 4 - 1.5 = 2.5(\text{m})$$

$$l_0 = 0.515 \times \frac{b}{a} = 0.515 \times \frac{0.05}{0.5} = 0.0515(\text{m})$$

因工作区距离风道底板为 2.5m,远大于 l_0,故采用扁平气流主体段自由射流公式进行计算。

$$v_{0j} = v_{xj} \times \frac{\sqrt{\dfrac{ax}{b} + 0.205}}{0.582} = \frac{0.6 \times \sqrt{\dfrac{0.5 \times 2.5}{0.05} + 0.205}}{0.582} = 5.18(\text{m/s})$$

(六)风道传热与送风不均匀系数

纺织厂生产车间具有散热量大而均匀的特点,为保持车间内温湿度的均匀,要求各个送风口的送风量相等是合理的。但是,由于夏季风道内的送风温度要比车间温度低 $6 \sim 8℃$,这样车间热量会通过风道壁传入风道,使空气在风道中流动时温度逐渐升高(温升一般为 $0.5 \sim 2.0℃$),致使风道前后端送风温度不同,此时如果仍旧维持各个出风口的风量相等,则必然造成风道末端的车间工作区温度偏高、相对湿度偏低。因此在风道设计时,必须考虑风道内空气的温升问题。从空气调节的实际效果出发,设法使风道末端的送风量略大于进风端的送风量,需要考虑一个送风不均匀系数 S 值,即风道末端出风口的送风量大于进风端出风口的送风量的倍数。在每个出风口截面积都相等时,则 S 值可用下式表示。

$$S = \frac{v_n'}{v_1'} \tag{6-24}$$

式中:v_1',v_n'——风道第一个出风口和最后一个(第 n 个)出风口的风速,m/s。

送风不均匀系数 S 值,由风道长度、风道材料及风道内外空气温差来决定。在风道内外空气温差为 $6 \sim 8℃$ 时,其 S 值可参照表 6-7 进行选取。

表 6-7　风道的送风不均匀系数

风道长度(m)	S 值	
	混凝土风道	薄钢板风道
30 ~ 40	1.05	1.10
40 ~ 60	1.10	1.15
60 ~ 80	1.15	1.20
80 ~ 100	1.20	1.25

综上所述,在风道设计时,首先要确定风道内空气的流动速度,再根据送风量的要求计算确定风道的截面积及其尺寸。为了使风道不发生吸风现象和维持车间温湿度的均匀一致,还要注

意选择适当的初速比并把送风不均匀系数控制在许可的范围内。

第三节 管道的均匀吸风

在纺织厂大部分生产车间,采取全面送风和全面排风的送排风方式,有利于车间温湿度场的均匀稳定。无论是车间的全面排风系统还是和工艺设备相结合的局部排风系统,都要求均匀地吸取气流,因此如何保证管道均匀吸风是本节讨论的内容。

纺织厂的吸风管多采用等截面管道,为了制作方便,吸风管上每个吸风口的面积通常做成相等的,那么只有在管内各孔口处的静压力都相等时,才能做到各孔口均匀地吸风。

设有一等截面吸风总管,如图6-10所示,侧壁开有面积相等的 n 个吸风口,自吸口吸入的风速依次为 $v'_1, v'_2, \cdots, v'_n$,吸风管内各段的风速依次为 $v_1, v_2, \cdots, v_n$。

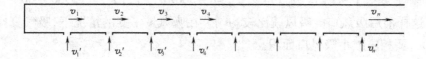

图6-10 侧壁开有孔口的等截面吸风管

现列出第一个吸风口和第 n 个吸风口之间的能量方程式:

$$P_1 + \frac{v_1^2}{2}\rho = P_n + \frac{v_n^2}{2}\rho + \sum h \tag{6-25}$$

式中 P_1、v_1——第一个吸风口处风道内的静压(Pa)与风速(m/s);

P_n、v_n——第 n 个(即靠近风机的一个)吸风口处风道内的静压(Pa)与风速(m/s);

$\sum h$——从第一个吸风口至第 n 个吸风口之间风道内的总阻力(Pa)。

自吸风口吸入的风速与风道内的负静压有关,因此可以写出:

$$P_1 = -\zeta_1 \frac{v_1'^2}{2}\rho \tag{6-26}$$

$$P_n = -\zeta_n \frac{v_n'^2}{2}\rho \tag{6-27}$$

式中 ζ_1、ζ_n——吸口阻力系数。

从式(6-26)和式(6-27)可知,当 $\zeta_1 = \zeta_n$ 时,在吸口截面相等的情况下,如要求各吸风口等量吸风,必须使 $P_n = P_1$。由式(6-25)移项可得:

$$P_n = P_1 + \frac{v_1^2 - v_n^2}{2}\rho - \sum h \tag{6-28}$$

由于吸风管道截面不变,所以各吸风口吸入风量后,管内的风速将逐渐增大,即 $v_n > v_1$,因此 $\frac{v_1^2 - v_n^2}{2}\rho$ 为负值。动压的增加和克服阻力都要消耗静压,因此,$P_n \ll P_1$,即第 n 个吸风口处的真空度较大,因而不能均匀吸风。为了达到均匀吸风的目的,必须采取以下措施。

1.改变吸口面积 在吸风速度小的吸口加大吸风口面积,或在吸风速度大的吸口减小吸风口面积,来达到均匀吸风的目的。这种方法看起来虽然简单,但增加了制作上的麻烦,因此把吸风口的面积设计成可调的,根据要求在现场调节。但在吸风口面积不允许变化或者要求吸风速度为某一定值时,则这种方法就不能采用,因此必须采用其他方法。

2.改变吸口的阻力系数 在吸风速度过大的吸口,用增加人工阻力的方法来降低风速,以达到均匀吸风的目的。但这种方法在空气含尘浓度较高的地方不宜采用,因灰尘易积集于人工阻力调节器上,造成阻力调节器失灵或吸风口堵塞。

3.提高吸口的真空度 即用增加吸口处的吸力(真空度)P_1 值,来达到均匀吸风的目的。由式(6-28)可知,同样的 $\frac{v_1^2 - v_n^2}{2}\rho - \sum h$ 数值,相对于增大后的 P_1 值就小了。例如,假设 $\frac{v_1^2 - v_n^2}{2}\rho - \sum h$ 不变且等于 $-60Pa$,若第一个吸风口的静压力 $P_1 = -30Pa$,$P_n = -30 - 60 = -90Pa$,则 $P_n/P_1 = 3$;如果使第一个吸气口吸气压力 $P_1 = -300Pa$,那么 $P_n = -300 - 60 = -360Pa$,则 $P_n/p_1 = 1.2$,这样前后吸风口的吸风就比较均匀。在吸风量不变的情况下,吸气真空度增加后,吸风速度增大,要相应减小吸风口面积。

4.增加管道截面、降低管内风速 由于吸风总管截面 F 的增加,$\frac{v_1^2 - v_n^2}{2}\rho - \sum h$ 减小,使 P_n 接近 P_1 达到均匀吸风的目的。

从上述分析可以看出,提高吸口真空度的结果,使风机的风压、电能消耗都增加,若增加管道截面积,则管道耗用的材料和占据的空间增加;同时,灰尘亦易沉积在管道底部。因此,这两种方法的运用都受到一定条件的限制。如果孔口面积之和为 $\sum f$,根据分析和实验的结果,当 $\sum f/F \leq 0.4$ 时,前、后吸风的不均匀程度可控制在 20% 以内。

要进一步提高吸风均匀性,就要随着管内风量的增加,不断改变管道截面积。

第四节 送排风系统与车间气流组织

一、送风系统

纺织厂的送风系统是由总出风口、总风道、调节风门、支风道、送风口等组成。

(一)总、支风道

纺织厂采用的风道有两类,一类是与厂房建筑结构相结合的风道,如设置在锯齿形屋顶天沟下面的风道,其总、支风道的布置如图6-11所示。总风道设置在空调室的顶部,支风道和总风道互相垂直并布置在同一水平面内。经空调室处理后的空气先进入总风道,再由总风道分送到各支风道,然后送入车间。这类风道的优点是坚固耐用,有一定的保温隔热能力,维护检修方便。并且车间内没有风道悬挂,不挡光线,整齐美观;缺点是表面粗糙,阻力大。另一类是用各种板材制作,架设或悬挂在车间内的风道。这类风道的优点是送风管道布置灵活,可根据风量变化改变风道截面;缺点是车间内有大量的送风管道与金属支吊架,影响采光,并且使空间显得比较零乱。

（二）送风口

纺织厂常用的送风口有以下几种。

1. 条缝形送风口　条缝形送风口适用于狭长的车弄送风，风口都布置在车弄上方，它是一种积极的送风方式，能使空气均匀地送到工作区。

目前绝大多数纺织厂都是采用可调节的条缝形送风口，风口宽度一般是 100mm，根据使用的需要可调节宽度，如图 6 - 12 所示。遮风板的作用是使送风气流近乎垂直的从条缝形风口送到工作区内。扩散导风板的作用是使送风气流向两边均匀地扩散开。在每个出风口处还装有水平调节板，其作用是通过调节出风口宽度来调节每个风口的送风量。每个条缝形的送风口方向都是平行的，这对有效地控制车间气流和温度都是有利的。

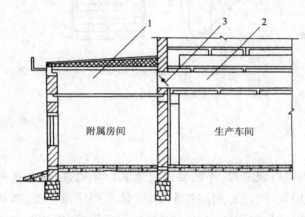

图 6 - 11　钢筋混凝土总、支风道
1—总风道　2—支风道　3—调节阀门

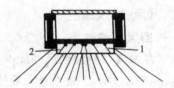

图 6 - 12　条缝形送风口
1—遮风板　2—扩散导风板

2. 散流器　散流器是装设在车间上部顶棚处、由上而下的送风口，它具有诱导室内空气和送入气流迅速混合的特性。纺织厂为了不使灰尘随气流扬起而污染工作区，要求气流在工作区内保持下送直流型，因而常采用流线型散流器，如图 6 - 13 所示。

3. 旋转送风口　棉纺织厂的浆纱车间、毛纺织厂的湿整和干整车间，机器散热、散湿量都很大，为了降低工人操作区的温度，多采用旋转送风口进行局部送风，如图 6 - 14 所示。送风口布置在工人操作和经常逗留的地点，送风口离地面高度 1.9 ~ 2.2m，送风气流以一定的角度从侧面吹向工人身体上部，这样能取得很好的降温效果。

4. 孔板送风口　在空调房间的顶棚上开许多细孔，将空气先送到顶棚稳压层内（类似于风道），空气便通过顶棚的细孔全面均匀地向下送风，如图 6 - 15 所示。孔板送风的气流扩散较好，它能与室内空气较好地混合，使送出的气流温度与室内空气温度的差异迅速减小，所以送风温差可以加大至 6 ~ 9℃。同时由于气流扩散较好，在工作区可保持较小的气流速度，因此常用于送风量大而要求气流速度较小的车间。孔板送风的孔口直径一般为 4 ~ 5mm，孔心距为 40 ~ 100mm，通常房间高度较低时，孔眼应多些，孔径宜小些；房间较高时，孔眼可少些，孔径可大些。为了保证空气垂直向下，孔径应为板厚的 1/3 ~ 1/2。又因为孔眼向下送风，故风道不应有凝露现象,以防水滴吹下。一般常用石棉、水泥板等材料制作。

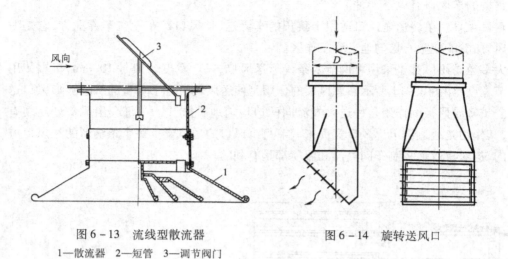

图 6-13 流线型散流器

1—散流器 2—短管 3—调节阀门

图 6-14 旋转送风口

二、回风、排风系统

(一)回风系统

1. 侧窗回风　侧窗回风的优点是回风系统简单,不需要回风道和回风机,回风由送风机直接吸入,耗费动力小。缺点是大量使用回风,气流必须穿过车间,才能流到回风窗处,因此在车间内形成较强的横向气流。而当车间较长时,距回风窗30m以外处回风困难,造成车间内气流混乱,因此温度场和速度场都不稳定,车间区域温差较大。

2. 地沟回风　地沟回风的优点是气流组织合理。气流从上到下,车间内没有横向气流,有利于灰尘下沉;车间内送风、回风可以控制,使车间气流均匀、稳定;并且车间内温度、湿度分布均匀,区域温差小。缺点是回风系统复杂,在车间内要设回风口、支风道、总回风道等;土建工程量大,增加了基建投资;要设置单独回风机,不仅增加风机设备,也增加了电力消耗;回风沟道需要定期清扫。

3. 回风口　当采用地沟回风时,车间回风口有格栅式和金属网式两种。前者如图6-16所示,后者与回风网窗构造相同。布置时要均匀,使回风均匀地回到风道中。

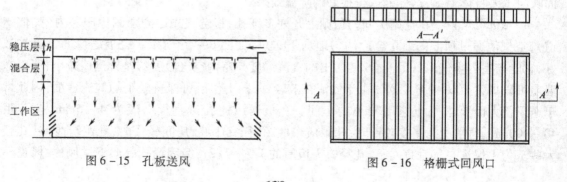

图 6-15 孔板送风

图 6-16 格栅式回风口

（二）排风系统

1. 上排风　对于锯齿天窗厂房，在天窗上设有能开启的活动窗扇，可根据需要控制活动窗扇的开启角度进行排风。这种排风方式操作管理不方便，有的采用开窗机。

2. 地沟排风　采用地沟排风时，有一部分回到空调室循环使用，一部分通过排风窗或排气楼排至室外。

3. 局部排风　纺织厂浆纱车间的排雾罩、整理车间刷布机的吸尘装置、细纱车间的断头吸棉装置、梳棉车间的三吸装置以及清棉车间的尘笼排气风扇等，都是与生产工艺相结合的局部排风设备。凡是大量散发热量、湿量、灰尘和有害气体的机器设备，都必须采用局部排风，以不使有害物扩散至整个车间。

三、车间气流组织

恰当地布置风道和风口，使气流进入车间后，能合理地流动和分布，这一技术措施称气流组织。纺织厂车间常见的气流组织有上送侧回、上送下回、下送上回等三种方式，如图6-17所示。

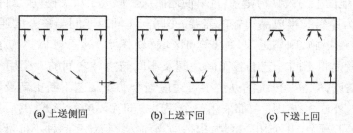

|(a) 上送侧回|(b) 上送下回|(c) 下送上回|

图6-17　送排风方式示意图

（一）上送侧回（传统空调系统）

空气通过设置在工作区上方的支风道由上而下送入车间，而在空调室和车间相邻的墙壁上开设回风窗，车间空气经金属滤网过滤后回到空调室循环使用。其优点是施工简单，整个系统阻力小，工程造价省，运行费用低；缺点是车间有横向气流，远离回风窗处气流不畅，回风窗附近灰尘多、温度高，区域性温差大，若不用回风，车间气流会乱窜。

（二）上送下回（全面空调系统）

空气通过支风道送入车间，在车间进行热湿交换后，由均匀地布置在车间地面上的回风口吸入，通过地下风道回到空调室，经过滤尘后循环使用或排出室外。这种气流组织的应用，由局部回风变成了全面均匀地回风，在车间内温湿度场和气流场的均匀分布和稳定上取得了较好的效果。特别是对于机器散发热量、灰尘集中在下部的车间，上送下排的气流组织形式可以使车间气流垂直流动，有利于车间灰尘的沉降，是一种较好的气流组织形式。缺点是增加了回风系统和回风风机，工程投资大，运行费用高，回风地沟清洁管理工作困难。

（三）下送上回（工作区空调系统）

送风道布置在地面以下，由送风口向机器下部送风，回风道布置在上部，均采用全面分散送风和全面分散排风方式。由于送风口设置在机器下部，送入车间的空气先吸收机器散发的热量,然后上升至工作区,空气流动方向与自然对流方向一致,气流顺直,涡流区小,能节省风量,有明显的节能效果。目前,这种气流组织形式正处于试验阶段。该形式用于织造车间效果较好,清棉、梳棉车间一般不宜采用。

四、空气幕的形式与使用

空气幕又称风幕机、风帘机、风闸、空气门,其产品被广泛应用于工厂、商店、餐厅、药店、冷库、宾馆、医院、机场、车站等环境的出入口或某些设备的工作区,形成一道"无形"的空气门或空气墙,以减少或隔绝外界气流的渗入,维持特定区域环境的温湿度稳定。

空气幕按照其安装位置的不同可分为侧送式、上送式和下送式三种。侧送式空气幕又分为单侧送和双侧送两种。单侧送空气幕适合于宽度小于 4m 或车辆通过时间较短的门洞,若门洞宽度大于 4m 或车辆通过门洞时间较长,则宜采用双侧送。上送式空气幕是目前使用最多的一种形式,其特点是安装简便,不影响建筑美观,送风气流的卫生条件较下送式好,但其挡风效率不如下送式。下送式空气幕因其射流最强区在下部,故抵挡冬季冷风从门洞下部入侵时的挡风效率最高。但由于其送风口在地面下易被脏物堵塞,且易使地面灰尘形成二次飞扬,所以目前使用较少。

在纺织厂,因为原料和半成品运输的需要,车间与车间及车间与室外的通道必须保持畅通,但如果不采取相应的措施,则靠近门口的车间区域"纺织活"就不好做。为了使纺织生产顺利进行,传统的办法就是将不同工艺的各车间之间及车间与室外之间的大门用棉帘或透明塑料隔开,然后分别进行空调,但这一传统的办法很难适应当今纺织工艺不断更新及纺织设备不断发展的需要。目前,国内外许多纺织厂大都采用整个厂房中间无隔断的形式,然后用空气幕将整个厂房根据生产工艺不同分隔成几个相应区域,以适应当前纺织行业多品种小批量生产的实际需要。

第五节　通风机

通风机是空调系统中用来输送空气的动力设备,为了合理地选择和使用通风机,保证空气调节效果,必须了解通风机的构造和工作原理。

一、通风机的构造和工作原理

目前纺织厂空调应用最广泛的通风机,按其构造和工作原理可分为离心式通风机和轴流式通风机两种类型。

(一)离心式通风机

1. 特点与分类

(1)特点:气流在叶轮中作径向流动,风压主要是由叶轮转动时对空气产生的离心力所致。

(2)分类:离心式通风机按其所产生的压力高低可分为以下三种。

①低压离心式通风机:$P < 1000Pa$。

②中压离心式通风机:$1000Pa < P < 3000Pa$。

③高压离心式通风机:$P > 3000Pa$。

空调系统的阻力一般小于1000Pa,因此,多采用低压离心式通风机。

2. 工作原理 离心式通风机的叶轮在电动机带动下随机轴一起高速旋转,叶片间的空气在离心力作用下由径向甩出,叶片间就形成真空,同时在叶轮的进风口,外界空气在大气压力作用下被压入叶轮内,以补充被排出的空气。由叶轮甩出的空气进入机壳后,速度逐渐变慢,部分动压转变为静压,最后以一定的压力被压出出风口进入风道,如此源源不断地将空气输送到车间。

3. 构造 离心式通风机的构造如图6-18所示,其主要由叶轮、机壳、进风口、出风口和支架等部件组成。

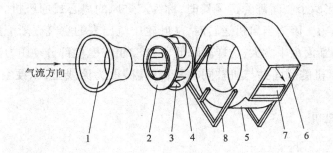

图6-18 离心式通风机主要构造分解示意图
1—进风口 2—叶轮前盘 3—叶片 4—后盘 5—机壳
6—出风口 7—截流板 8—支架

叶轮是离心式通风机最关键的部件,由前盘、后盘和装在前后盘间的一系列叶片所组成。后盘紧固在轴上用联轴器与电动机轴直接连在一起,或者通过皮带传动。叶轮的作用是使被吸入叶片间的空气强迫旋转,产生离心力而从叶轮中甩出来,以提高空气的压力。

离心式通风机的叶轮形式,是根据叶片出口安装角 β_2 的不同来区分的。所谓出口安装角就是叶片的出口方向(出口端切线方向)与叶轮的圆周方向(叶片出口端与回转方向相反方向的圆周切线)之间的夹角。根据叶片出口安装角的大小,基本上可分为前向式($\beta_2 > 90°$)、径向式($\beta_2 = 90°$)和后向式($\beta_2 < 90°$)三种,如图6-19所示。

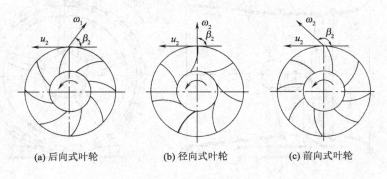

(a) 后向式叶轮 (b) 径向式叶轮 (c) 前向式叶轮

图6-19 离心式通风机的几种叶轮形式

叶轮叶片的几何形状不同,对风机压力和风量的影响也不同。如各种形状的叶片在具有相同尺寸和同样转速的条件下,后向式叶片的叶轮,空气和叶片之间的撞击很小,能量损失少,效率高,运转时噪声小,但空气从风机中所获得的压力较低;前向式叶片的叶轮与后向式相比,能量损失较大,效率较低,但产生的风压较高;径向式叶片的叶轮,叶片制造比较简单,但在叶轮的入口处空气与叶片的冲击损失大,效率较低。在空调系统中,因并不要求风机产生很高的压力,而只希望获得较高的效率和降低噪声,故多选用后向式叶片的叶轮。

离心式通风机的机壳是一个罩在叶轮外面的螺旋形外壳,它的作用是汇集从叶轮中流出的空气。机壳由两个侧板、一个蜗形板和进风口组成。当机壳只有一个侧面为进风口时,称为单进风的离心式通风机;当两个侧面都为进风口时,称为双进风的离心式通风机。机壳做成螺旋形是为了增加空气的静压力。因为当风机运转时,从叶轮中流出来的空气逐渐汇集在机壳里,由于机壳随叶轮回转方向的断面愈来愈大,这样就降低了空气的流速,使部分动压力恢复为静压力。

进风口装于通风机的侧面并与机轴同心平行,其截面为流线型,以便空气顺利进入叶轮并减小其阻力。

(二)轴流式通风机

1. 特点和分类

(1)特点:气流流动的方向和旋转轴相平行,其风压主要由叶片转动时对空气所产生的推升力所致。

(2)分类:轴流式通风机按其所产生的压力高低可分为以下两种。

①低压轴流式通风机:$P < 500\text{Pa}$。

②高压轴流式通风机:$P > 500\text{Pa}$。

2. 工作原理 由于轴流式通风机的叶片具有斜面形状,故当叶轮在机壳中转动时,空气一方面随着叶轮转动,一方面沿着轴向推进,空气由进口吸入,通过叶轮压力升高后从出口排出。

3. 构造 轴流式通风机的构造如图6-20所示,主要由装有叶片的叶轮、引导气流的圆筒形机壳以及传动部件、底座等组成。

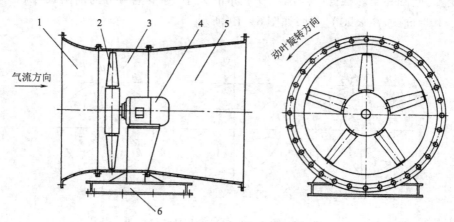

图6-20 FZ35—11(S)型轴流式通风机

1—集风器 2—叶轮 3—机壳 4—电动机 5—扩散筒 6—底座

叶轮由轮毂和叶片组成,叶片一般有 2~12 个。图 6-21 是轴流式通风机叶轮半径为 r 的环状剖面展开图,图中 b 为叶片宽度,t 为叶片间的距离,β 为叶片安装角。叶片安装角可在 15°~35° 范围内任意调整,角度增大,通风机的风量和风压均会增加。轴流式通风机的叶片形状一般分为非扭曲板形、扭曲板形、非扭曲机翼形、扭曲机翼形四种,如图 6-22 所示。由于机翼形叶片能大大减少空气阻力,扭曲形叶片能随半径不同而改变角度,以适应线速度的变化,效率提高,噪声减小,风量和风压都增大,因此目前新型轴流式通风机的叶片基本上都采用扭曲机翼形叶片。

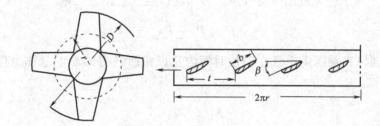

图 6-21 轴流式通风机叶轮展开图

(a)   (b)   (c)   (d)

图 6-22 轴流式通风机叶片形状

轴流式通风机的机壳主要是用来引导空气成流线型进入风机叶片,以减小涡流阻力损失。机壳可用钢板或玻璃钢制成。

轴流式通风机叶轮的传动一般用三角皮带或电动机直接传动。其回转方向规定,从进口方向看,叶轮是按逆时针方向转动的。如果回转方向相反,则风量、风压都要减小。

FZ35(40)—11(S)型轴流通风机是一种高效节能型风机,其产品系列机号有 No.8、No.9、No.10、No.11、No.12、No.14、No.16、No.18、No.20 共 9 种。No.16 以上风机配有静叶可调机构,由 23 个叶片气泵连杆及球心体等组成,此件轴向安装在主体风筒前,调节范围为 0°~40°,运转时可通过改变叶片角度,达到调节压力和风量的目的。本风机采用双速电动机驱动,当季节变化时,可通过改变电动机速度档次来改变工况,昼夜气温变化时,则可采用静叶可调装置调节工况,所以有显著节能效果。

轴流式通风机具有构造简单,制造容易,风量大,体积小,又可用改变叶角大小来调节风量等优点。缺点是产生压力较低,经济使用范围窄,噪声较大。

二、通风机的性能参数及性能曲线

通风机的性能由性能参数和性能曲线来表示。

(一)通风机的性能参数

1.风量 L　通风机在单位时间内输送的空气体积数称为风量,又称流量,单位为 m^3/s 或 m^3/h。风量的大小与风机的尺寸、转速、叶片形式有关。

在管网系统中,风量可以通过闸门或改变风机的转速来调节。

2.风压 P　通风机的风压是空气通过旋转着的叶轮所升高的压力,单位为 Pa。风压的大小与风机的尺寸、转速、叶片形式和空气的密度等因素有关。

风压在数值上等于通风机出口空气总压力与进口空气总压力之差。

$$P = P_2 - P_1 \tag{6-29}$$

3.功率 N　通风机输送的空气在单位时间内从风机所获得的总能量称为理论功率,以 N_L 表示,单位为 W,即:

$$N_L = PL \tag{6-30}$$

单位时间内电动机传递给通风机轴的能量,叫做通风机的轴功率 N_Z。

4.效率 η　由于通风机在运行过程中有能量损失,故轴功率应大于理论功率。理论功率与轴功率的比值称为效率。

$$\eta = \frac{N_L}{N_Z} \times 100\% \tag{6-31}$$

效率反映通风机工作时的经济性,在获得相同风量和风压的情况下,风机的效率越高,耗电量越低。轴功率可用下式计算。

$$N_Z = \frac{N_L}{\eta} = \frac{PL}{\eta} \tag{6-32}$$

在实际配备电动机时,还要考虑传动机械损失,因而所需电动机功率为:

$$N_X = \frac{N_Z}{\eta_m} = \frac{PL}{\eta \eta_m} \tag{6-33}$$

式中:η_m——传动装置机械效率(表6-8)。

另外,还应考虑电动机容量的安全系数,因而实际配备的电动机功率为:

$$N_P = N_X K \tag{6-34}$$

式中:K——电动机容量安全系数(表6-9)。

表6-8　传动装置机械效率

传 动 方 式	机械效率 η_m(%)
电动机直接传动	100
联轴器直接传动	98
三角皮带传动(滚珠轴承)	95

表 6-9 电动机容量安全系数

电动机功率（kW）	安全系数 K 值	
	离心式通风机	轴流式通风机
≤0.5	1.50	1.20
≤1.0	1.40	1.15
≤2.0	1.30	1.10
≤5.0	1.20	1.05
>5.0	1.15	1.05

纺织厂空调用轴流式通风机效率一般为 70% ~82% ,排尘离心式通风机效率为 70% ~ 79.2% ,双吸离心式通风机效率为 80% ~82% 。

5. 转速 n　通风机的转速是通风机叶轮 1min 内的回转数,可用转速表直接测量。小型通风机的转速较高,往往与电动机直接相连;大型通风机的转速较低,通风机与电动机一般用皮带传动,改变皮带轮直径即可调节通风机的转速。

必须指出,以上通风机的几个性能参数都不是固定不变的,它们之间有一定的内在联系。当通风机的转速改变时,其风量、风压和轴功率也随之变化。它们之间的数值关系可按比例定则来计算。

$$\left. \begin{array}{l} \dfrac{L_1}{L_2} = \dfrac{n_1}{n_2} \\[2mm] \dfrac{P_1}{P_2} = \left(\dfrac{n_1}{n_2}\right)^2 \\[2mm] \dfrac{N_1}{N_2} = \left(\dfrac{n_1}{n_2}\right)^3 \end{array} \right\} \qquad (6-35)$$

式(6-35)中注脚"1"表示变速前风机的已知各项性能参数;注脚"2"表示变速后风机的所求各项性能参数。当通风机在管网中工作时,这些参数还要受到管网特性的影响。

（二）通风机的性能曲线

通风机各参数间的关系还可以用曲线反映出来。对通风机进行性能实验,在一定转速下,不断改变进入通风机的风量,可以求得相应的压力、功率和效率,然后绘制成对应的风压与风量（$P—L$）、功率与风量（$N—L$）、效率与风量（$\eta—L$）之间的相互关系曲线,这就是通风机的性能曲线。这组曲线是以风量作为横坐标,风压、效率和功率作为纵坐标绘制的。

4—72No.5 离心式通风机在 2900r/min 时的性能曲线如图 6-23 所示,风压随风量的增加而减小,轴功率随风量的增加而增加。图中 $\eta—L$ 曲线表明,通风机的效率也是随着风量而改变的。通风机运转时,存在一个最高效率点（图中 A 点）,其效率为 η_{max} ,相应于该点的风量、风压、轴功率称为通风机的最佳工况。通风机在管网中工作时,它的风量和风压最好等于最佳工况时的风量和风压,或尽可能接近这一数值。所以在通风机选择和运转时,应该注意使其实际运转效率不低于 $0.9\eta_{max}$（图中 B 点）。根据这个要求所确定的风量允许工作范围称为通风机的经济

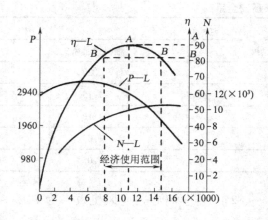

图 6-23　4-72No.5 离心风机性能曲线

使用范围。从图中还可以看出,当风量 $L=0$ 时,离心式通风机所耗用的功率最小。因此,离心式通风机在启动时,可以先将闸门全部关闭,待正常运转后再将闸门打开。

上面所讨论的性能曲线,是指通风机在某一固定转速时,风量、风压、轴功率及效率在数值上的对应关系。当转速改变时,通风机性能曲线也随之改变,即通风机在每一种转速下都有其相应的性能曲线。

轴流式通风机的性能曲线不但与离心式通风机完全不同,而且不同类型的轴流式通风机,其性能曲线的差别也比较明显。在一般情况下,轴流式通风机的效率随风量的增加而提高,而且其最高值往往出现在最大风量点上。如离开最高效率点,则效率降低得很快。因此,轴流式通风机的经济使用范围比较小。根据此情况,在选择使用轴流式通风机时,更要注意尽可能使其靠近最大风量点工作。此外,根据轴流式通风机所耗功率与风量的特性关系,风量愈小所需功率愈大,在风量为零时耗用的功率最大。因此,轴流式通风机在启动时应将闸门打开,否则将使电动机过载,以致损坏电动机。

三、通风机在管网中的运行

通风机在一定的管网系统中工作时,其风量、风压、功率及效率等工作参数不仅取决于通风机的性能,而且与整个管网系统的特性,即通风管道特性有关。

(一)通风管道特性曲线

所谓管道特性是指空气流过通风管道时风量与阻力之间的关系。可用下式表示。

$$h = KL^2 \qquad\qquad (6-36)$$

式中:h——管道的总阻力,Pa;

L——管道风量,$\mathrm{m^3/s}$;

K——总阻力系数,其数值与气体性质,管道材料、长度和断面积,管件结构以及流体的流动状态等因素有关。

式(6-36)反映了空气在管道内流动时阻力和风量之间的关系,故称为管道特性方程。若把这种关系($h-L$)画在坐标图上便是二次曲线,如图6-24中曲线Ⅰ所示,称为通风管道特性曲线。从曲线Ⅰ可知,当风量 L 等于零时,总阻力 h 等于零;当风量增加时,总阻力成平方关系急剧增加。

若影响总阻力系数 K 的诸因素中任一因素改变时,K 值将发生变化,从而导致通风管道特性曲线的改变。如将管道中闸门关小,则 K 值增加,管道特性曲线变陡,曲线Ⅰ向曲线

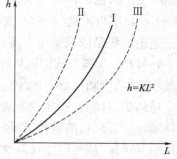

图 6-24　通风管道特性曲线

Ⅱ方向变化;将闸门开大,则 K 值减小,管道特性曲线变平缓,由曲线Ⅰ向曲线Ⅲ方向变化。

(二)通风机在管网中运行时的风量和风压

当通风机在特定的管网系统中工作时,其工作参数不仅和通风机特性有关,而且还受管道特性的影响。由通风机的风压与风量(P—L)曲线可知,在同一转速下,通风机可以在不同的风量和风压下工作,那么当一台通风机在特定的管网系统中工作时,管道中流过的风量就是通风机提供的风量。通风机风量和管道特性之间的关系可用下式表示。

$$L = \sqrt{\frac{h}{K}} \tag{6-37}$$

式中:L——通风机风量,m^3/s;

h——管道的总阻力,Pa;

K——总阻力系数。

通风机在管网中运行时产生的风压,必须能够克服空气在管网中流动时所遇到的总阻力,即:

$$P = h \tag{6-38}$$

式中:P——通风机风压,Pa;

h——管道的总阻力,Pa。

以上定性地分析了通风机在管网中运行时的工作参数(L,P),还可进一步进行定量分析。当确定了通风机运行时的工况点,工作参数也就确定了。既然通风机工作参数与风机特性和管道特性有关,要确定通风机运行时的工况点,就要寻求风机特性曲线和管道特性曲线的统一点。为此可将通风机的(P—L)特性曲线与通风管道的(h—L)特性曲线画在同一张坐标图上,这两条曲线的交点,就是通风机运行时的工况点。如图 6-25 所示为离心式通风机的工作图,两条曲线的交点 A 就是通风机的工况点,相应于该点的 L_A 为风机的实际风量,也是管道中流过的风量;P_A 为风机的实际风压,亦是管道的总阻力。当管道的总阻力变化时,通风管道特性曲线就发生变化,则工况点的位置也随之变化。同样,通风机特性曲线变动时,工况点也要随之变动。

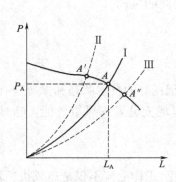

图 6-25 通风机在管网中的实际工作图

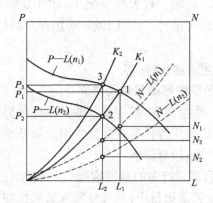

图 6-26 通风机风量的调节

(三)通风机风量的调节

由以上讨论可知,只要两条特性曲线中的任意一条发生变动,都要引起通风机工况点的改变,从而使通风机的工作参数发生变化。在空调运行中,要根据室外气候和室内负荷的变化,调节送入车间的风量以保证车间温湿度符合要求,我们就可以利用改变通风机转速或改变管道阻力的方法来调节风机风量。

如图 6–26 所示,当通风机转速为 n_1 时,风机性能曲线与管道特性曲线 K_1 交于 1 点,轴功率为 N_1。如果需要减小送风量时,可以将通风机的转速降低至 n_2,则风压曲线和轴功率曲线均向下移动。因此点 2 为通风机转速降低后的工况点。这时的送风量为 L_2,消耗的轴功率为 N_2。若用增加管道阻力的方法来减小风量,可将闸门关小些,则管道特性曲线将向上移动,管道特性曲线 K_2 与通风机风压曲线的交点 3 即为通风机工况点,这时送风量亦为 L_2,而消耗的轴功率为 N_3。由于 $N_3 > N_2$,因此对比之下用改变风机转速的方法调节风量是比较经济的;而用改变风道阻力的方法来调节风量,虽然比较简单,但不经济。目前,改变风机转速的方法常用于季节性调节,改变风道阻力的方法则常用于日常运转调节。

近年来,随着电子技术的发展,如用线绕式电动机时,可用可控硅达到无级变速,直接控制电动机转速来调节风量,这样能大大节省空调用电量。这种调节方法特别适用于大型空调设备的轴流式通风机。因为轴流式通风机采用增加阻力的方法来减小风量时其耗电量并不减小,有时还会增加。此外,对于容量较小的空调设备,则可采用多速电动机或调换皮带盘并结合调节叶片安装角度的方法来调节风量。

(四)通风机的联合工作

在空调或除尘系统中,若一台通风机的风量不够时,可将两台通风机并联使用以加大风量,此时的风压,对每台风机都是相等的,而风量和功率则为两台通风机风量值和功率值的代数和;若一台通风机的风压不够时,可将两台通风机串联使用以提高风压,此时的风量,对每台风机都是相等的,而风压和功率则为两台通风机压力值和功率值的代数和。这就是通风机的联合工作。通风机并联工作只能用于管网阻力较小,即管道特性曲线较平坦的系统中;通风机串联使用时,只有在管网阻力较大的情况下,才能获得良好效果。通风机联合工作时,将会使效率降低,如果必须联合运行工作,则最好采用两台特性曲线相同的风机。

四、通风机的维修保养

(一)通风机维修的目的及意义

通风机的维修保养,其主要目的是保证风机经常处于良好的技术状态和保持应有的工作性能,以延长风机使用寿命和避免发生事故而造成损失,以便充分发挥风机效能。除日常维修保养外,每年应停机检修保养一次。

(二)通风机运行中的监视检查

通风机在正常运行中,主要是监视通风机的工作电流,工作电流不仅是通风机负荷的标志,也是一些异常事故的预报。其次,要经常检查风机轴承处的温升情况、振动是否正常及有无摩擦、碰撞的声响等。还要定期检查地脚螺栓的紧固情况;检查电动机及轴承箱底座螺栓的紧固情况;检查轴流通风机叶轮上各螺栓的紧固情况。对纺织排尘风机,要经常清除机壳内的积尘。

(三)通风机运行中常见故障及其处理

通风机在运行中常见故障的产生原因和处理方法见表6-10。

表6-10　通风机运行中常见故障的产生原因和处理方法

故　障	产　生　原　因	排　除　方　法
振动	通风机轴与电动机轴歪斜或不同心	进行调整、重新校正
	叶片附有不均匀的附着物	消除叶片上的附着物
	叶轮上平衡配重脱落或检修后未校准平衡	重新校准平衡
	叶轮铆钉松动或叶轮变形	更换铆钉或叶片
	叶轮固定部分松动,使叶轮与机壳或进气口相碰擦	维修松动部分
	基础刚度不够或不牢固,地脚螺栓松动	加固基础,紧固地脚螺栓
	机壳与底座,电动机或轴承箱与底板连接螺栓松动	拧紧螺母
	风机与进出口管道安装不良,产生振动	进行调整或修理
轴承温升过高	轴承间隙不合理	重新调整
	润滑油(或脂)质量不良或含杂质	更换润滑油(或脂)
	轴与轴承安装位置不正确,如两轴承不同心等	重新找正
	轴承元件损坏	修理或更换轴承
电动机电流过大或温度过高	输送气体的密度增大,使压力增大	查明原因,如气体温度过低,应予提高或减小风量
	流量超过规定值或风管漏风	关小节流阀,检查是否漏气
	风机剧烈振动	消除振动
	通风机联合工作恶化或管网故障	调整、检修管网
	电动机本身原因	查明原因
	电源单相断电	检查修复
转速符合,压力过高,流量减小	气体温度过低或气体含有杂质,使气体密度增加	提高气体温度,降低气体密度
	管道、阀门或滤尘罩被堵塞或管道过长、过细、转弯过多	消除堵塞,对管道做相应处理
	出气管道破裂或管道法兰不严密	修补管道,紧固法兰
	离心式通风机叶轮与进风口间隙过大或叶片严重磨损	更换叶轮
	通风机选择时,全压不足	改变通风机转速来调节风机性能,如不能调节时需重新选风机
	叶轮旋转方向相反	改变电动机电源接法,改变转向

故　障	产　生　原　因	排　除　方　法
转速符合,压力偏低,流量增大	气体温度过高,气体密度减小	降低气体温度
	进风管道破裂或法兰不严	修补管道,紧固法兰
通风机压力降低	管道阻力曲线改变,阻力增大,使风机工况点改变	减小管道阻力,改变风机工况点
	风机制造质量不良或风机严重磨损	检修风机
	风机转速降低	提高风机转速
	风机在不稳定区工作	调整风机工作区

五、通风机的选择

正确、合理地选择通风机,是保证空调送风系统正常而又经济运行的一项关键工作。所谓正确与合理地选用通风机,主要是指所选择的通风机在管网系统中工作时,不但要满足所需要的风量和克服这些风量在流动过程中所产生的阻力,而且要求通风机在工作时,其效率为最高或在它的经济使用范围之内。

选择通风机时,首先要根据用途选取适当类型的通风机(如空调系列、通风系列、除尘系列),然后根据空调系统管道的布置、所需风量和风压(因计算误差、漏耗等原因,在确定风量和风压时,应分别加 10% ~ 20% 作为不可预料的安全量),在所选类型通风机中再确定通风机的机号、转速、传动方式、连接方式和出口方向等。此外,所选风机的工况点应在效率特性曲线的最高点或高效率范围以内。

选择通风机时可根据产品样本中提供的通风机特性曲线及性能表选取。产品样本中提供的数据,是在标准状态下(大气压力 B 为 101325Pa,空气温度 t 为 20℃,相对湿度 φ 为 50%)进行试验得出的。当实际使用条件为非标准状态时,应按下列公式对参数进行修正。

风量

$$L_2 = L_1$$

风压

$$\left.\begin{array}{l} P_2 = P_1 \dfrac{\rho_2}{\rho_1} = P_1 \dfrac{\rho_2}{1.2} \end{array}\right\} \qquad (6-39)$$

功率

$$N_2 = N_1 \dfrac{\rho_2}{\rho_1} = N_1 \dfrac{\rho_2}{1.2}$$

式中:L_1, P_1, N_1, ρ_1——标准状态下的风量、风压、功率及空气密度,即样本上所列的数据;

L_2, P_2, N_2, ρ_2——使用条件下的风量、风压、功率及空气密度。

(一)通风机的编制方法

1. 离心式通风机　离心式通风机的全称包括名称、型号、机号、传动方式、旋转方向和出口位置。如6—48—11No.10 C 右90°型离心式通风机,其书写顺序如下。

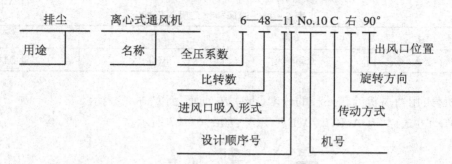

（1）名称：按其作用原理称为离心式通风机。在名称之前，可冠以用途字样，也可省略不写。在名称前冠以用途字样时，按规定应采用汉字，或用汉语拼音字头。

（2）型号：由基本型号和变形型号组成，共分三组，每组用阿拉伯数字表示，中间用横线隔开。表示内容如下。

第一组表示通风机全压系数乘 10 后按四舍五入进位取整数。全压系数反映风机在最高效率点运行时，产生的全压 P 与它的叶轮出口圆周速度 u 的关系数值，可用下式表示。

$$\overline{P} = \frac{P}{\rho u^2} \tag{6-40}$$

式中：$\overline{P}$——全压系数；

P——最高效率时风机的全压，Pa；

u——叶轮出口圆周速度，m/s；

ρ——空气密度，kg/m^3。

由式（6-40）可知，同样机号的通风机，在相同转速下，全压系数越大，它的全压越高。

第二组数值表示通风机的比转数。通风机的比转数是指通风机在最高效率情况下的风量 L、全压 P 和转速 n 之间关系的数值，以 n_s 表示。

$$n_s = 5.54 \frac{L^{\frac{1}{2}}}{P^{\frac{3}{4}}} n \tag{6-41}$$

式中：L——风量，m^3/s；

P——全压力，Pa；

n——转速，r/min。

由式（6-41）可知，在相同转速下，比转数大的风机，其风量较大，风压较小；比转数小的风机，风量较小，风压较大。

第三组的第一个数字表示通风机进风形式（表6-11），第二个数字表示设计顺序号。

表 6-11　通风机进口吸入形式

代　号	0	1	2
通风机进口吸入形式	双侧吸入	单侧吸入	二级串联吸入

（3）机号：用通风机叶轮外径的分米（dm）数，前面冠以"No."表示。

（4）传动方式：共有 A、B、C、D、E、F 六种，如图 6-27 所示。

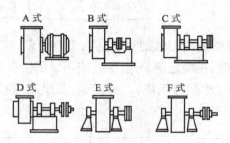

图 6-27　传动方式

（5）旋转方向：是指叶轮的旋转方向，用"右"或"左"来表示。从电动机或皮带轮一端正视，如叶轮按顺时针方向旋转，称为右转通风机，如按逆时针方向旋转，称为左转通风机。

（6）出风口位置：用角度来表示，如图 6-28 所示。

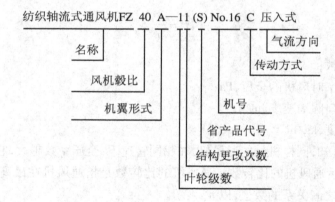

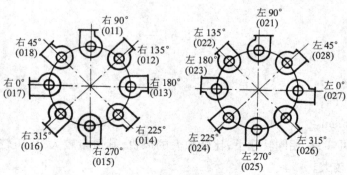

图 6-28　出风口位置

2.轴流式通风机 轴流式通风机的全称包括名称、型号、机号、传动方式等。如 FZ40A—11(S) No.16 型,其书写顺序如下。

(1)名称:按其用途和作用原理表示风机的名称,一般用汉语拼音字头来表示。如纺织轴流式通风机用"FZ"两个字母来表示。

(2)型号:由基本型号和变形型号组成,中间用横线隔开,表示内容如下。

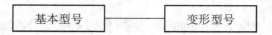

①基本型号:由风机的毂比乘以 100 的值和机翼形式(表 6-12)组成。风机的毂比是风机的轮毂直径与风机叶轮外径的比值,此例为 0.4,故乘以 100 得 40。

②变形型号:表示风机叶轮级数和结构上更改次数(或设计顺序号)。

表 6-12　机翼形式代号

代　号	机　翼　形　式	代　号	机　翼　形　式
A	扭曲机翼形叶片	E	扭曲半机翼形叶片
B	非扭曲机翼形叶片	F	非扭曲半机翼形叶片
C	扭曲对称机翼形叶片	G	扭曲对称半机翼形叶片
D	非扭曲对称机翼形叶片	H	非扭曲对称半机翼形叶片

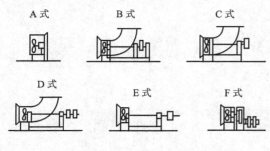

图 6-29　传动方式

(3)机号:以叶轮外径的分米(dm)数前冠以"No."表示。

(4)传动方式:共有 A、B、C、D、E、F 六种传动方式,如图 6-29 所示。

(二)通风机性能表

根据所需要的风量、风压和已确定的风机类型,由产品样本中的性能表选择通风机。

各种类型通风机在不同机号、不同转速下的流量、全压、功率、效率等参数,用数据表分别列出供选择通风机使用,这是比较直接简便的方法。在性能表中,一种机号、一定转速条件下,给出几组流量和全压数据。这些数据实际上是连续变化的代表点,它们是通风机效率较高的部分。在所列数据范围之外,已超出经济使用范围,效率比较低,一般应避免使用。

习题

1.何谓流体的黏滞性?产生黏滞性的原因是什么?

2.试述理想流体能量方程式中各项的意义。

3.流体的流动方式大致有哪两种?如何判断?

4.空气在管道内流动时受到的阻力有哪两类?

5. 产生摩擦阻力的原因是什么?

6. 摩擦阻力系数的大小与什么有关?

7. 如何防止送风管道首端吸风?

8. 在风道设计时为什么要考虑送风不均匀系数?

9. 试述车间气流组织的意义。纺织厂采用的气流组织有哪几种形式?最普遍应用的是哪种形式?

10. 有一截面尺寸为 $160mm \times 138mm$ 的风管,管内风量为 $3600m^3/h$,管壁的绝对粗糙度 $\Delta = 1.5mm$,风道长 $39m$,求管道的摩擦阻力。

11. 空气流经一截面变化的 $90°$ 弯头,如图 $6-30$ 所示,流向为由大断面流向小断面,大断面的面积 $F = 0.2m^2$,小断面的面积 $f = 0.1m^2$,流过的风量为 $5400m^3/h$,求空气流经此弯头时的局部阻力值。

12. 试述两类通风机的工作原理。

13. 离心式通风机的机壳为什么要做成螺旋形?

14. 何谓通风机的最佳工况?何谓经济使用范围?

15. 何谓管道特性?

16. 用改变通风机转速和改变管网阻力的方法调节风量,试比较两种调节方法的经济性。

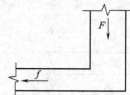

图 $6-30$　题 11 图

第七章 温湿度调节与管理

第一节　温湿度常规性调节

根据昼夜温湿度的变化情况和一年四季气象条件的变化情况,纺织厂温湿度常规性调节一般可分为日常运转调节和全年性调节。

一、日常运转调节

日常运转调节是指在一天 24h 内,为减少车间内温湿度波动或为满足某种温湿度要求,根据室外空气的温湿度、风向、风速、气压和天气晴朗度等气象要素以及室内热、湿负荷的变化而进行的空气调节。

日常运转调节可分为相对湿度的调节、温度的调节和温湿度同时进行调节三种情况。

(一)相对湿度的调节

1. 相对湿度调节的原理　纺织厂车间的工艺过程对温度要求较宽,而对相对湿度的要求则较严。同一车间,夏季和冬季温度可以相差 7~8℃。因此,一般在能满足人体健康要求的前提下,温度可以允许有一定的波动。而车间的相对湿度则不分冬季夏季,要求基本相同,因此对车间的相对湿度必须进行严格的控制。

如有一车间只有余热量,没有余湿量(人体和半制品散湿量很小,可忽略不计,一般纺织厂除极个别车间外均可视为无余湿量),这时送入车间的空气状态将沿等含湿量线变化(如不考虑挡水板过水)。图 7–1 中 B 为目前车间内空气状态点,K 为机器露点。

如以 Q_y 表示车间的余热量,这时车间的通风量 m 为:

$$m = \frac{Q_y}{i_B - i_K}$$

若现在车间的相对湿度 φ_B 偏低,就需要提高相对湿度,可以把车间的空气状态点适当地调节到 B',使 $\varphi_{B'} > \varphi_B$,此时需要的通风量 m' 为:

$$m' = \frac{Q_y}{i_{B'} - i_K}$$

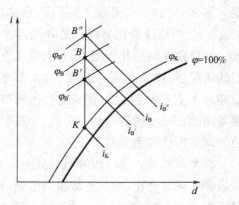

图 7–1　相对湿度的调节

从图中可以看出 $i_{B'} - i_K < i_B - i_K$，因此 $m' > m$。由此可知，若要提高车间的相对湿度，可以采用加大通风量的方法，而机器露点基本不变。不难推想，如果现在车间的相对湿度偏高，需要适当降低时，便可在机器露点基本不变的情况下，减少通风量，将车间空气状态从 B 点调节到 B'' 点，使 $\varphi_{B''} < \varphi_B$。空调工程中常把这种不改变送风参数，只改变通风量的调节方法称为量调节。

2. 量调节的方法　改变通风量的方法较多，通常用调节进、回风窗的调节风门或调整轴流式通风机的静叶开启角度和调整轴流式通风机叶片的安装角等方法来调节控制风量。还可以采用变速电动机、可控硅、液力偶合器、变频器等，通过改变通风机的转速来改变风量。若空调室采用数台较小的轴流式通风机并联送风或在支风道口用小轴流式通风机送风时，可以通过增减通风机的开台数来调节控制风量。采用变频调速与节能空调系统，可节约空调用电30% ~ 40%。

(二)温度的调节

1. 温度调节的原理　纺织厂如果用化学纤维做原料时，工艺过程对车间温度的要求就高了。图7-2中的 B 点为现在车间空气状态点，K 为机器露点。如目前车间的相对湿度 φ_B 符合工艺过程要求，但温度 t_B 偏高，这就要求在保持相对湿度不变的情况下，将温度从 t_B 降低到 $t_{B'}$，即将 B 点沿等相对湿度线向左下方移到 B' 点，同时送风参数亦应由 K 点下降到 K' 点。由此可见，要实现上述调节，首先应该降低机器露点。原来车间的通风量 m 为：

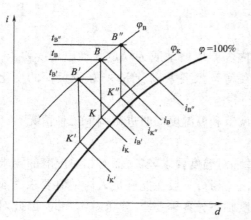

图7-2　温度的调节

$$m = \frac{Q_y}{i_B - i_K}$$

机器露点降低后的通风量 m' 为：

$$m' = \frac{Q_y}{i_{B'} - i_{K'}}$$

如果机器露点降低的幅度比较小，可近似认为 $i_B - i_K \approx i_{B'} - i_{K'}$，则 $m' \approx m$，就是说通风量不变。实际上，由于车间温度的下降，意味着车间需要排除的余热量略有增加，同时 $i_{B'} - i_{K'}$ 略小于 $i_B - i_K$，所以随着机器露点的降低，有时要适当增加通风量，否则车间的相对湿度就会略有降低。如目前车间的相对湿度 φ_B 符合工艺过程要求，但温度 t_B 偏低，则要求在保持相对湿度不变的情况下，将温度从 t_B 升高到 $t_{B''}$，即将 B 点沿等相对湿度线向右上方移到 B'' 点，同时送风参数亦由 K 点上升到 K''。要实现上述调节，首先必须提高机器露点，有时要适当减少通风量，否则车间的相对湿度就会略有升高。空调工程常把这种基本上不改变通风量大小，只改变送风参数的调节方法称为质调节。

2. 质调节的方法　改变机器露点(一般情况下即送风参数)的方法也较多。一般采用改变新风和回风混合比、增加或减少喷水量、使用一级喷水或二级喷水、改变机器露点饱和度或喷水量不变、改变喷水温度等方法处理。设计有二次回风设备的空调室可以通过调节二次回风量来改变送风参数(不是机器露点)。

（三）温度和相对湿度同时调节

如果车间的通风质量要求比较严格，一般会采取同时调节温度和相对湿度的方法，即同时兼用量调节和质调节。图 7-3 中的 B 为现在空气状态点，K 为机器露点。如果车间的温度和相对湿度均偏高，需将车间温度从 t_B 降低到 $t_{B'}$，相对湿度从 φ_B 降低到 $\varphi_{B'}$，即车间的空气状态点要求在 B' 点。在调节时，首先要将机器露点降低，从 K 点降低到 K' 点，又由于 $i_{B'}-i_{K'}>i_B-i_K$，因此通风量要减少。反之，如需将车间温度从 t_B 升高到 $t_{B''}$，相对湿度从 φ_B 提高到 $\varphi_{B''}$，则在调节时，应将机器露点，从 K' 点提高到 K'' 点，同时加大通风量。这种量调节和质调节同时采用，既改变通风量又改变机器露点的调节方法称为混合调节。如夏季车间出现高温高湿情况时，一方面采用低温水处理空气，降低机器露点温度；另一方面减小通风量，以降低相对湿度。混合调节法多用于热湿负荷改变、温湿度要求不变或热湿负荷不变、温湿度要求改变或热湿负荷改变、温湿度亦要求改变等场合。

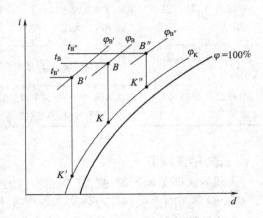

图 7-3　温度和相对湿度同时调节

（四）早、中、夜三班温湿度的调节特点

早、中、夜三班温湿度的调节对稳定车间的温湿度至关重要，作为空调工必须了解和掌握室外空气温湿度昼夜的变化规律，结合车间生产状况，冷热负荷的变化，随时做好调节通风量、喷水量、混风比等预备措施，做到预先调节。

应当特别指出的是中班一般会出现高温期和低湿期，调节难度较大，这就要求三个轮班树立全局观念，提倡上个班次为下个班次服务的一盘棋思想，齐心协力做好温湿度的调节工作。

（五）车间温湿度出现异常时的调节

当车间温湿度出现异常情况时，可参见下表来分析原因，并进行相应调整。

车间温度和相对湿度异常的原因和调整方法

异常情况	产生原因	调整方法
相对湿度正常，温度偏高	机器露点高	通过降低机器露点使车间温度下降，如发现车间相对湿度随之偏低时，可适当增加风量
相对湿度正常，温度偏低	机器露点低	增加回风，减少新风，提高喷水温度或预热混合空气，提高机器露点
相对湿度偏低，温度正常	门窗不严，机器露点饱和度较低	堵塞或减少室外干空气的侵入；增加送风量、喷水量；改变喷水温度或变更混风比，提高机器露点
相对湿度偏低，温度偏高	室外传入热量增加，送风量不足	增大送风量，用低温水降低机器露点

异常情况	产 生 原 因	调 整 方 法
相对湿度偏低,温度偏低	室外干燥冷空气进入,车间成负压状态	减少新风,增加回风;或提高喷水温度
相对湿度偏高,温度正常	室外空气湿度达到或接近饱和或者室内热量散失大或风量偏大	少用或停用喷水给湿设备,降低送风的含湿量;改变混合空气的比例,降低机器露点;减少送风量,须注意温度的变化
相对湿度偏高,温度偏高	室外湿球温度较高,冷量配备不足	更多采用低温水降低机器露点;黄梅天宜采用"小风量,低温水、低露点"的调节方法
相对湿度偏高,温度偏低	送风量偏大或冬季因车间关车,机器发热量小,围护结构热量散失等	减少送风量,冬季提高机器露点或适时地使用二次回风

二、全年性调节

我国的大部分地区都是位于东亚地区的亚热带和温带,属于季风气候。冬季一般是东北季风,夏天则是西南季风,冬冷夏热,四季更替十分明显。

全年性调节是指在一年的四个季节中,根据不同季节的气候特点和室内温湿度要求,按照经济性、可靠性和操作方便等原则制订出有关空调系统的调节和管理方法。

(一)室内室外气象区域的划分

纺织厂空气调节的目的就是要使车间的温湿度保持在工艺限定的范围以内。如棉纺织厂的细纱车间,冬季限定的温度一般为 24 ~ 26℃,相对湿度为 50% ~ 55%;而夏季限定的温度为 30 ~ 32℃,相对湿度为 55% ~ 60%。这说明,室内空气参数有一定的变化幅度,即在一年内,车间内的温湿度基本上不超过规定的上限值与下限值。由温度和相对湿度上限值与下限值在 $i-d$ 图上用一阴影面积来表示的区域,称为室内空气参数的允许波动区,简称室内气象区。显然,不同车间的室内气象区是不同的,细纱车间室内气象区如图 7 - 4 所示。

同样,室外空气参数在一年内的波动也是很大的,也有一个变化的范围。这一范围每年又是不同的,而且地区不同,变化范围也不同,因此不能用具体数字来表示。这一变化范围称为室外气象区,如图 7 - 5 所示。

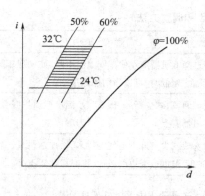

图 7 - 4　细纱车间室内气象区

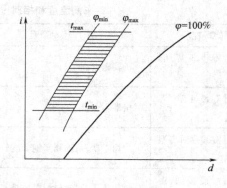

图 7 - 5　室外气象区

为便于对空调系统进行全年运行工况的分析,以制订出空调设备经济合理的调节方法,在允许使用车间循环风的条件下。全年的室外气象区大致分为五个区域,如图 7-6 所示。

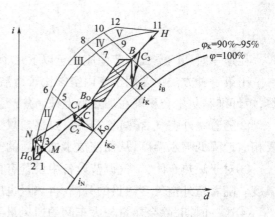

图 7-6　全年室外气象区所分的五个区域

（1）第 Ⅰ 区域:室外空气的含热量位于含热量线 i_N（开始停止预热时的室外空气含热量线）以下的区域,称为冬季最寒冷时期。

（2）第 Ⅱ 区域:室外空气含热量高于 i_N,但低于冬季车间最低送风机器露点含热量 i_{K_0},即在含热量线 i_N 和 i_{K_0} 之间的区域,称为冬季。

（3）第 Ⅲ 区域:室外空气含热量位于以含热量 i_{K_0} 线与 i_K（夏季车间送风最高机器露点含热量）线之间的区域,称为春秋季。

（4）第 Ⅳ 区域:室外空气含热量位于以含热量 i_K 线与 i_B（夏季所允许的最高室内空气含热量）线之间的区域,称为夏季。

（5）第 Ⅴ 区域:室外空气含热量高于夏季所允许的最高室内空气含热量 i_B 线以上的区域,称为夏季最炎热的时期。

（二）按季节的调节方法

在冬季,纺织厂空调系统一般均充分利用回风,喷水室中用循环水或热水来处理空气。如图 7-6 所示,B 为夏季车间的设计空气状态点,K 为夏季设计的机器露点;B_0 为冬季车间的设计空气状态点,K_0 为冬季设计的机器露点。

1. 冬季最寒冷时期　室外空气状态在 1—2—3—4 范围内,室外空气含热量小于 i_N,这时需要开启预热器,对空气进行加热。可用下列三种方法来处理室内外空气的混合问题。

（1）先将室内外空气以 9∶1 的比例混合到 C_2 点,然后用预热器加热到 C_1 点,再用循环水处理到 K_0 点,最后送入车间。空气的处理过程为:

$$\begin{matrix} B_0 \\ H_0 \end{matrix} \searrow C_2 \rightarrow C_1 \rightarrow K_0 \rightarrow B_0$$

（2）将室外空气先经预热器加热到 N 点,再与室内空气按 1∶9 的比例混合到 C_1 点,并用循环水处理到 K_0 点,再送入车间。空气的处理过程为:

$$\begin{matrix} B_0 \\ H_0 \rightarrow N \end{matrix} \searrow C_1 \rightarrow K_0 \rightarrow B_0$$

（3）将室内外空气按 9∶1 的比例混合到 C_2 点,然后在喷水室中喷淋热水将空气处理到 K_0 点,再送入车间。空气的处理过程为:

$$\left.\begin{array}{c} B_0 \\ H_0 \end{array}\right\rangle C_2 \to K_0 \to B_0$$

在这一时期的空气调节中应注意以下几个问题。

①第一种方法主要用于室内空气比较清洁的场合。纺织厂的车间回风比较脏,先混合后加热,短纤维和灰尘会积聚在加热器上被烤焦产生气味,因而一般不采用。

②随着室外空气含热量的升高,要逐渐减少对每千克室外空气的加热量,如用热水处理时,要相应地降低喷水温度,从而使被水处理后的空气状态点 K_0 始终保持不变。

③对于缺热车间,空气调节设备中设置有再热器,对 K_0 点的空气进行加热,以提高车间的温度。随着室外空气含热量的升高,再热量也应该相应地减少。

④这一时期,除余热量较大车间的通风量要随着室外气温的升高略有增加外,一般不进行调节。

⑤当室外空气的状态位于 3—4 线上,即室外空气含热量等于 i_N 时,应该停止预热,可将室内外空气按 9:1 的比例直接混合,用循环水处理到 K_0,送入车间。

就全年来说,这个时期车间的通风量和处理空气用的喷水量都是最少的,但加热量却最大,所以应特别注意车间的保温工作(如关好车间的门窗,或采用空气幕封门等),以减少车间的热损失。

2. 冬季 室外空气状态处于 3—4—5—6 范围内,室外空气含热量介于 i_N 和 i_{K_0} 之间。这时,可继续使用回风,用循环水处理空气,使机器露点保持在 K_0。在这一时期的空气调节中应注意以下几个问题。

(1)随着气候逐渐转暖,室外空气含热量逐渐升高,使用回风的比例可以相应减少,新鲜空气量占总通风量的百分比可逐渐增加,由 10% 逐渐增加到 100%,而回风量在总通风量中所占的比例则由 90% 逐渐减少到零。我国北方冬季和春秋两季室外气候多半处于这一范围内。

(2)当室外空气状态位于 5—6 线上(即含热量线为 i_{K_0})时,可全部使用新鲜空气通过喷水室用循环水处理到 K_0,再送入车间。

(3)随着气温的升高,通风量需相应增加。

3. 春秋季 室外空气状态处于 5—6—7—8 范围内,室外空气含热量介于 i_{K_0} 和 i_K 之间。这时仍可全部使用室外新鲜空气,并用循环水处理,但循环水温要随着室外空气湿球温度的升高而自然地上升,机器露点也将不再是 K_0 点而应相应上升,室内温度也要逐渐升高。在这一时期的调节中应注意以下两个问题。

(1)当室外空气的湿球温度高于深井水温度,而深井水量又比较丰富时,如要适当降低车间温度,亦可开始使用部分深井水以降低喷水温度,使室外空气在喷水室内被水冷却,机器露点可适当降低,车间温度亦相应下降。

(2)随着室外气温的上升,通风量应继续相应增加。为了避免在一天之内车间温湿度有较大的波动,有时仍需使用部分回风进行调节。

遇到秋高气爽的天气,室外空气温度较低,容易造成车间湿度偏低。应根据室外的气象条件,采取全新风、大风量、加大循环水量的办法。

4.夏季 室外空气状态位于7—8—9—10 范围内,室外空气含热量介于i_K与i_B之间。这时已进入夏季,可以用100%的新鲜空气,用深井水冷却空气,喷水室中喷射的深井水量随室外空气的湿球温度的升高而增加,直至全部使用深井水或低温冷冻水(不高于13℃),机器露点应尽量控制在K点。随着室外气温的升高,通风量也越来越大。

5.夏季最炎热时期 室外空气状态位于9—10—11—12 范围内,室外空气含热量大于夏季室内所允许的最高空气含热量i_B。为了减少深井水和低温冷冻水的耗用量,应该尽量考虑使用回风,使室外空气与室内空气按2∶8的比例混合到C_3点,然后用低温水冷却去湿处理到K点,再送入车间。空气的处理过程为:

$$\begin{matrix} B \\ H \end{matrix} \searrow C_3 \rightarrow K \rightarrow B$$

随着室外气温的升高,车间通风量与处理空气用的低温水量都必须增加,即采用"低温水、低露点、大风量"调节法。喷排采用二级三排、一冷二回、二逆一顺,用足回风。

就一年来说,这一时期的通风量与喷水量都是最大的,但有时由于风量与水量的不足,或水温不能满足要求,致使车间的空气温度和湿度降不下来。因此必须注意对低温水系统的保温工作,加强空调设备的维护、保养工作,尽量减少空调系统的阻力。在使用时还要提倡一水多用,以提高低温水的使用价值,节约用水。

需要说明的是,以上分季是以室外空气的含热量为根据的,然而空气的含热量是无法测量的。因此,在进行调节时,实际上是以和含热量呈一定对应关系的空气的湿球温度为依据。在我国北方地区,冬季室外空气湿球温度因为湿球温度计水银球纱布结冰,读出的为冰球温度,而非湿球温度,这时可在预热器后面测量出预热后空气的干球温度和湿球温度,在$i—d$图上找出预热后的空气状态点,得出预热后空气的含湿量d值。因为预热是在含湿量不变的条件下进行的,从而可得出室外空气的含湿量d,再根据室外空气的干球温度和含湿量,就可求出室外空气的焓值。

三、特殊情况下的温湿度调节

(一)梅雨季节

每年6~7月间,我国南方就进入了梅雨季节。在梅雨季节里,室外空气的干湿球温度差很小,相对湿度很高,湿球温度有时连续高达27~28℃,致使车间出现高温高湿现象,这不仅使人感到不舒服,而且也影响生产的顺利进行,甚至造成在制品发生霉烂。因此,对这种特殊的气候条件,就要采取灵活的空气调节方法。

(1)梅雨季节空气调节的方法应以去湿为主。当室外空气相对湿度高、温度不高时,湿球温度也不高,空气含热量相应较小,含湿量也相应较低,这时可以将室外空气不经喷水处理而直接送入车间,俗称"打干风",如图7-7所示的$H \rightarrow B$。但应注意,当室外空气湿球温度低于室

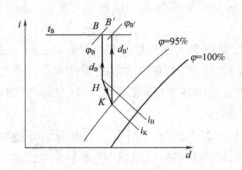

图7-7　梅雨季节的温湿度调节

内空气湿球温度,而室外空气相对湿度高于室内空气相对湿度时,应根据其含湿量确定是否打干风,只有在 $d_H < d_B$ 时,才可以打干风。用调节通风量来控制车间的相对湿度。

(2)如果空调系统具有温度在 7~8℃ 的冬灌深井水或冷冻水时,可考虑采用"低露点、小风量"的调节方法。室外空气被低温水处理,降低送风机器露点,同时减少通风量,将可收到降温去湿的效果,从而使车间能维持合乎要求的空气状态,但送风量一定要大于排风量。

(3)梅雨季节特别要注意门窗的管理,生产车间要保持正压,尤其是细纱车间和织造车间严禁负压,以防潮湿空气侵入车间。

(4)采用升温降湿的调节方法,必要时可以临时关掉通风机,使室内温度短期内适当升高,不超过32℃,此时湿球温度变化极小,但加大了干湿球温度差,从而使相对湿度降低。尤其是储棉间,凡原棉回潮率超过 10.5% 时,必须开动暖风机升温降湿。

(5)做好进入梅雨季节前的预防性空气调节工作是非常重要的。车间温湿度(尤其是湿度)在梅雨季节到来前,应控制得低一些,这样进入梅雨季节,使车间湿度逐渐升高,最后使其达到或接近梅雨季节的控制范围。

梅雨季节不宜用深井水处理空气,因为如深井水温度与室外空气湿球温度的温差不大时,空气被深井水处理时的状态变化为冷却加湿过程($H \rightarrow K$),由于两者温差较小,空气被水处理时其含热量降低很少,但送入车间的空气含湿量反而增加了。如图7-7所示,H 为梅雨季节室外空气状态点,K 为用深井水处理的机器露点,$i_H—i_K$ 较小,$d_{B'} > d_B$,$\varphi_{B'} > \varphi_B$。梅雨季节的主要任务是去湿,所以此时不宜使用深井水处理。很明显,如果要求车间保持与打干风时相同的温度,那么用深井水处理室外空气时,车间的相对湿度反而会比打干风时高。

(二)开冷车

在冬季的节假日期间,车间内停止生产,几乎没有什么发热量,而由于室内外温差很大,热损失很大,使车间温度下降,相对湿度升高。这样,当重新开车时(称为开冷车),由于温度低、湿度高,生产不能正常进行。因此,在开冷车前后要做好以下几项工作。

(1)休假前最后一个生产班,在不影响生产的前提下,应适当减少通风量。冬季严寒时期,甚至可以提前 1h 左右关掉通风机,从而使车间内积累起一定的热量,以补偿停车后建筑物的热损失。

(2)休假期间对平时缺热的车间,如清棉、络筒、整经、穿筘等,需用加热设备来维持12℃以上的值班温度,而对纺纱、织造等有余热的车间应保持 16~18℃ 的值班温度。

(3)停车期间要有专人值班,注意关闭门窗,堵塞漏风,做好保暖工作,及时记录室内外温湿度的变化情况。

(4)开冷车前,应做好预调节,最好测定一下半制品和成品回潮率的变化,并根据室内外气象情况,相应地做好加温加湿工作。一般来说,在开冷车时,车间相对湿度应低于正常生产时标准的 2% ~5% 。在温度逐渐升高的同时,应逐渐提高相对湿度。

梅雨季节开冷车时,应以去湿为主,注意多打干风。夏季开冷车前,要注意冷源系统的维护检修,以保证低温水的正常供应,以免开车后车间温度迅速上升不能及时控制。在低温水正常供应的情况下,可使空调室送风系统适当提前投入运行。开冷车时不宜操之过急,冷车开出后,应详细记录开车情况和生产上的反映,以作下次开冷车的参考。

第二节　温湿度的自动调节

温湿度自动调节是指借助自动化控制装置,直接对工作环境的温湿度参数进行检测、调控和报警的空气调节方式。由于采用了计算机对工作环境内的温度、湿度、风速、含尘浓度等环境参数实施全过程的控制,其控制精度和稳定性明显高于人工操作,对于提高生产效率,减轻劳动强度,节约能源,稳定产品质量效果明显,已被越来越多的企业使用。

一、温湿度自动调节原理

温湿度自动调节装置一般由传感器、调节器和执行机构三部分组成。

传感器是一种检测装置,能感受到被测量的信息,并能将检测感受到的信息,按一定规律变换成为电信号或其他所需形式的信息输出,以满足信息的传输、处理、存储、显示、记录和控制等要求。

调节器是根据传感器送来的信号与空气调节要求的参数相比较,测出偏差,并根据偏差的大小和性质输出信号,对执行机构发出调节指令的一种装置。

执行机构是接受调节器的输出信号,驱动调节机构进行调节的装置。一般由气动、电动或电子执行器与调节机构组成,如电磁阀、电动三通阀等。

自动调节系统各部件的作用原理和它们之间的相互关系如图 7 - 8 所示,从图中可以看出以下三个方面的内容。

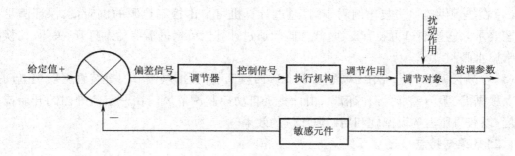

图 7 - 8　自动调节系统方框图

(1)自动调节过程是按照偏差进行调节的过程,也是不断发现和克服偏差、达到给定值的过程。一般偏差是由扰动引起的,通过调节作用来克服它。

(2)自动调节过程是自动调节装置(如敏感元件、调节仪表、执行机构)和调节对象互相作用的过程。全系统中任何一个信号都能沿着箭头的方向前进,最后又回到原来的起点,形成一个闭合的系统。自动调节系统一般采用负反馈,当被调参数高于给定值时,通过调节使被调参数下降;反之,当被调参数值低于给定值时,通过调节使被调参数升高,以达到调节的目的。

(3)自动调节过程是不断克服扰动影响的过程。由于扰动本身经常变化,因此被调参数也是在不断变化的。在考虑自动调节系统时,不仅要注意平衡状态的情况,还要注意在达到平衡状态前,全系统处于不平衡状态时,被调参数随时间而变化的情况,这样才能较全面地了解自动调节过程。

二、温湿度自控系统简介

全自动控制空调系统一般由计算机自动控制系统和空调系统组合而成,利用敏感元件作为探头,用以监控车间温湿度的变化情况,在生产车间获取的信号交计算机进行数据处理,然后根据车间温湿度状况下达指令,通过电动执行器打开风机、水泵、蒸汽、加热器等装置的电磁阀或气动阀控制;调节进、出风口的调节窗、回风调节窗的开启量,风机水泵转速的高低,蒸汽压力的高低和加热器的电量,完全实现了无人操作的自动化控制。

(一)系统配置方法

(1)根据前纺、细纱、织布各工艺的要求不同,可在不同的工作区内适当位置安装有温度传感器和湿度传感器,该传感器的动态信息直接反馈到计算机,再由计算机根据信息自动完成对各机构的调控。

(2)采用变频风机,控制通风量的大小及新风与回风的使用比例,用以调整车间温、湿度以及换气次数,满足工艺要求。

(3)在水泵的出水端口安装气动阀门,由计算机根据工作区信息反馈及工作区有关特殊需要来控制气动阀门的开启和关闭,以水量的变化来提高或降低车间温、湿度,满足车间的工艺要求(如工作区内产品品种的更换、相关工艺的变化及小范围故障处理等)。

(4)在热源供应口安装比例调节阀,通过计算机可自由控制热源的供应量,保证满足车间的工艺要求。连接端口可装有三通、气动阀门通过计算机可根据需要随意打开、关闭、切换冷源阀或常温水阀门。

(5)在新风调节门、一次回风调节门、二次回风调节门、排风调节门等装置上安装电动操作机构。根据温、湿传感器反馈的信息,由计算机自动控制调节风门在一定范围内的开启或关闭的角度,以获得所需的温湿度和新回风比例的效果。

(二)效果与特点

(1)自动空调由原来的大功率、大面积多风道送风改为小面积、小功率、多台套送风,可使各个送风区的风量、温湿度比较均匀,其控制范围精度可达到温度 ±1℃,相对湿度 ±1.5%,控制效果及精度有了显著提高。

(2)风量增大,可以将车间内的换气次数由原来的 10 ~ 20 次/h 增加到 25 ~ 30 次/h,使工作区内的空气得到更多的过滤,有利于改善空气质量。

（3）采用多台套,少管道送风,以及在温差干、湿相差较大的时候可变量运行,可以显著地降低能耗。

（4）采用全过程的自动化控制、管理,并有故障自动警示,可及时发现和排除故障,既可避免可能的人为失误和故障维修时间上的延误,又方便了维修、保养,保证了空调设备和车间生产的常态运行。

（三）成本费用及质量状况

（1）由于自动空调系统增加了计算机及相关控制电器,温、湿度传感器,大量管线以及气动阀、风门电动操作机构等部件,其费用要比传统空调高30%左右,但人工费可节省60%以上,且其温湿度调节的准确性是工人手动操作无法比拟的。

（2）由计算机根据系统工作区的各种指标信息处理,自动调控风机及热源的大小,从而实施自由变量控制。既可节约能源,又可消除因电动机械故障影响空调运行的隐患。

（四）实际运行过程中可能产生的问题

（1）温、湿度传感器敏感部位因静电作用容易有积尘,影响其性能,从而发生错误信息,使计算机产生错误动作。因此,必须定期或不定期检查和擦拭该部位。

（2）电动调节风门因机械故障影响开启和关闭,所以要定期保养,清除积尘。

（3）各类阀门因异物磨损阀芯而造成渗漏,安装调试时应尽量多清洗管道异物,如发生渗漏,应及时更换阀芯。

（4）车间回风形式必须为地沟回风,如前纺、织布用侧回风则控制效果相对差一些。

（5）因操作而造成的失误。要对相关工作人员进行培训,提高素质。

（五）计算机控制程序实例

（1）当工作区温度偏高时:如设定温度为30℃,实测为33℃,其计算机自动启动的调整步骤如图7-9所示。

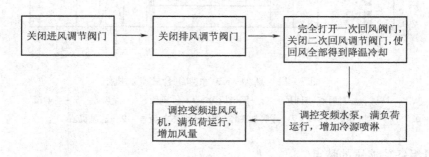

图7-9 工作区温度偏高时调节步骤

待工作区满足设定温度条件时,计算机自动调控各机构至常态运行的合适位置。

（2）当工作区湿度偏高时:如设定相对湿度为60%,实测为62%,其计算机自动启动的调整步骤如图7-10所示。

待工作区满足设定相对湿度条件时,计算机自动调控各机构至常态运行的合适位置。

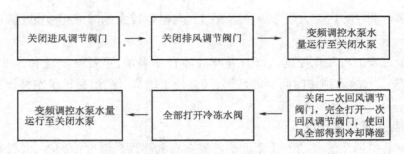

图 7-10　工作区湿度偏高时调节步骤

　　由于市场的需要,纺织品生产逐渐形成多品种、小批量的趋势,如在同一车间有多个品种同时生产,而且对温湿度的要求各异,那么,传统的集中空调就显得有些力不从心,为此整体组合空调的小型化发展成为人们越来越关注的问题,这样就使小型、高效的组合空调器将越来越受到广泛应用。

三、全自控新型 ZKW 系列组合式空调机组

　　新型 ZKW 系列组合式空调机组如图 7-11 所示,它具有充分消化和吸收了彩板和框架结构机组的优点,采用内置框架结构和假想分段的手法,使机组的结构、外观和性能三者的要求达到了完美的结合。ZKW 系列组合式空调机组大量采用了铝合金型材和不锈钢材料,对避免机组的自身产生灰尘起到了很好的作用。

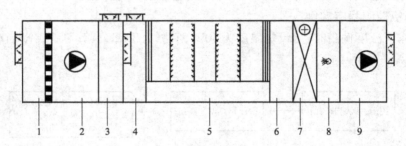

图 7-11　新型 ZKW 系列组合式空调机组

1—圆盘过滤段(带回风)　2—回风机段　3—排风段　4—混风段　5—喷淋段
6—中间段　7—光管加热段　8—干蒸汽加湿段　9—送风机段

(一)机组各功能段的特点

　　(1)圆盘过滤段(带回风):选用性能优越并带回风的圆盘过滤器。

　　(2)回风机段:选用性能优越的双进风离心风机,风机与电动机安装在特制的槽钢框架上,底部设有减振装置,风机出口与壁板采用软连接。

　　(3)二次回风段(排风):在风口处装有比例调节风阀,可采用手动和电动两种控制方式。

　　(4)新、回风混合段:新、回风口处装有比例调节风阀,可采用手动或电动控制方式灵活的调节新、回风量。新、回风在本段内能够得到充分的混合。

（5）喷淋段：该段共分单级二排、双级三排、双级四排三种形式。所选喷嘴则具有雾化效果好、喷射角度大、射程远、高效节能等特点。

（6）中间段：主要为其他功能段提供过渡空间和检修空间而设置，通常该段与其他功能段合并使用，不单独配置。

（7）加热段：选用具有流动阻力小、良好传热性能的铜管串铝片型加热器。

（8）加湿段：主要采用干蒸汽加湿器，对空气进行加湿。干蒸汽加湿器可实现手动、电动和气动控制。在无蒸汽的场所，可选配高压喷雾加湿器及电极加湿等其他形式加湿方式。

（9）送风机段：选用性能优越的双进风离心风机，风机与电动机安装在特制的槽钢框架上，底部设有减振装置，风机出口与壁板采用软连接。当风机处于机组过滤段、消声段前面时，建议增加均流段。

（二）空调机组的自动控制系统

传统空调机组所用控制方式需要多个控制器及繁杂的接线，来使之具有联动控制、延迟控制、切换等功能。新型 ZKW 系列组合式空调机组采用的直接数字式控制系统，由一个控制器就可以完全满足要求，使其制作成本大大降低，同时其功能及灵活性也是传统控制望尘莫及的。

直接数字式控制系统一般由控制器、执行调节机构、传感器和传输设备等组成。采用的直接数字式控制器大致有比例控制，比例加积分控制，比例加积分加微分控制，开关控制，平均值，最大、最小值选择，焓值计算，逻辑计算，连锁等功能。

ZKW 系列组合式空调机组所用直接数字式控制系统所涉及的控制回路通常有混合风控制回路，露点控制回路，压差报警控制回路，风机、水泵状态控制回路，送风温湿度控制回路，过滤系统自动切换控制回路，送风量控制回路，冷、热媒流量控制回路，电气控制回路等。

（三）直接数字式控制系统的工作原理

组合式直接数字控制系统的工作原理如图 7－12 所示。

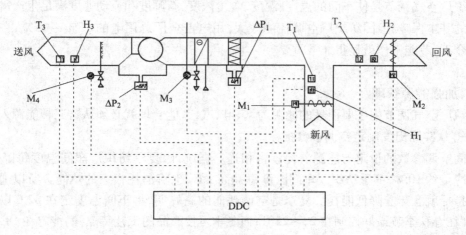

图 7－12　直接数字式控制系统的工作原理

T_1，T_2，T_3—风管式温度传感器　H_1，H_2，H_3—风管式湿度传感器　M_1，M_2，M_3，M_4—风门驱动器

ΔP_1，ΔP_2—压差开关　DDC—直接数字式控制器

（1）本控制系统采用直接数字式控制器控制,装设在回风管内的温度传感器 T_2 所检测的温度送往控制器与设定点温度相比较,用比例加积分加微分控制,输出相应的电压信号,控制电动调节阀 M_3 的动作,使回风温度保持在所需要的范围内。

（2）装设在送风管内的湿度传感器 H_3 所检测的湿度送往控制器与设定点湿度比较,用比例加积分控制,输出相应的电压信号,控制电动调节阀 M_4 的动作,使送风湿度保持在所需要的范围。

（3）装设在回风管及新风管的温度及湿度传感器 T_1、T_2 及 H_1、H_2 所检测的温、湿度送往控制器进行回风及新风焓值计算,按回风及新风焓值的比例,输出相应的电压信号,控制回风风门及新风风门的比例开度,使系统能达到节能的效果。

（四）主要特点

（1）系统中所有检测数据,均可以在控制器显示屏上显示出来,如新风、回风及送风温、湿度;过滤器淤塞报警,风机开停状态等。

通过控制器内预先编写的逻辑程序,系统可执行装设在新风入口处的风门与风机联锁的功能。当风机停止后,新风风门全关;电动调节阀与风机启动联锁。当风机停止后,电动调节阀亦同时关闭;风机启停状态是用压差开关 ΔP_2 检测的。当风机启动后,风机两侧之压差超过其设定值时,ΔP_2 内之常开触点闭合,信号送往控制器系统之控制程序立即投入运作。

（2）通过手提检测器可现场提取及修改控制器内任何数据,如传感器检测范围,控制程序参数,包括输入端至输出端等。

（3）通过控制器上串行接口与网络控制器连接,成为中央监控系统最基本监控单元。

第三节　空调节能

纺织厂空气调节是使车间的温度、湿度、含尘浓度、新鲜度和流动速度满足生产需要和生产者健康的基本保障,但因纺织厂空调耗能较大,用电占全厂总用电的 15% ~25% ,在能源日趋紧张的今天,节能工作就显得非常重要。

一、加强能源管理

纺织厂空气调节中主要消耗的能源为水、电、汽,节能管理就必须从这三种能源入手。

（一）从实际出发制定空调参数指标

车间空调参数的设定与能源消耗紧密相连。据统计,夏季纺织厂车间温度每降低 1℃ ,就需多耗冷量约 10% ,冬季纺织厂车间温度每提高 1℃ ,也将消耗很大的热能。所以适当放宽空调温度指标就意味着降低能耗。夏季是空调耗能的高峰期,将车间温度定在 32℃ 以下是可行的;温度在春秋季节最好控制在 22~25℃ ;而冬季可按产品的工艺特点,酌情定在 18~25℃ 。

（二）合理利用回风和新风

根据不同季节的气候特点和车间温湿度要求,合理使用回风(包括空调回风、除尘回风等)和室外新风。在冬季和夏季应尽量利用回风,而在过渡季节应尽量利用室外新风的自然调节能力,做到尽量停用喷淋室或少用喷淋室,尽可能采用循环水处理空气等,这样就可以大幅度的降低空调能耗。而在合理使用回风的过程中,由于较好的控制了送风机的机器露点温度,使车间温湿度更加稳定,减少温湿度波动,从而有利于提高产品质量。

(三)合理利用天然资源

(1)积极推广深井回灌技术,利用冬季储能用作夏季降温,夏季储能用作冬季供暖。为了有效地使用有限的低温冬灌井水,应对冷量实行综合调度,即在灌水时采用机械制冷水打底,不足部分用井水补充的方式。

(2)贯彻"一水多用"的原则,使低温水先纺部后织部重复使用,如最后排出水的水温仍低于地面水时,还可以用来做冷却水,以提高制冷设备的效率。

(3)采用低温水直接喷淋空气和适当提高挡水板过水量的方法,可减少车间的送风量和喷水量,以达到节能的目的。如在对空气进行冷却去湿处理时,水温如果在 10℃左右,将水汽比调低至 0.3~0.4,水温可达到 7~8℃。

(四)采用先进的人工制冷技术

在采用人工制冷技术方面,多台制冷机组并联运行改为串联使用,可使织部 23~25℃的空调回水经第一台制冷机制冷后水温可降为 18℃左右,然后进入第二台制冷机组使水温达到 12℃左右,以提高降温去湿的效果。

(五)提高空调回水重复利用率

将企业空调用水改成闭路循环系统,即前纺、细纱车间空调用水使用后经过滤加压送准备、布机车间空调,使用后回收至水过滤系统进行过滤,然后经制冷机降温后再送前纺、细纱车间空调,从而实现了空调用水的闭路循环。夏季用水量大时,多余高温水(准备、布机车间空调使用过的高温水)经过滤、消毒后可送职工浴池、卫生间、洗车等非饮用水系统使用,此方法是一种较为成熟的纺织厂空调供水系统,如图 7-13 所示,这种运行方案可使空调回水利用率高达95%以上,可节约大量的水资源。

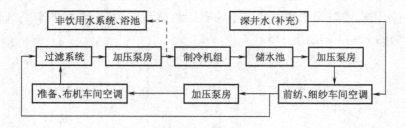

图 7-13 纺织厂空调供水系统示意图

二、空调设备的技术改造

(一)风机

空调风机是空调通风系统的心脏,这方面的改造大体可分为三个阶段。

1. 第一阶段 将 Y 系列风机改为 FZ 系列轴流风机后,风量可提高 30%,并且有高、低速两档(双速风机)可根据不同季节条件来进行选择,如夏季开高速,春、秋、冬季开低速。

2. 第二阶段　将 FZ 系列轴流风机改为变频调速风机,这一阶段可分为两个时段,第一时段在风机上加装变频调速器,第二时段在风机上加装无级变速调控系统,操作者对风量的调节更加方便,并可节省能源。

3. 第三阶段　运用计算机技术实现对风机的自动控制,使其风量的大小完全以满足生产需求为目标自行调节,从而使无人调节成为现实。近年来,随着水资源的日趋紧张,喷雾轴流风机逐渐得到了纺织企业的青睐。

(二)采用干风道空调系统

干风道空调系统通常是以喷雾轴流风机为核心所组成的全功能空调系统,在春、秋、冬三个季节,该系统即使在无喷淋的情况下,仅单独启动喷雾轴流通风机直接对空气加湿,可完全达到绝热加湿的目的。因其在全年各个不同时期的运行中,它的水汽比 μ 值都远低于传统喷淋空调,故在节水、节电方面均有显著效果。

(三)采用大小环境的送风系统

由于喷气织机对纱线的强力要求很高,在纱线送经、打纬区域需要保持较高的相对湿度($\varphi = 75\% \sim 78\%$),而喷气织机在生产时需消耗大量的干燥压缩空气,压缩空气量占空调送风量的 10% ~15%,这就使得要维持整个车间达到织机工作区域的温湿度条件,需要较大的送风量和较高的送风相对湿度,从而造成能耗增加。针对这种情况,在喷气织机车间采用大、小环境分区空调的方法,可以在改善工艺生产环境的同时,减少空调能源消耗。

1. 空调送风处理过程　一般小环境控制在较高的相对湿度($\varphi = 75\% \sim 78\%$),大环境控制在较低的相对湿度($\varphi = 60\% \sim 65\%$)。大小环境空调送风系统由空调车间回风和新风混合后,经喷水室处理,然后由小环境送风管道和大环境送风管道混入不同比例的二次回风后,分别送入织机上方和车间的天花板下方,吸收相应区域的余热和余湿后,再由地下回风道回至空调室处理后循环使用,从而保持织机工作区域小环境具有较高的相对湿度,车间大环境具有较为舒适的温湿度。经计算,喷气织机车间冬夏季均有冷负荷形成,其夏季和冬季空气处理过程在焓湿图上可表示为图 7 - 14 和图 7 - 15。

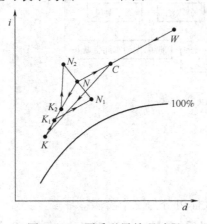

图 7 - 14　夏季送风处理过程

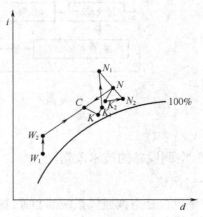

图 7 - 15　冬季送风处理过程

夏季空气送风处理过程为：

$$W \atop N \Big] \longrightarrow C \xrightarrow[\text{去湿}]{\text{冷却}} K \Big\{ \begin{array}{l} K_1 \longrightarrow N_1 \text{小环境送风} \\ K_2 \longrightarrow N_2 \text{大环境送风} \end{array}$$

冬季空气送风处理过程为：

$$W_1 \longrightarrow W_2 \atop N \Big] \longrightarrow C \longrightarrow K \Big\{ \begin{array}{l} K_1 \longrightarrow N_1 \text{大环境送风} \\ K_2 \longrightarrow N_2 \text{小环境送风} \end{array}$$

2. 大小环境空气加湿过程　大环境所送之风和小环境所送之风本是经空调室处理的同一露点的空气,只是因为后来所混合的回风比例不同而改变了送风系数。小环境局部送风的湿度很高,仅使用少量的二次回风进行混合,送风口处的湿度一般在90%左右,送入布机的布面上方。湿空气通过格栅式均流送风口以一种近似层流、低紊流的气流状态均匀地送出,可避免车间内周围纤维飞花和尘埃对送风气流的污染。干净的空气将以最低的水分损失到达经纱层,湿空气将与经纱密切接触,达到短时间快速加湿的目的。在经纱离开加湿区域到达引纬区的过程中,由于与周围环境存在水气分压差的作用,将释放一些水分,到达织造区时能够较好地满足织造过程的需要。织造区局部送风系统原理如图7-16所示。

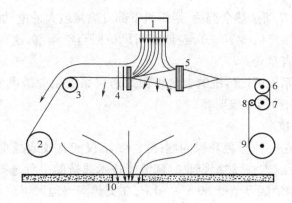

图7-16　织造区局部送风系统原理图

1—局部送风口　2—经轴　3—后梁　4—经停片　5—综框

6—胸梁　7—刺毛辊　8—导布辊　9—卷布辊　10—回风口

3. 设计要求

(1)送风参数:小环境送风温度≤26℃,相对湿度为90%~95%,风口速度一般控制在0.5~0.65m/s,分区空调小环境送风气流速度要求平稳。大环境的送风温度比小环境送风的高1~

2℃,相对湿度为70%左右,风速可根据风量来调节。

(2)送风量确定:一般情况下,每台织机小环境送风量控制在1200～1400m³/h。大环境送风量则根据整个车间的环境冷热负荷来确定。

(3)大小环境送风口:大环境送风口可采用传统的散流器,其位置为吊顶下方,并均匀布置。小环境要求送风口高度保持在2.4 m以内,并且送风口沿织机宽度方向上出风速度均匀,风口采用专门的格栅式均流局部送风口。大小环境送风示意图如图7－17所示。

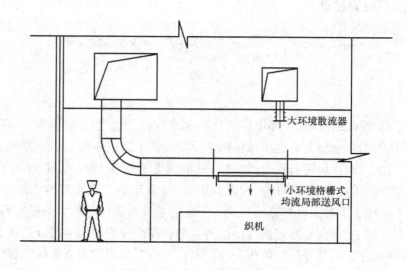

大环境散流器

小环境格栅式
均流局部送风口

织机

图7－17 大小环境送风示意图

大小环境空气吸收车间余热余湿后,经织机下部发热量最大的电动机区域,从而提高了回风的温度和降低了相对湿度(φ≤70%),经地面回风口回至空调室,这种相对湿度降低的情况又对空调回风的过滤大有益处。

大小环境空气送风系统可比传统的上送下回式送风系统减少送风量30%左右,减少空调系统装机功率20%左右,节能效果明显。

(四)间接蒸发冷却技术

间接蒸发冷却技术是一种绿色环保的制冷技术,不仅能有效地减少夏季空调的人工制冷量,而且可大幅降低企业成本,是纺织企业空调节能技术改造的一种选择。与一般常规机械制冷技术相比,在炎热干燥地区可节能80%～90%,在炎热潮湿地区可节能20%～25%,在中湿度地区可节能40%。

1.间接蒸发冷却原理 间接蒸发冷却是利用直接蒸发冷却后的空气(称为二次空气)或水,通过换热器与室外空气进行热交换,实现冷却。由于空气不与水直接接触,其含湿量保持不变,一次空气变化过程是一个等湿降温过程。图7－18所示为间接蒸发冷却基本原理图,图7－19所示为过程焓湿图。二次空气通过液滴蒸发,等焓降温,然后通过表面式换热器对一次空气进行冷却,使一次空气从状态1冷却到状态2,从而达到一次空气降温的目的。

2.间接蒸发冷却节能分析 纺织厂可在充分利用现有喷水室作为直接蒸发冷却的基础

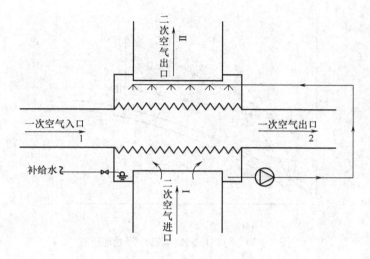

图 7-18 间接蒸发制冷示意图

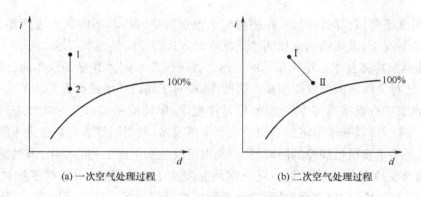

图 7-19 间接蒸发制冷焓湿图

上,在其前端加装间接蒸发冷却器,对新风进行预冷,减少机械制冷负荷,以增大送风温差,从而可大幅降低人工制冷量。其热湿处理过程如图 7-20 所示。图中,实线为采用间接蒸发冷却器的传统过程线。W 点为室外新风点,W' 为新风经过蒸发冷却器预冷后的点,C' 为新回风混合点,CL、$C'L$ 线为喷水室处理线,L 点为送风状态点,N 点为室内状态点。可以看出,在送风量、新风量相同的条件下,由于 $(i_c - i_L) > (i_c' - i_L)$,说明经过间接式蒸发冷却技术对新风预处理后的热湿处理过程节约制冷量。当然,节能效果是由空气的干湿球温度差值决定的,当地干湿球温度相差越多,节能效果越显著。

3.间接蒸发冷却技术的应用及选择

(1)间接蒸发冷却技术在干燥地区的应用。在东北、西北、华北等干燥地区,夏季虽然也比较炎热,但空气比较干燥,干湿球温度相差大,因而导致室外焓值较低,有些地方甚至出现室外空气的焓值经常低于车间内空气焓值的情况。在这种特殊的地理环境下不需要利用室内回风,

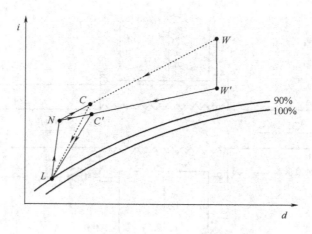

图 7-20 纺织厂间接蒸发冷却处理过程

但同时也不能直接使用室外新风。这使得利用直接蒸发冷却、间接蒸发冷却这样的天然冷源成为必然。

在室外温度不是很高的情况下,在使用喷水室直接蒸发冷却不能达到生产要求时,在不增加人工冷源的情况下,采用喷水室加间接蒸发冷却方式即可满足生产要求。

(2)间接蒸发冷却技术在纺织车间的应用。在纺织厂车间尤其是细纱车间,设备发热量比较大,生产工艺对车间内温湿度要求高。因此,必须对车间内环境进行人为调节。在过渡季节,可以利用喷水室进行直接蒸发冷却制冷,但是在夏季,单纯使用喷水室对空气进行等焓加湿达不到要求时。这时可以在喷水室前端加一个间接蒸发器,利用间接蒸发器对进入的室外新风进行预冷,在降低喷水室机械制冷的同时,使车间温湿度达到生产工艺的要求,节约能源。

(3)间接蒸发冷却技术的选择。夏季室外温度高于室内温度,引起的围护结构传热量增大,是否使用机械制冷,如何选择冷源,这关系到初次投资和运行费用等问题,各地区应根据自己的条件、要求、地理和气象参数综合选择。总体而言,使用间接蒸发冷却器后,干燥地区和中湿度地区在不使用机械制冷的情况下也可以满足车间的温湿度要求,使用间接蒸发冷却可以降低机械制冷量,达到节能的目的。

因此,结合企业实际情况采用间接蒸发冷却技术,例如在西北地区采用间接蒸发冷却技术,无需机械制冷;在非干燥地区的气流纺、络筒、织机等湿度要求较高的车间,可采用间接冷却技术,结合喷水室的空调形式,将空气处理到规定的送风参数。室外的空气首先进入间接蒸发冷却器进行等湿冷却,然后进入喷水室进行热湿处理。可以取代或减少机械制冷,节约大量能源。

(五)双露点空调送风系统

一般来讲,要求的工艺环境湿度越高,采用传统的一次或二次回风空调系统,动力能耗就会越大。双露点空调送风系统是把加湿和降温分别独立控制,来保证室内生产环境条件。

1. 双露点送风空气处理过程 双露点送风空气处理过程如图 7-21 所示。回风 G_N 中部分回风 G_{N1} 经其中一喷水室喷循环水等焓加湿处理至状态点 L_1,然后通过单独的送风管道均匀送入车间,使车间具有较高的含湿量;与此同时,适量比例的新风 G_W 和回风 G_N 中部分回风 G_{N2} 混合到状态点 C,然后经另一喷水室降温除湿到状态点 L_2,L_2 与 L_1 在车间内均匀混合到 O 点,送入车间,进而消除室内的余热余湿($O{\rightarrow}N$)。

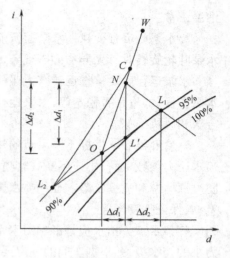

图中 L' 表示按照传统送风加湿处理时达到的送风状态($\varepsilon{\rightarrow}\infty$)。可以看出,送风状态点无论是 L_2 还是车间混合点 O,相对于 L' 点,其温度和焓值都得以降低,与传统新回风混合后处理到的同一露点不同,该空气处理过程是将总风量分为两部分,然后通过两个空调室分别处理到不同的机器露点状态,因此称之为双露点送风加湿法。

2. 双露点送风设计要求

（1）专用风道　双露点送风必须使用两条送风管道,同时向车间送风。一条送风风道送风主要用于车间加湿,另一条送风风道送风主要用于车间降温。

（2）不同送风参数　用于加湿的送风,其送风温度≤26℃,相对湿度为 90% ~ 95%;用于降温的送风,其送风温度应低于加湿送风温度的 0 ~ 2℃,相对湿度可在 80% 以下。

（3）风量计算　应结合当地的冷源情况,通过合理的优化设计,考虑送风参数、空调形式等实际情况,通过焓湿图来分别计算两种送风量。

（4）空气处理方法　对加湿风道送风,可以用喷雾风机或喷循环水的方法处理空气。对降温去湿风道应采用喷淋低温水实现。

第四节　空调除尘设备管理

一、健全岗位责任制

在空调设备、除尘设备、用水设备等方面制定运行管理规程和维修保养制度,运行激励机制,完善考核制度,确保设备状态良好和高效运行。

1. 风机的运行管理　风机运行前,应首先检查风机地脚安装是否牢固,皮带轮防护罩是否安装完好,风机叶轮旋向是否正确;并用手转动风机叶轮,看是否转动灵活,有无碰刮现象,检查皮带松紧程度是否合适;有轴承箱的风机应检查轴承箱是否漏油等。在以上情况无误后,启动风机,启动后主要检查风机旋转时有无碰刮或其他异常杂声,还应检查风机的电流是否稳定等,并对风机的风压、风量进行测量,看是否符合设计要求。

风机运行中应根据系统对风机风量和风压的要求及时进行调整,调整的方法是采用变换皮带轮直径、变频调速、开关阀门等方法进行调整,并在运行中对轴承箱润滑油温进行观察,确保油温正常。

2. 水泵的运行管理　水泵运行前应检查水泵地脚安装是否牢固,水泵叶轮旋向是否正确,水泵叶轮旋转时有无异物碰撞现象,并对水泵进行灌水等。

水泵运行后要检查运转有无碰撞或其他异常杂声,还应检测水泵运转电流是否正常,测量水泵扬程、水量是否稳定等,水泵运行调节应根据系统对喷水量的压力流量要求进行调整,调节方法和风机类似。

3. 喷淋排管　根据不同季节的热湿处理要求采用不同口径的喷嘴,并提供相应的喷水量和喷水压力参数,运行中应不断观察喷嘴的雾化情况、喷水压力的变化、喷淋排管的结垢情况,严防喷嘴堵塞和喷嘴脱落。杜绝喷水压力过高和过低的情况,并不断清除喷淋排管中的结垢和堵塞物,保证喷嘴畅通。

4. 挡水板　挡水板是影响喷水室阻力和过水量的关键因素,运行中应采用挡水效果好、阻力小的挡水板,并根据车间的加湿要求选择不同的隔距,严防挡水板在使用中结垢或被杂物堵塞,造成阻力增加。运行中还应根据挡水板过水量的大小,采用不同的接水槽形式,及时导出挡水板挡下的水量,减少挡水板阻力和过水量。

5. 除尘设备运行管理　除尘设备应定期清除内部积累的尘杂和飞花,防止积累的杂质造成设备堵塞而失效,利用车间停车时使除尘设备实现自动清洁。

除尘设备运行中,应观察和测量除尘设备各单位的压力情况,使之符合设计要求,并不断观察各部件的压差变化情况,确保各部件压差在设定范围内。突然出现的压差过大和过小,一定是由于除尘设备堵塞或滤料的破裂造成,应及时清除堵塞物和维护检修。

除尘设备的滤料应根据其滤尘效果和压差情况定期更换,以确保除尘器的过滤效果和较低的能耗。除尘设备的压差报警、除尘室的火灾报警装置应加强日常维护,确保在超压或火灾时报警。

6. 空调供水系统运行管理

(1)冷冻水运行管理　在使用冷冻水降温时,应对全厂空调冷冻水系统进行统一协调,确定哪些台套空调采用冷冻水,哪些采用循环水;并合理确定冷冻水供水量和供水温度,适当提高冷冻水的供水温度,提高制冷机的能效比;还应根据空调室冷冻水用量和压力要求确定采用冷冻水直喷,还是采用空调室设冷冻水喷淋泵。一般冷冻水系统较大时,应在空调室设冷冻水喷淋泵;系统较小时,可采用冷冻水直喷的方式。在使用冷冻水降温时,一方面应尽量减少冷冻水的跑、冒、滴、漏现象,另一方面应严禁在空调室水池进行补水。补水应在冷冻站回水池统一补水,以防止过多补水造成冷量损失。做好冷冻水供水管的保温措施,减少输送过程中跑冷。

(2)井水运行管理　在夏季采用深井水降温时,应将经细纱、精梳和并粗车间使用后的深井水,统一送至前纺车间、络筒、布机车间循环使用,最后可用于补充消防用水、冲洗厕所、冲洒道路、绿化用水。在其他季节采用深井水时,应使其充分循环使用,尽量减少深井水的开采量。在采用深井水进行喷淋降温时,不宜采用深井水直喷的方式,应在空调室设深井水喷淋水泵,以降低深井水泵的扬程;并应采用两级喷水室进行喷淋,最大限度利用深井水的冷量。

(3)自来水运行管理　在采用自来水作为补充时,应注意自来水仅能作为空调系统的补充水,并无降温的作用,此时应尽量做好空调室防止泄漏的工作,减少自来水的补充水量,降低运行水费。

二、空调除尘系统运转管理制度

1. 车间温湿度管理制度　温湿度的标准是车间正常生产的可靠保障,纺织空调的目标是保持车间温湿度在规定的范围内,因此,应对车间的温湿度制定严格的统计管理制度,采用人工巡回抄表的企业,车间温湿度应每日抄表4次,并应规定每日温湿度的变化范围;采用车间温湿度自动巡检的企业,应按每小时进行统计、打印、管理,确保车间温湿度在规定的范围内。

2. 冷热源使用管理制度　为了最大限度地节约能源,应根据企业的冷热源情况和车间要求标准,规定冷热源使用的场所、时间等。充分运用空调系统运行调节的手段,减少冷热源使用的时间,限定冷热源使用的场所,实现在保证车间空调要求的同时节约能源。

3. 空调设备日常保养制度　空调系统的风机、水泵、喷淋排管、挡水板、回风过滤器等设备大多在多尘、潮湿的条件下运行,极易产生集尘堵塞、腐蚀、生锈等现象,应制定空调设备的日常保养制度,负责对空调设备的日常运转进行维护保养、故障排除、备品备件更换、保养加油等工作,保持设备处于良好的运行状态。

4. 能源消耗计量制度　纺织空调作为纺织厂的能源消耗大户,计量制度十分重要,应采用按车间、按空调室进行能源计量的制度。在考核车间温湿度符合要求的同时,检查各空调的用电、用水、用冷、用热情况。一方面可以实现全厂空调系统能耗比,找出能源浪费部位和原因;另一方面可以最大限度调动空调运转工的节能主动性,实现节能的良性循环。

5. 除尘设备管理制度　除尘设备应按规定的要求进行开关车,工艺设备开车前必须先开启除尘设备,工艺设备停机后,再停除尘设备,切不可逆向操作。对除尘设备的安全操作方法应列于除尘室墙上。明确规定除尘设备的安全操作制度、日常保养制度,建立除尘设备专人负责及检查制度,负责除尘设备的日常管理和维护,还应制定对除尘设备的主要部件定期检查维护的制度。

6. 空调用水管理制度　空调用水主要包括冷冻水、井水、江河水、自来水等,应根据各企业的情况制定相应的用水制度,规定各部位用水季节、用水性质(冷冻水、井水、自来水、循环水)和用水量,采用有效的方法进行节水,一水多用,提高水的利用率,减少用水量。并采用分车间、分空调室计量的方法进行计量,将节约用水落实到人,并和个人的利益挂钩,长期坚持,只有这样才能真正做到节约用水。

习题

1. 什么叫做日常运转调节?
2. 何谓量调节? 主要有哪几种方法?
3. 何谓质调节? 主要有哪几种方法?
4. 在全年性调节中室内室外气象区域是怎样划分的?

5. 简述高温季节温湿度调节的特点。

6. 简述梅雨季节温湿度调节的特点。

7. 温湿度自动调节系统有何特点？

8. 纺织厂空调如何节能？

9. 简述采用大小环境的送风系统的优点。

10. 如何做好纺织厂空调工作。

11. 简述间接蒸发冷却技术的节能效果。

第八章 纺织厂除尘

> **本章知识点**
>
> 掌握纺织厂除尘的机理、方式及设备。
>
> 重点　除尘机理与除尘方式。
>
> 难点　各种除尘设备的组成和工作原理。

第一节 概　述

一、除尘的重要性

纺织生产主要是利用机械作用对纤维原料进行加工。纺织厂的粉尘绝大部分是在加工过程中分解出来的、被打断的纤维性粉尘。大量的含尘空气排放在车间中,对人体健康和纺织生产危害极大。首先,粉尘能刺激人体皮肤和五官引起炎症,而粉尘粒径愈细,愈不容易沉降,长时间浮游在空气中,容易被人吸入体内,尤其是小于 5μm 的粉尘能深入肺部,沉积下来,损伤肺部功能,引起各种尘肺病,难以治愈。此外,粉尘落在半成品和成品上将影响产品质量。粉尘还能降低机器的工作精度,降低车间内的光照度和能见度,诱发事故。当空气中纤维性粉尘浓度过大时,还能引起燃烧和爆炸。

为了改善劳动条件,加强劳动保护,防止对环境的污染,必须采取有效的净化措施,降低车间空气的含尘浓度。

二、粉尘的特性及其分布规律

前面已讲过粉尘的危害性,因此,必须用除尘器对含尘空气进行处理。除尘设备则要针对粉尘的性质特点和生产上的要求进行设计选用。例如,粒径在 10μm 以下的粉尘,它们能长期悬浮在空气中,这类粉尘对人体的危害较大,必须采用较为精细的滤尘设备;又如,对于 40μm 以上的粉尘,它们能依靠重力较快地沉降,只需采用较简易的除尘设备进行处理即可。所以粉尘的性质与除尘技术关系密切。

1. 粉尘的真密度和堆积密度　粉尘处于无孔致密状态下单位体积所具有的质量称为真密度,单位为 kg/m³;自然堆积状态下的粉尘往往是不密实的,颗粒之间与颗粒内部都存在空隙,这种松散状态下包括空隙体积在内的密度叫堆积密度,单位为 kg/m³。粉尘真密度与粉尘在空气中的沉降或悬浮有很大关系。确定粉尘质量分散度和设计选择除尘器时都必须知道粉尘的真密度,而灰斗的大小要根据堆积密度设计。

2. 黏附性　粉尘粒子彼此附着或附着在固体表面上,称为黏附。克服附着现象所需要的力称为黏附力。许多除尘器的捕集原理都是基于对粉尘施加黏附力,使粉尘从空气中分离出来。

有些材料由于表面粗糙会增加其黏附性。对于纤维类粉尘来说,黏附性虽有利于除尘器效率的提高,但亦会带来清扫粉尘困难以及易使除尘设备和管道发生故障、堵塞等问题,因此,选择输送速度时必须予以考虑,特别是对潮湿的棉尘更不容忽视。

3.粉尘的带电性　悬浮在空气中的粉尘由于摩擦、碰撞和吸附会带有一定的电荷。根据实验,在同一温度下,表面积大、含湿量小的粉尘带电量大;表面积小、含湿量大的粉尘带电量小;非金属粉尘和酸性氧化物(如二氧化硅)带正电;金属粉尘和碱性氧化物(如氧化钙等)带负电。这说明带电量与尘粒的表面积和含湿量有关,而带电的极性则同尘粒的化学组成有关。带有同性电荷的尘粒互相排斥,而带有异性电荷的尘粒则相互吸附,很容易结合在一起,合并成更大的颗粒,有利于提高除尘效率。

4.粉尘的湿润性　粉尘粒子被水润湿(结合)的现象,叫做湿润性。有的粉尘在与水接触后,易使粉尘聚合、增重,有利于粉尘从气流中分离,这种粉尘称为亲水性粉尘;有的粉尘很难被水湿润,这种粉尘称为疏水性粉尘。若用湿法除尘设备处理疏水性粉尘,会使除尘效率大大下降。

天然纤维(如棉)有较好的吸湿性,在空气相对湿度较大的环境内加工时,其粉尘更易沉降,潮湿的棉尘纤维间附着力增加,有利于从含尘空气中分离,因此可用湿法除去空气中的棉尘。

5.粉尘的爆炸性　粉尘爆炸是指在空气中悬浮的粉尘急剧氧化燃烧,同时产生大量热量和高压气流的现象。这种爆炸现象多发生在封闭空间内,爆炸时生成的气体受高温作用急剧膨胀而产生高压,形成冲击波。

固体物料被破碎成粉尘后,其总表面积增加很多,因而增大了与周围介质的接触面积,使其物理化学活泼性大为增加;当在一定的温度和浓度下,就可能发生爆炸。一般把空气中含有粉尘浓度$\leq 65 \mathrm{mg/m^3}$能引起爆炸的,称为具有爆炸危险的粉尘。能引起爆炸的含尘浓度有一范围,称为爆炸范围,其最低浓度称为爆炸下限,最高浓度称为爆炸上限。粉尘的爆炸范围取决于粉尘的性质,尘粒越小(比表面积越大)及空气和粉尘的湿度越小越易引起爆炸。

6.粉尘的分散度　粉尘是形状不一、粒径不同的集合体,为了找出其特征,常用粉尘粒径分布,即粉尘的分散度表示,它反映一群尘粒中不同粒径的尘粒各占总体数量(数量分散度)或质量(质量分散度)的百分数。通常把粉尘的颗粒按直径的大小进行分组。用分组质量百分数(粒径频率)来反映各组值的大小,即用质量百分数来表达分散度的具体值,以便了解粉尘尘粒粗细分布的情况。

在除尘技术中,一般将粉尘按直径大小分为六组:$0<d_c<5$、$5\leqslant d_c<10$、$10\leqslant d_c<20$、$20\leqslant d_c<40$、$40\leqslant d_c<60$、$d_c\geqslant 60$(单位均为 μm)。直径在 $60\mu m$ 以上的粉尘,除尘器通常都能除掉,故一般不再分组。

实践证明,生产中相当多的粉尘粒径分布是接近正态分布曲线的。

粉尘的分散度不同,对人体的危害程度及要求的除尘机理也不相同。因此,掌握粉尘的分散度是进行除尘器设计、研究及选择的基本条件。

三、含尘浓度及除尘效率

1.含尘浓度　单位体积空气中所含的粉尘质量称为空气的含尘浓度。空气的含尘浓度常采用两种方法表示。

（1）质量浓度：1m³ 空气中所含的粉尘质量称为质量浓度，单位是 mg/m³。

（2）计数浓度：单位体积空气中所含各种粒径灰尘的颗粒总数称为计数浓度，单位是粒/m³ 或粒/L。

纺织厂主要用质量浓度表示空气的净化程度，而对于净化程度要求高的场所，如精密仪表、光学仪器、半导体元件制造车间和手术室等，大都采用计数浓度。

我国纺织厂设计的卫生标准，按照国家标准规定最高容许浓度为 10mg/m³。鉴于我国目前棉纺织厂各车间的含尘浓度已能普遍控制在 4～5mg/m³，建议棉纺织厂各车间最高允许浓度可定为 3mg/m³，毛纺织厂除选毛、开毛车间可定为 8mg/m³ 以外，其他车间的容许含尘浓度与棉纺织厂相同；麻纺织厂除苎麻纺织厂容许含尘浓度可较高外（但不超过 10mg/m³），其他麻纺织厂的拣麻、软麻、梳麻三车间可定为 5mg/m³，其他车间可定为 3mg/m³。

2. 除尘效率　除尘器除掉的粉尘量与进入除尘器的粉尘量之比称除尘器的除尘效率，它是评价除尘器除尘效果好坏的指标。

$$\eta = \frac{G_2}{G_1} \times 100\% \qquad (8-1)$$

式中　η——除尘器的除尘效率(%)；

　　　G_1——进入除尘器的粉尘总量(g/s)；

　　　G_2——除尘器捕集下来的粉尘总量(g/s)。

如果除尘器结构严密没有漏风，则上式也可写成：

$$\eta = \frac{Ly_1 - Ly_2}{Ly_1} \times 100\% \qquad (8-2)$$

式中　L——除尘器处理的空气量(m³/s)；

　　　y_1——除尘器进口处的空气含尘浓度(g/m³)；

　　　y_2——除尘器出口处的空气含尘浓度(g/m³)。

以上介绍的除尘效率没有考虑粉尘粒径的大小，仅计算粉尘质量而求得的效率，通常称为全效率。然而，我们经常遇到这种情况，即一除尘器用来捕集粒径不同的粉尘时，所表现出来的除尘效率是不相同的。如重力沉降室，当用来除掉较大颗粒的粉尘时，效率就高；当用来除掉小颗粒的粉尘时，效率就低。这说明除尘器的全效率与粉尘的分散度密切相关纺织厂除尘使用全效率。

四、除尘方式

根据车间粉尘散发的情况，纺织厂常采用全面除尘和局部除尘两种方式。

全面除尘是采用全面送风和全面排风的通风方式。全面送风可以全面稀释车间的空气含尘浓度，而全面排风则可将空气中游离性粉尘排出车间或排向除尘器，因而能大大降低车间空气的含尘浓度。经除尘器过滤后的空气可以回用，也可以排至大气。

局部除尘是采用局部抽气的方式使含尘空气通过吸尘罩、管道、除尘器及风机排向室外或回用。

不论采用何种方式,根据除尘的机理可以分为以下几种。

1. 机械分离　利用离心力或惯性力的作用,从气体中分离出尘粒。如旋风除尘器和惯性除尘器等。

2. 过滤分离　利用纤维、尘粒对过滤介质的黏附力及其隔离作用而达到除尘目的。如袋式除尘器、回转式过滤器、板式除尘器等。这是主要采用的方式。

3. 电力分离　利用直流高压电场使空气电离,当含有带电棉尘的空气在高压电场内流动时,棉尘便吸附在带异性电荷的极板上,从而达到棉尘与空气分离的目的。如静电除尘器等。

4. 洗涤分离　利用液体捕集尘粒,然后尘粒和液体一起从气体中分离出去。如喷雾洗涤除尘器、水膜除尘器等。

工程上常用的各种除尘器通常不只是简单地依据某一种除尘机理,而是几种除尘机理的综合运用。

第二节　除尘设备

纺织厂主要利用除尘设备收集尘杂,以实现净化空气的目的,除尘设备的优劣,直接影响到空气的含尘浓度和能源消耗。纺织企业一般选择二级过滤除尘,第一级作为粗过滤,将纤维及粗杂收集起来并加以消除;第二级作为中净化和细净化,将排出气体的含尘浓度控制在一定的范围内。

新中国成立以来,曾先后使用过大布袋滤尘器,如 A171—21 型、A171— AU052 型,FU 型等纺织厂专用除尘设备。随着机电一体化技术的不断提高,一些新型的除尘设备应运而生,下面分别介绍几种除尘设备。

一、袋式除尘器

袋式除尘器是一种干式的高效除尘器,它利用纤维织物的过滤作用进行除尘。对 $1.0\mu m$ 的粉尘,其除尘效率高达 98% ~99% 。滤袋通常做成圆柱形(直径为 125 ~500mm),有时也做成扁长方形,滤袋长度一般为 2m 左右。由于袋式除尘器的除尘效率高,如果净化空气的含尘浓度能达到卫生标准的要求,可直接返回车间再循环使用,以节省热能。随着高温滤料和清灰技术的发展,袋式除尘器得到广泛应用。

(一)过滤机理

袋式除尘器通过由棉、毛、人造纤维等所加工成的滤料来进行过滤,主要依靠滤料表面形成的粉尘初层和集尘层进行过滤作用。它通过以下几种效应捕集粉尘。

1. 筛滤效应　当粉尘的粒径比滤料空隙或滤料上的初层孔隙大时,粉尘便被捕集下来。

2. 惯性碰撞效应　含尘气体流过滤料时,尘粒在惯性力作用下与滤料碰撞而被捕集。

3. 扩散效应　微细粉尘由于布朗运动与滤料接触而被捕集。

袋式除尘器过滤过程如图 8 - 1 所示,含尘气体通过滤料时,随着它们深入滤料内部,使纤维间空间逐渐减小,最终形成附着在滤料表面的粉尘层(称为初层)。其过滤作用主要就是依靠这个初层及以后逐渐堆积起来的粉尘层进行的,而滤料只是起着形成初层和支持它的骨架作用。随着粉尘在滤袋的积聚,滤袋两侧的压差增大,粉尘层内部的空隙变小,空气通过滤料孔眼时的流速增高。这样会把黏附在缝隙间的尘粒带走,使除尘效率下降。另外阻力过大,会使滤袋易于损坏,通风系统风量下降。因此,除尘器运行一段时间后,要及时进行清灰,清灰时不能破坏初层,以免效率下降。

袋式除尘器的分级效率曲线如图 8-2 所示。由于滤料本身的网孔较大,一般为 20~50μm,表面起绒的滤料为 5~10μm,因此新滤袋的除尘效率是不高的,对 1μm 的尘粒只有 40% 左右。随着粉尘层的形成,粉尘层成为过滤材料主体,除尘效率逐步提高。由于袋式除尘器主要依靠粉尘层来过滤截留粉尘,即使网孔较大的滤布,只要设计合理,对 1μm 左右的尘粒也能得到较高的除尘效率。

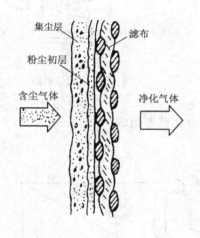

图 8-1　滤料的过滤作用

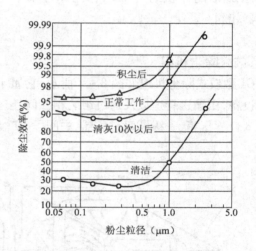

图 8-2　袋式除尘器分级效率

(二)设备构成

袋式除尘器一般由过滤袋、清灰装置、清灰控制装置等组成。过滤袋是过滤除尘的主体,它由滤布和固定框架组成。滤布(滤料)及所吸附的粉尘层构成过滤层,为了保证袋式除尘器的正常工作,要求滤料耐温、耐腐、耐磨,有足够的机械强度,除尘效率高、阻力低,使用寿命长、成本低等,一般采用天然纤维或合成纤维的纺织品或毡制品。

清灰及其控制装置是保证袋式除尘器按设定周期进行清灰的重要部件,其性能直接影响袋式除尘器的正常工作。不同类型的袋式除尘器,清灰方式及清灰控制装置类型也不同。按照从滤布上清灰方法的不同,可分为下列三种形式。

1. 间歇清洁型　清灰时暂时停止工作,用敲打或用振荡器清除积灰,也可用压缩空气反向吹洗。

2. 周期清洁型　几组袋式除尘器按顺序每隔一定时间停止一组的工作,然后进行清理。

3. 连续清洁型　用不断移动的气环反吹或用脉冲反吹空气方法清除积尘。其中用脉冲方式清除积尘的称为脉冲式除尘器,它的清灰过程一般由清灰控制器进行定时或定压自动控制,适合于高浓度除尘。

二、纤维分离器

纤维分离器的作用是收集和压缩含尘空气中的纤维和杂质,如图8-3所示。含纤维尘流由入口1进入纤维分离器,向下通过锥形网筒3,短绒和尘杂被凝聚在锥形网筒的滤网表面,过滤后的空气则通过排风口6送出。电动机通过减速器带动挤棉螺杆2慢速回转,将纤维与尘杂逐步下压,并迫使弹簧封闭门4打开,纤维与尘杂由纤杂排出口5压出机外。

粉尘压紧器的作用是分离和压紧粉尘,收集量为40kg/h,压缩后的体积约为1/5,作用原理基本与纤维分离器相同。

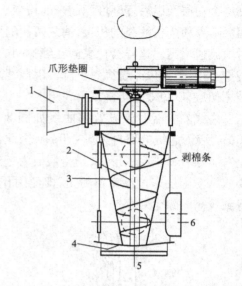

图8-3　纤维分离器

三、鼓式除尘机组

SZGJ型鼓式除尘机组如图8-4所示,它属于二级过滤设备,由输送管道以及通过组装相互间连通在一起的入口静压箱、一级圆盘过滤器、中间段、二级鼓式过滤器等组成。

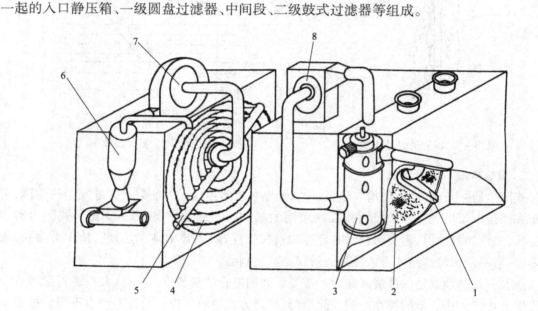

图8-4　SZGJ型鼓式除尘机组结构示意图

1—吸嘴　2—一级圆盘过滤器　3—纤维分离压紧器　4—二级鼓式过滤器
5—吸嘴　6—粉尘旋风分离压实器　7—排尘风机　8—排尘风机

一级圆盘过滤器通过管道分别与纤维分离压紧器、排尘通风机连通,排尘通风机的出口由管道入口静压箱连接;二级鼓式过滤器通过管道分别与排尘通风机、压实器连通而构成一个完整的除尘机组。其中一级圆盘过滤器采用不锈钢丝网,配套纤维分离器和吸尘风机;二级鼓形过滤器选用毛茸形高效优质滤料,以冲孔网板为衬,制成插板,分块插入槽板,形成多圈鼓形,具有体积小、过滤面积大、过滤效率高、滤料装卸方便的特点,配套袋式振荡集尘箱和粉尘压实器及吸尘风机。一级吸嘴多为条缝形,作简单的回转运动,吸口与网面的间隙可调;二级吸嘴多为矩形,作回转运动和轴向往复运动。

其工作原理是含尘空气进入稳压箱,经一级圆盘过滤器滤去纤维及较大的尘杂后,含有细小粉尘的空气进入连续回转的二级鼓式过滤器,过滤后的洁净空气由主风机输送回用或外排。阻留在一级圆盘上的纤维及杂质被连续回转的吸嘴吸除,送至纤维分离压紧器分离压紧后排出,空气被处理后经排尘风机再送回圆盘过滤器。阻留在二级鼓式滤网上的粉尘,由二级吸嘴经排尘风机送至粉尘旋风分离压实器进行尘气分离后,下落至安装在旋风分离器下方的压实器中压实后收集起来;分离出的空气被送回至二级鼓式过滤器的入口。

该机组安装方便,结构紧凑,占地面积小,过滤面积大,除尘效果好且传动机构简单,运行可靠;二级粉尘处理采用压实器收集处理,避免了粉尘的二次飞扬。其主要用于过滤和收集空气中的纤维和尘杂。

四、板式除尘机组

BCX300A 型板式除尘系统机组的结构如图 8-5 所示,它主要由一级圆盘滤尘器、二级板式滤尘器及负压室等三部分组成。其中一级圆盘滤尘器(Ⅰ)主要由吸嘴 1、圆盘 2、排尘风机 3、纤维压紧器 4 和滤尘室 5 组成;二级板式滤尘器(Ⅱ)主要由粉尘压实器 6、集尘器 7、运动小车 8、过滤单元 9、机械手 10、滤尘室 11 和集尘风机 12 等组成;负压室(Ⅲ)主要由壳体件组成,出口端与主风机相连。

在主风机的抽吸作用下,含尘空气由进风口进入一级滤尘室并通过不锈钢丝网进行一级过滤,大颗粒粉尘及长纤维滞留在一级滤网上,带有短纤维及细小粉尘的空气透过一级滤网后再次经过长毛绒滤料进行二级过滤,过滤后的洁净空气经过负压室及排尘风机向外排放。其

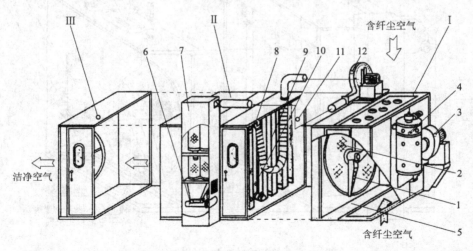

图 8-5　BCX300A 型板式除尘系统机组结构示意图

中,一级过滤为粗效过滤,吸臂在减速机的作用下绕滤网圆盘圆心作旋转运动,吸臂中心与纤维压紧器和排尘风机之间用管道连接,在排尘风机的负压作用下,黏附在不锈钢丝网上的长纤维通过吸臂进入纤维压紧器,这些长纤维在压紧器中进行分离,纤维压紧器中分离后的长纤维经过压实向下排出,空气通过排尘风机返回一级滤尘室。二级为板式高效滤尘,在垂直的过滤板(框)上,覆以长毛绒滤料,每一个板(框)构成一个过滤单元,许多个过滤单元平行连接,构成二级滤尘单元组,通过一级过滤后的空气再经过二级过滤,滞留在滤料上的短纤维及细小粉尘由运动机械手来清吸。

板式滤尘器的占地面积小,不需要建造密闭尘室;阻力小,电耗小,处理风量大,过滤效果较好;更换滤料方便,操作简单,停车时间短。但安装精度高,维护要求高,伸缩臂易发生故障。该机组可采取不同的组合方式,以满足纺织厂的不同用途,如一级圆盘滤尘器单独使用可用于车间回风过滤;二级单独使用可用于前纺、后纺车间的回风过滤。广泛应用于棉、毛、麻、丝、化纤等加工过程的除尘。

五、蜂窝式除尘器

蜂窝式除尘器是一种对纺织工艺过程中散发出的纤维粉尘进行二次过滤、分离、过滤、清除的专用设备。

(一)机组结构

蜂窝式除尘机组的结构如图8-6所示,它由一级滤尘机组和二级滤尘机组组成。一级滤尘机组由圆盘过滤器(圆盘滤网、回转条缝口吸嘴、密封箱体)、纤维压紧器和排尘风机组成。

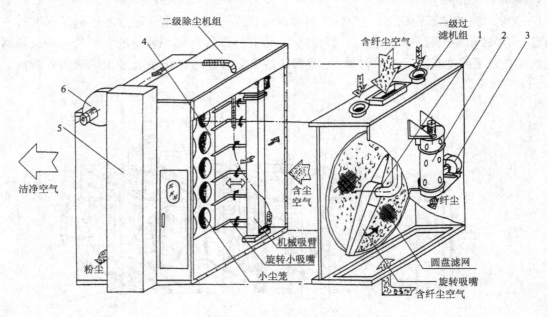

图8-6　蜂窝式除尘机组结构示意图

1—圆盘过滤器　2—纤维分离压紧器　3—排尘风机　4—蜂窝式滤尘器　5—粉尘分离压紧器　6—集尘风机

二级滤尘机组由蜂窝式滤尘器(大小车、吸臂、圆筒状滤料、密封箱体)、集尘器、粉尘压紧器和集尘风机组成。机组的电气操作箱装在机组上,电气控制元件、可编程控制器、安全保护报警装置均装在电控柜内。电控柜可以布置在除尘室内外适当的位置,机组实现全自动运行,工作可靠,操作便捷。

(二)工作原理

一级滤尘机组主要过滤、分离、收集被处理空气中的纤维性杂质。含纤尘的空气进入一级箱体后,纤维性杂质被阻留在圆盘滤网上,回转条缝口吸嘴利用排尘风机的吸力将其吸除,经纤维分离压紧器分离压紧后排出,分离后的空气送回一级滤尘器箱体内。

二级滤尘机组主要过滤、分离、收集一级滤后空气中的微粒状粉尘。经一级过滤后的含尘空气通过小尘笼滤袋时,粉尘被阻留在滤袋内表面,滤后空气得以净化。机械吸臂上的六只小吸嘴在电机驱动下按程序依次吸除每排尘笼中的粉尘,通过集尘风机送入集尘器进行分离,经粉尘压紧器压紧后排出,分离后的空气再回到二级滤尘器箱体内。

(三)应用形式

蜂窝式除尘机组可以正、负压运行,一般情况一级、二级组成两级滤尘机组使用,也可以单独使用,如图8-7所示。

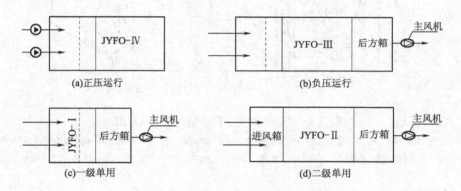

图8-7　蜂窝式除尘机组应用形式示意图

蜂窝式除尘机组正压使用时,被处理空气可以从一级箱体的顶、底部或侧面进入;二级单独使用时,可在前方另加进风箱,被处理空气可以从箱体的顶、底部或侧面进入。规定机组进风端为前方,出风端为后方。蜂窝式除尘机组负压运行时,可在机组的后方加后风箱及主风机。

(四)主要特点

蜂窝式除尘机组实现了纺织除尘设备机电一体化、机组化,具有结构紧凑、流程合理、占地省、阻力小、能耗低、效率高、安装方便等优点,可广泛应用于棉、麻、化纤的空调除尘系统,过滤和收集空气中干性的纤维和粉尘,达到净化空气的目的。

(1)采用了蜂窝式小尘笼,使机械吸臂置于尘笼之外,使整个除尘箱结构非常紧凑,方便维修。

(2)采用了由回转小吸嘴、传动箱和汇流箱组成的机械吸臂,其密封性和工作可靠性比皮带式吸臂好,而加工精度要求却较低。

（3）整机功率仅为5.89kW，能耗为LTG的64%、luwa的53%。

（4）除尘效率高达99.67%，滤后空气含尘浓度≤1.0mg/m³。

（5）采用PCL自动程控控制及火警自动装置，运行安全可靠，便于操作，对改善劳动环境，防止环境污染，保障工人身体健康起到积极的作用。

六、复合圆笼除尘机组

JYFL复合圆笼除尘机组的结构如图8-8所示，它是我国研制开发的又一代新型、高效、节能的除尘设备。

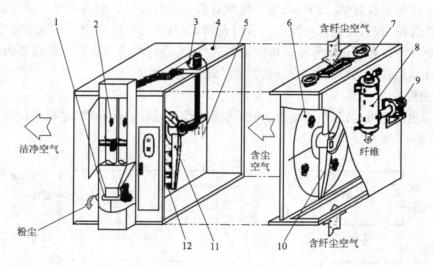

图8-8 复合圆笼除尘机组结构原理示意图

1—粉尘压紧器 2—布袋集尘器 3—集尘风机 4—二级复合圆笼滤尘器 5—滤槽 6—圆盘滤网
7— 一级圆盘预过滤器 8—纤维压紧器 9—排尘风机 10—大吸嘴 11—吸嘴 12—吸臂

（一）机组结构

该机组主要由一级圆盘预过滤器和二级复合圆笼滤尘器组成。一级预过滤器是由圆盘过滤器（圆盘滤网、大吸嘴）、一级箱体、纤维压紧器及排尘风机等组成。圆盘滤网采用不锈钢丝网，分块拼装，易于拆装。二级滤尘器是由机架、多层圆笼滤槽、多个旋转吸臂及其吸嘴、二级箱体以及集尘风机、布袋集尘器（附振荡器）、粉尘压紧器组成。

（二）工作原理

一级圆盘预过滤器主要过滤、分离、收集被处理空气中的纤维性杂质。含纤尘的空气进入一级箱体后，纤维性杂质被阻留在圆盘滤网上，回转大吸嘴利用排尘风机的吸力将其吸除，再经纤维压紧器分离后压紧排出，分离后的空气返回一级滤尘器箱体内。

二级滤尘器主要过滤、分离、收集一级滤后空气的微粒状粉尘。经一级过滤后的含尘空气通过尘笼滤槽时，粉尘被阻留在滤槽内的滤料表面，滤后空气得以净化，使其可以外排或者回用。阻留在滤槽内微粒状粉尘，由安装在多个吸臂上的双面短条缝口吸嘴，通过间歇换向吸尘机构轮流吸除,并通过集尘风机送入布袋集尘器进行分离,经粉尘压紧器压紧后排出;布袋集尘器分离后的空气直接返回到二级滤尘器的箱体内。

(三)技术性能参数

复合圆笼除尘机组技术性能参数见下表。

复合圆笼除尘机组技术性能参数

型号规格	处理风量[×10⁴(m³/h)]						过滤阻力(Pa)	过滤效率(%)
	除尘系统					回风过滤		
	废棉	粗特纱	中特纱	细特纱	化纤纱			
JYFL—19	1.2~2.0	1.6~2.4	2.0~2.8	2.4~3.2	2.8~3.6	3.0~4.0		
JYFL—23	2.0~3.0	2.4~3.5	2.8~4.2	3.2~4.8	3.6~5.4	4.0~6.0	≤250	≥99
JYFL—27	2.8~4.0	3.2~4.8	3.6~5.8	4.0~6.6	4.4~7.4	4.8~8.1		
滤料规格　一级	不锈钢丝网23.6~47.2网孔/cm							

注　上述参数为用于棉纺各生产工序、纺纱品种除尘系统时的处理风量。用于其他情况仅供参考。

(四)应用形式

(1)本机组的应用形式有正压运行[图8-9(a)]和负压运行[图8-9(b)],并且其可以承受的负压为2000Pa。

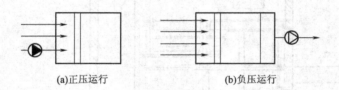

(a)正压运行　　　　　　(b)负压运行

图8-9　复合圆笼除尘机组应用形式示意图

(2)一般情况下第一级、第二级滤尘器组成除尘机组使用,第二级滤尘器也可以单独使用,但须另加二级进风箱,进风方式与一级进风方式相同。

(3)机组进风方式可以直接从顶部、底部或侧面开孔进入第一级的箱体,一般上进风速度取8~10m/s为宜,下进风速度取12~14m/s为宜。

(4)机组正压运行(无主风机)时,必须考虑系统排风进入除尘机组的余压能够克服除尘机组的阻力。

(5)机组负压运行时,需另加后方箱与主风机连接。

(五)主要特点

复合圆笼除尘机组具有体积小,结构简单,过滤面积大,设计先进,结构合理,安装简单,运行可靠,操作、维修方便,占地面积小等优点,是一种简单实用、除尘效率高的新颖除尘设备。

七、SFU015型纸过滤器

纺织厂织布车间的空气由于湿度高,且含有黏性浆料粉尘,容易堵塞滤料且难以清除,故回风过滤困难。我国研制生产的 SFU015 型纸过滤器使这一问题得到解决,使用效果良好。

过滤器的过滤部件是一个包覆有非织造布滤料(简称过滤纸)的中空圆柱形尘笼,其一端封闭,另一端敞开。在尘笼外部装有与尘笼等长的三根辊和驱动小电动机,如图 8 - 10 所示。刚开始时,尘笼 3 上包的是清洁滤纸,尘笼静止不动。当含尘空气从进风口 2 进入尘室 1 后,抽气风机 5 抽吸尘室内的含尘空气,尘埃便被吸附在尘笼表面的过滤纸上。当尘笼内外压差达到一定数值(据工艺情况设定)时,压差开关启动传动电动机 4,使尘笼转动,清洁的滤纸被卷到尘笼上,同时一段相同长度的沾满尘埃的滤纸则被收卷起来。尘笼内外压差由此下降,直至降至预定值时,压差开关动作,电动机停止转动。此时,一个运转过程完成,新的一轮重新开始。此运转过程由本机自动控制,阻力控制在设定的范围内。

本机采用的非织造布过滤纸滤料属一次性使用,但可回收再生。本机操作简便,装机功率 0.55kW,功率消耗低,传动结构简单可靠,故障率低,使用寿命长。

八、BZX 型布机真空吸尘系统

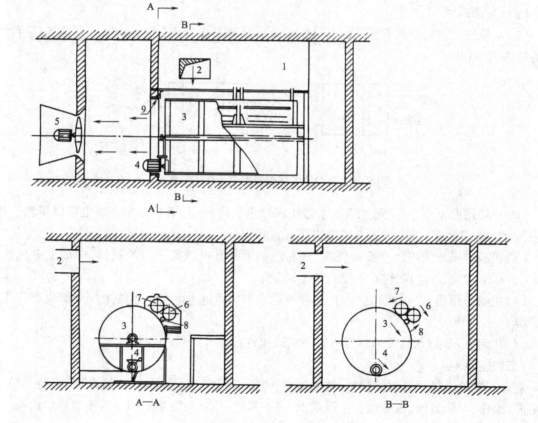

图 8 - 10　SFU015 型纸过滤器

1—尘室　2—进风口　3—尘笼　4—传动电动机　5—抽气风机　6—清洁纸卷

7—沾满尘埃的纸卷　8—纸卷导向罗拉　9—支承圈

由于无梭织机的速度快,经停片、综、箱等机件与经纱之间摩擦产生的飞花、短绒、尘杂、浆粉散发量远远大于1511型有梭织机。这些粉尘主要发生在织轴和布轴下,很容易造成满机满地都黏积了许多飞花、尘杂;另外,还会沉积在风道、灯罩、钢丝绳、墙面及三脚架等处,这不仅增加了车间空气的含尘浓度,而且掉在布面上会形成疵点,造成断头增加,影响产量和质量。因此,无梭织机车间除尘问题需专门研究解决。

目前国内外关于无梭织机车间内特别是织轴、布轴下积尘的处理方法是采用中央真空吸尘系统。一个吸尘系统可用于80~100台无梭织机。BZX型织机真空吸尘系统具有如下特点。

(1)金属箱型机组化,占地面积小,主机可安装在附房中,也可直接安放在车间内,便于安装、管理、运转安全。

(2)采用高压离心通风机代替真空泵或罗茨鼓风机为主机提供真空抽吸能力,可降低初投资和运行费用。

(3)可根据车间机台布局及实际情况在车间内随柱网架空安装或在地下铺设真空管道网络,管网系统阻力低、无泄漏,在适当地点布置快卸插口座,打开吸口,插入挠性软管,即可吸尘,操作灵活简便。

(4)用结构特殊的纤维压紧器做一级处理,布袋集尘器为二级处理。纤维压紧器可以防止织布积尘的黏结作用,还可以使吸入系统内的螺丝、螺帽、经停片等小金属件得到排除,从而确保安全生产。

(5)BZX型布机真空吸尘系统,主管直径为150mm,支管直径为100mm,吸管直径为50mm,纤维压紧器最大处理风量为0.5m³/s,最大处理纤维量125kg/h;高压离心通风机为No.8C型,风量为0.33~0.5m³/s,全压为12000~17000Pa,功率为22kW。在实际生产中,其主要性能真空度达到16000Pa,一个吸口可管4台织机,而且在同时开启2~3个吸口时,其真空度均能保证吸取车间积尘。一般飞花距吸口10~20cm时均可被吸入管道,因而做机台清洁工作时很方便且吸取机台飞花积尘也干净。

(6)织布车间真空吸尘系统的工作流程如图8-11所示。

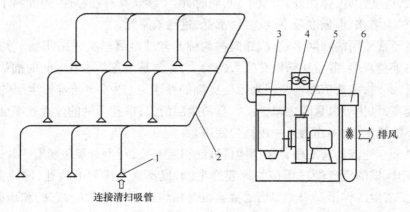

图8-11　中央真空吸尘系统处理含尘空气流程图

1—吸口　2—真空吸尘管道　3—纤维压紧器　4—排热轴流风扇　5—高压风机　6—布袋集尘器

九、滤料

过滤材料简称滤料,是用来过滤粉尘的关键部件。滤尘设备排放空气的含尘浓度高低和动力消耗多少均与所选用的滤料有关。选择滤料时必须考虑含尘气体的特性,如粉尘和气体性质、温度、湿度、粒径等。性能良好的滤料应具备耐温、耐腐、耐磨,效率高、阻力低、使用寿命长、成本低等优点。滤料的特性除了与纤维本身的性质有关外,还与滤料的表面结构有很大关系。表面光滑的滤料容尘量小,清灰方便,适用于含尘浓度低、黏性大的粉尘,采用的过滤风速不宜过高。表面起毛(绒)的滤料容尘量大,粉尘能深入滤料内部,可以采用较高的过滤风速,但必须及时清灰。

(一)滤料的原料

滤料的原料有天然纤维、合成纤维、金属丝、玻璃纤维、聚氨酯泡沫塑料等。按滤料的结构分为以棉或合成纤维为原料的滤布及以羊毛为原料的毛毡两类。

纺织厂布袋滤尘一般用合成纤维织物的滤料,如尼龙布、锦纶绸等,其过滤粉尘效率不如棉布高,但因合成纤维织物表面较光滑,便于掸落粉尘,又因合成纤维织物强度高、耐用,故在纺织厂广泛采用。

(二)滤料的种类

滤料的种类较多,按其结构可分为单孔型和多孔型两类。属于单孔型的滤料有滤布、筛网,宜用于第一级过滤;属于多孔型的有泡沫塑料、无纺布(非织造布)、针织绒、长毛绒,宜用于第二级过滤。

1. 滤布　滤布是由天然纤维或合成纤维纱线交织而成的。按织物组织分为平纹、斜纹、缎纹三种。平纹织物交织点多、纱线互相压紧,所以比较紧密,受力时不易产生变形和伸长,过滤效率高,但透气性差、阻力大、清灰难、易堵塞。斜纹织物表面具有明显的对角斜路,织物中纱线具有较大的迁移性,弹性好,机械强度略低于平纹织物,受力后比较容易错位,其表面不光滑,耐磨性好,过滤效率和清灰效果都较好,滤布堵塞少,处理风量高,是织物中最常用的一种。缎纹织物孔隙率大,透气性好,弹性好,织纹平坦,同时,由于纱线具有迁移性,因此易于清灰,粉尘层的削落性好,很少堵塞,但强度较平纹、斜纹都低,过滤效率低。

2. 筛网　经常使用的筛网多是经、纬向都为锦纶丝或金属丝交织的织物。筛网过滤时,最初只是靠网格阻挡灰尘,截留比筛网孔径大的粉尘,主要是飞花。随着时间的推移,逐渐在表面上形成粉尘层,此时,主要依靠粉尘层来阻挡更细的粉尘,过滤效率随着粉尘层的加厚而提高,但阻力也在提高,风机吸风量随之减少。一旦粉尘层消失,单孔筛网的过滤效率会大大降低,致使除尘性能不够稳定,故多作为第一级滤尘使用。

3. 泡沫塑料　泡沫具有三维骨架结构且彼此相互连接,每个骨架包围着一片透明薄膜。当轧辊加压时,泡沫里的空气经过压破的薄膜逸出,形成不规则排列的微孔,构成曲折的气流通道,从而起捕集灰尘的作用。未受损伤的薄膜也对粉尘产生碰撞效应,它们和压破了的薄膜一起构成过滤介质。泡沫塑料按平均孔隙可分为中孔、细孔两类。中孔型平均孔隙为 18 孔/cm,细孔型平均孔隙约为 26 孔/cm。通常厚度为 8～15mm。泡沫塑料可有较大的过滤风量,但其容尘量低,过滤后空气含尘量高,阻力变化大,强度差,断裂伸长大,易老化,更换周期短(3~4个月)。因此,需要不断改进,提高其使用寿命。目前,国内以泡沫塑料作为纺织除尘滤材的多用于过滤回风,清梳除尘系统使用较少。

4. 非织造布　用作滤料的非织造布是用针刺法制作的。其制法是在一幅平纹的基布上铺上一层短纤维,用带刺的针垂直在布面上上下移动,用针将纤维扎到基布纱线缝中去,基布两面都铺两道以上纤维层,反复针刺成形,再经各种处理成两面带绒的毡布,故又称针刺毡。非织造布一般用作初效和中效过滤用,所用化学纤维较粗。中效非织造布厚,用于除尘设备时,过滤风量为 2500~3000m³/(m²·h),阻力小于 200Pa,过滤后空气含尘浓度为 1~1.2mg/m³;初效非织造布较薄,针刺密度小,用于回风过滤时,过滤风量为 4000~6000m³/(m²·h),阻力小于100Pa,过滤后空气含尘浓度为 1~1.2mg/m³。

另有一种复合型非织造布(又名复合型滤毡或针刺呢),其强度高、不会伸长、耐磨、有较高过滤效率,过滤风量为 1600~2000m³/(m²·h),阻力小于 350Pa,过滤后空气含尘浓度在 0.5~0.8mg/m³ 之间。

5. 针织绒　针织绒富有弹性且毛绒均匀分布在针织物表面,由于毛绒捕集粉尘效率高,底布有弹性,过滤风量大且阻力小,所以用它过滤含尘空气,可以达到较好的滤尘效果。针织绒厚度一般在 5mm 左右,过滤风量达 2000~3000m³/(m²·h),阻力小于 350Pa,过滤后空气含尘浓度小于 1mg/m³。如用作回风过滤,因回风中有较多的长纤维尘,故针织绒厚度为 3mm 左右,过滤风量为 5000~7000m³(m²·h),阻力小于 200Pa,过滤后空气含尘浓度小于 1mg/m³。

6. 长毛绒　长毛绒是一种新型滤料,捕尘能力强、透气性好、阻力低,经特殊处理后不易脱毛,用于除尘时,过滤风量为 2500~3000m³/(m²·h),阻力小于 150Pa,用于回风过滤时,过滤风量为 5000~6000m³/(m²·h),阻力小于 150Pa。吸除积尘的吸嘴应离底布一定距离,通常约为 20mm。

第三节　气力输送及除尘管道

一、气力输送及除尘管道的设计特点

用气流输送物料的管道称为气力输送管道;用气流抽吸及排放含尘空气的管道称除尘管道。如运输清梳联合机的各单机之间纤维材料,输送分配纤维材料,收集各部分纤维材料和落棉,以及许多机器上所装设的自动清洁装置都是采用管道中的气流(简称管流)来完成的。

(一)管道的设计风速

在确定管道流速时,必须考虑能有效地捕集物料、粉尘,以保证物料或灰尘在管道内不发生沉积和阻塞。

1. 吸尘速度　局部除尘系统均要求吸尘装置内具有一定的真空度,即要求有一定的吸尘速度。

2. 输送速度　输送物料或粉尘的管道流速要大于物料或粉尘的自由沉降速度。

物料(或粉尘)在静止空气中自由沉降,当物料(或粉尘)自重和在空气中所受到的浮力之差等于物料(或粉尘)在空气中的阻力时,物料(或粉尘)做匀速下降,此时物料(或粉尘)的下降速度称之为"自由沉降速度"。

(二)管道的阻力损失

实验证明,输送物料或粉尘时的阻力损失比输送清洁空气时要大,通常是按输送清洁空气时的情况计算管道阻力,因而在选择风机时,应适当考虑风机的风压要稍大一些(一般大15%～25%)。

二、除尘管道设计注意事项

气力输送动力消耗大,而且管路易发生磨损和堵塞现象,故要求管路布置设计时应注意如何节约能耗、减少磨损和防止阻塞的问题。

(一)管路布置的注意事项

(1)布置生产工艺时,要为气力输送创造条件,尽量缩小输送距离和提升高度。

(2)风管的用材应符合设计强度和刚度的要求。

(3)减少弯管数量,尽量采取较大的曲率半径。

(4)管路尽量简单,并力求短直,应尽量避免三通、弯头等异形构件,在条件许可时应倾斜敷设。

(二)清棉除尘系统风量的选择

清棉除尘设备的工艺参数主要包括过滤风量,定额集尘量和过滤负荷等。

1. 过滤风量 过滤风量指除尘设备每小时可通过的含尘空气量。过滤风量应较配套主机各机台排风量的总和大15%～20%,方能保证除尘管网系统的正常运行。

2. 定额集尘量 选择除尘设备时,还应对生产设备每小时生产的尘杂量及除尘设备每小时收集尘杂量进行核算,使两者相适应。一般情况下,除尘设备的每小时尘杂收集量应略大于生产设备排出量,以留有余地,确保除尘设备安全,正常运行。

3. 过滤负荷 过滤负荷即除尘设备单位面积每小时可过滤的空气量,根据过滤风量及过滤负荷可计算出过滤面积,从而可推算出所需的过滤设备数量。过滤负荷必须与进入除尘设备的空气含尘浓度相适应,浓度越大,则所选值应越小,使空气过滤达到良好的效果。

(三)梳棉机除尘技术的特点

高产梳棉机吸尘的风量和风压对生条质量影响很大,生产过程中产生的尘屑、短绒对生条质量和生产环境的影响较大,常采取如下措施。

(1)机上负压吸点已发展到包括道夫三角区、刺辊分梳板、锡林前后固定盖板、盖板倒转剥取的盖板花等10多个,并已普遍实现机台全封闭,使之处于负压状态,防止尘屑逸出。

(2)将落棉分成后车肚和盖板花两大路,由分别管道输出,方便不同废棉进行处理或回用。一般高产梳棉机排尘的连续吸风量的数值(m^3/h)要达到单产千克数乘以60～80求得的数值。如台时产量为50kg梳棉机的吸风量要达到3600m^3/h,这样才能保证每个吸点的负压到位。

(3)为了确保吸风均匀,减少机台之间的差异,现在一般配装单独吸尘风机和滤网,对机内各吸点实现连续吸,排风经地道排出的方式。

循环机外间歇吸,经空中管道排向滤尘系统,间歇吸时间仅为 $2 \sim 3s$,风量为 $3600m^3/h$,具有风量大、风压高、清除效果好,节能等优点。

三、操作管理和故障分析

通风除尘和气力输送装置能否实现我们设计时能预想的工艺效果,这不仅取决于科学的设计和精心的安装,同时还取决于正确的调整和合理的操作。

(一)开车和停车顺序

气送装置在每次开车前,应进行一般的检查和准备工作。如检查风机的总门是否关闭;各处风门是否在规定位置;压力门是否有杂物卡夹而未能关闭;除尘器下部存灰箱中的灰杂是否已清除;密闭是否良好等。

1. 开车的顺序

(1)发出开车信号。

(2)首先开动闭风器,然后再开启通风机。

(3)按工艺顺序依次或分段开动各作业机。

(4)开始进料。

2. 停车顺序

(1)发出停车信号。

(2)停止进料。

(3)关停各作业机。

(4)关停通风机和闭风器,关闭风机总风门。

(二)运转中的操作

气力输送操作的关键在于要保持在同一网路中的各根输料管的物料流量的稳定,特别是不能间断供料。如果其中一根输料管断料,其阻力就随之大大降低,空气就会从断料的管子大量进入,形成这根料管空气"短路",影响同一网中其他料管正常工作。因此,气力输送网路中各根输料管的流量,彼此都应保持一定的比例,不能忽多忽少,更不能突然无料。

为了稳定流量,可在接料器前装设小型存料仓,或装设有效的风量自动调节装置。

(三)接料器的操作

在生产过程中如果发现某根输料管的来料偶然增多,为防患于未然,应在其进入接料器之前就让增多的物料预先从溜管中溢出。

(四)离心通风机的操作和故障分析

通风机的启动、运转和停车,应按照工作规程的要求进行操作,要定期进行检查和保养。通风机常见的不正常现象有振动、轴承发热、噪声过大、电动机过载发热等。

(五)作业机的吸风操作和故障分析

通风和气送装置的任务之一是为生产和作业机完成吸风任务。通常,作业机吸风效果不好的现象有粉尘从作业机外扬、机器或管道内部水汽凝结、风速降低等。产生这些问题的原因,其中与作业机本身有关的有如下两个方面。

1. 吸风空气利用不当　应该注意必须使空气尽量从机器的罩壳内部或风道吸出,尽量减小吸取那些无用的野风。

2. 机器内部阻力增大　此时应检查机器的进风口是否太小,风道内部有无粉尘沉积,风门是否位于正确位置。

(六)风管的操作

风管的结构和操作要求,在于能保证畅通地输送规定数量的空气,不漏风,不堵塞。风管应定期进行清理,扫除积尘。

(七)除尘器的操作和故障分析

离心集尘器最常出现的故障是除尘效率不高,甚至发生大量杂质随空气飞扬到屋顶上,严重污染大气,影响环境卫生。其原因主要是集尘器下面的出灰口没有装闭风设备,或闭风设备失灵,以致有大量空气从出灰口倒吸进去;或者是灰杂未能顺利排出引起集尘器内部堵塞。

习题

1. 粉尘有哪些性质?

2. 除尘的机理有哪些? 据此采用的除尘方式有哪些?

3. 比较板式、蜂窝式和鼓式除尘机组的优缺点。

4. 气力输送及除尘管道有何设计特点?

第九章　空调除尘测量测试技术

● 本章知识点 ●

掌握空气状态参数的测量方法。

重点　温、湿度和流体压力的测量方法。

难点　空气含尘浓度的测试方法。

第一节　空气状态参数的测量

一、温度的测量

温度是空气调节工程中经常要测量的重要参数之一。测量温度的仪表叫温度计。温度计是根据某些测温物质(如水银、酒精、双金属片、热电偶和热电阻等)的物理性质随温度的变化而变化来进行测量温度的。测温物质的物理性质一般是指膨胀性、热电效应和电阻变化等。按测温物质测温原理的不同,温度计可分为以下几种。

(一)液体温度计

液体温度计是利用玻璃管内液体(如水银、酒精)的热胀冷缩特性来测量温度的。通过观察液面所处的平衡位置,便可以从标尺上确定所测温度的数值。

水银温度计的测量范围是 $-30 \sim 600 ℃$,酒精温度计的测量范围是 $-80 \sim 70 ℃$。在空调工程测试中,最常使用的是水银温度计。它的常用刻度范围为 $0 \sim 50 ℃$,其分度值有 $1 ℃$、$0.5 ℃$、$0.2 ℃$ 和 $0.1 ℃$ 等几种。温度计使用前,应该先用标准水银温度计校准。水银温度计的优点是构造简单,使用方便,有足够的准确度,且价格便宜;缺点是水银膨胀系数较小,故灵敏度较低,不能进行遥测。

(二)双金属片温度计

双金属片温度计是固体膨胀式温度计的一种,其感温部分是由膨胀系数相差很大的两种金属片焊接而成。当周围空气温度发生变化时,双金属片开始向膨胀系数小的一边弯曲,弯曲的程度与温度变化的大小成正比,并通过指针指示在刻度盘上,故可读出欲测的温度值。双金属片温度计的测量精度为 $±1 ℃$,多用于自动记录计上。国产 DWJ—1 型双金属片温度计如图 9 - 1 所示,它可供连续记录空气温度用,分一日记录和七日记录两种,其测量范围为 $-35 \sim 45 ℃$。

图 9 - 1　DWJ—1 型双金属片温度计

1—双金属片　2—自记钟　3—记录笔　4—笔档手柄
5—调节螺丝　6—按钮

(三)热电偶温度计

热电偶温度计是一种非电量电测量度的仪器,它是将两种不同金属导体的两端焊接成一个闭合回路。当两端温度不同时,在闭合回路中就有热电势产生,这种现象称为热电效应。我们把这种焊接在一起的两种金属导体称为热电偶,导体称为热电偶的热电极,热电极有正、负极之分。如果将热电偶在一个焊接点处分开并接入一只毫伏计,如图9-2所示,当两端温度不同时,毫伏计就会指示出热电势的数值,热电势的大小与热电偶两端温度差成正比。温度高的一端称热端或工作端(工作端在测温时插入待测介质中),温度低的一端称冷端或自由端。如果将毫伏计接入热电偶的一只热电极中,如图9-3所示,同样能测出回路中热电势值。在空调工程中温度测量常用此种接线方法。

热电偶温度计的优点是灵敏度高,测量范围广,并可用于远距离测量和多点检测;缺点是使用时调整较费时间,精度不够高。

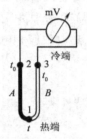
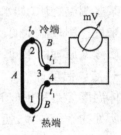

图9-2 电气测量仪表接入热电偶的冷端　　图9-3 电气测量仪表接入热电偶的一个热电极中

(四)热电阻温度计

热电阻温度计也是一种非电量电测温度的仪器,其作用原理是利用物质的本身电阻随温度而变化的特性来测量温度的,是由感温元件和指示仪表组成的。热电阻温度计的受热部分即感温元件是用铂、铜、镍等热电阻材料的细金属丝均匀地双绕在绝缘材料制成的骨架上。热电阻温度计可以直接测量的温度范围为 $-200 \sim 500℃$。其特点是精确度高,能用于自动记录和远距离控制。在空气调节自控系统中,热电阻温度计常用作感温元件。

二、湿度的测量

空气的相对湿度同温度一样,也是空气调节工程中经常要测量的重要参数之一。测量空气相对湿度的仪表常用的有以下几种。

(一)普通干湿球温度计

如图9-4所示,普通干湿球温度计是由两支完全相同的水银(或酒精)温度计组成,其中一支水银球表面保持干燥,用以测量空气的温度,称为干球温度计,读出的温度称干球温度,即空气的实际温度,用 t_g 表示;另一支水银球上包有纱布,并将纱布的下端浸入盛有蒸馏水的容器中,使水银球表面的纱布经常保持湿润状态,称湿球温度计,读出的温度称湿球温度,用 t_s 表示。使用时,在稳定情况下,同时读出两支温度计的读数,根据这两个温度值就可确定空气的水

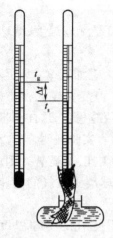

图9-4　普通干湿球
温度计

蒸气分压力,从而确定空气的相对湿度。

为弄清楚为什么可以用干、湿球温度两个值来测量空气的相对湿度,应对湿球温度的物理意义有所了解,而关于湿球温度的物理意义在第二章中已经进行了详细的叙述。湿球温度实际上反映了湿纱布中水的温度,同时也反映了湿球周围一薄层饱和空气层的温度。

当空气状态一定时,干、湿球温度的差值也是一定的。当被测空气的相对湿度较低时,在单位时间内湿球表面水分蒸发量较多,所需的汽化热也较多,故湿球温度较低,干、湿球温差大。反之,当被测空气的相对湿度较高时,则干、湿球温差小。如果被测空气是饱和空气,那么湿球表面水分就不会蒸发,则干、湿球温度相等。由此可见,干、湿球温度的差值反映了空气相对湿度的大小,也就是说,根据干、湿球温度可以确定空气的相对湿度。

用干、湿球温度来计算空气的相对湿度,关键是空气对湿球的传热量 Q_1 与湿纱布上水分蒸发的耗热量 Q_2 之间应保持平衡。

$$Q_1 = \alpha(t_g - t_s)F$$

$$Q_2 = FC\gamma(P_{sb} - P_q)\frac{101325}{B}$$

式中:α——湿球表面对流换热系数,$\text{W}/(\text{m}^2 \cdot \text{℃})$;

　　F——湿球表面积,m^2;

　　C——蒸发系数,$\text{kg}/(\text{m}^2 \cdot \text{s} \cdot \text{Pa})$;

　　γ——温度为 t_s 时,水的汽化潜热,J/kg;

　　P_{sb}——湿球温度下的饱和水蒸气分压力,Pa;

　　P_q——周围空气的水蒸气分压力,Pa;

　　B——当地实际大气压力,Pa。

令 $Q_1 = Q_2$,可得出相对湿度 φ 的求解公式,即:

$$\varphi = \frac{P_q}{P_{gb}} \times 100\% = \frac{P_{sb} - A(t_g - t_s)B}{P_{gb}} \times 100\% \tag{9-1}$$

式中:P_{gb}——干球温度下空气的饱和水蒸气分压力,Pa;

　　A——干湿球温度计系数,$A = \dfrac{\alpha}{101325C \cdot \gamma}$。

由于干湿球温度计系数 A 中的 C 和 γ 均与流过湿球的空气流速 $v(\text{m/s})$ 有关,因此干湿球温度计系数 A 为湿球温度计水银球附近空气流速 v 的函数。

由实验求得的 A 与空气流速 v 的关系式为:

$$A = 0.00001 \times \left(65 + \frac{6.75}{v}\right) \tag{9-2}$$

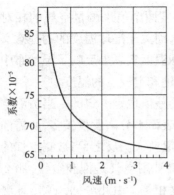

图 9-5　A 与 v 的关系

由以上讨论可看出,空气的相对湿度是干球温度、湿球温度、风速及当地大气压力的函数。

干湿球温度计系数 A 与 v 之间的关系如图 9-5 所示。从该曲线可以看出,空气流速较小时,A 值变化较大;空气流速较大时,A 值较小。空气流速越大,A 值越稳定,这样测量和计算出来的相对湿度 φ 值就越准确可靠。实验证明,当 $2.5 \leqslant v \leqslant 4$ 时,空气流速对热湿交换过程的影响已不显著。因此,要准确地反映空气的相对湿度,应使湿球周围空气的流速保持在 2.5m/s 以上。

例 9-1　通过干湿球温度计测得空气的干球温度为 24℃,温球温度为 18℃,当地大气压为 101325Pa,流经湿球表面的空气流速为 0.3m/s。试求空气的相对湿度。如果其他条件不变,只是空气的流速分别为 0.2m/s、0.1m/s,问空气的相对湿度又是怎样的?

解:将 v = 0.3m/s 代入式(9-2)得:

$$A = 0.00001\left(65 + \frac{6.75}{0.3}\right) = 0.000875$$

根据 $t_g = 24℃$、$t_s = 18℃$,查附录表 1 可知 $P_{gb} = 2977Pa$;$P_{sb} = 2059Pa$。将各已知数据代入式(9-1)得:

$$\varphi = \frac{2059 - 0.000875 \times (24 - 18) \times 101325}{2977} \times 100\% = 51.3\%$$

如果 v = 0.2m/s,则 A = 0.00098,φ = 49%;如果 v = 0.1m/s,则 A = 0.001325,φ = 42.1%。

本例计算结果表明流速越小,φ 值的误差越大。为了提高测量的准确性,应采用通风干湿球温度计。

(二)通风干湿球温度计

如图 9-6 所示,通风干湿球温度计主要是由两支装在镀铬套筒内的水银温度计和一个装在仪表上部用弹簧发条或小电动机带动的小风机组成。小风机通过两支温度计中间的总管从下端两金属套筒吸入空气,使干湿球表面都保持一定的风速(一般大于 2.5m/s)。由于两支温度计均装在镀铬套筒内,故水银球基本上不受周围物体辐射热的影响,因而它的精确度比普通干湿球温度计高,在精确测量相对湿度时使用。

工程上为了简化计算,通常根据测出的干球温度和

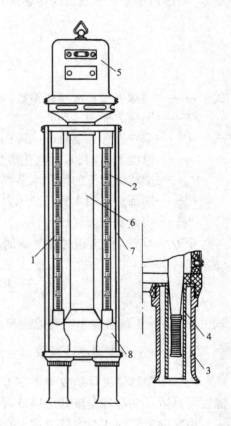

图 9-6　通风干湿球温度计

1,2—水银温度计　3—外护管　4—内护管　5—通风器　6—通风总管　7—护板　8—三通管

湿球温度,利用温湿度换算表来查相对湿度,见附表2。

使用干湿球温度计时必须注意以下几点。

(1)湿球表面要经常保持清洁、湿润状态。应使用柔软性好,吸水性强的脱脂纱布,容器内的水应该使用蒸馏水。

(2)利用温湿度换算表查相对湿度时,必须注意换算表的风速与流过湿球表面的空气速度相符。

(3)空气流过干湿球温度计的方向,必须是从干球到湿球(当空气从侧面流过时)。

(4)干湿球温度计应悬挂在和人的视线相平齐的位置(一般离地面1.5m左右)。

例9-2 某车间利用通风干湿球温度计测得空气的干球温度为25℃,湿球温度为20℃。如大气压力为标准大气压,试求空气的相对湿度。

解:(1)在$B = 101325Pa$的$i—d$图(图9-7)上,由$t_s = 20℃$的等温线与$\varphi = 100\%$的饱和相对湿度线相交得状态点1。

(2)在沿点1的等焓线上与$t_g = 25℃$的等温线相交得状态点2,该点即为所测空气的状态点。

(3)由$i—d$图查得:$\varphi_2 = 65\%$。

(三)电阻湿度计

不少物质的导电性能与其含水量有关,而空气的相对湿度又是影响这些物质含水量的主要因素。因此,如果测出这些物质的导电能力,就可求出空气的相对湿度。

电阻湿度计由测头和指示仪表两部分组成,中间用导线连接。测头是仪器的感应部分,它有柱状和片状两种形式,如图9-8和图9-9所示。柱状测头是在圆筒形有机玻璃的支架上平行缠绕两条纯金丝,组成一对电极,再涂以氯化锂溶液。当溶剂挥发干燥后,即凝聚成一层氯化锂感湿薄膜。氯化锂是一种强吸湿剂。当空气的相对湿度变化时,氯化锂薄膜的含水量也发生变化,其导电性能随之改变。因此,通过测定两电极间的电阻值,即可得相应的空气相对湿度。

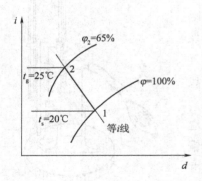

图9-7 例9-2的$i—d$图

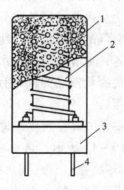

图9-8 柱状测头结构
1—外壳 2—金丝电极
3—底座 4—插脚

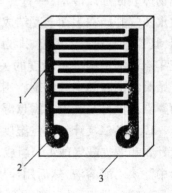

图9-9 片状测头结构
1—电极 2—接线端子 3—基片

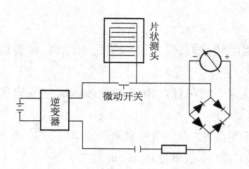

图9-10 电阻湿度计线路示意图

片状测头是在基片上用真空溅射的方法制成一对梳状电极,再在电极上涂一层氯化锂溶液作感湿薄膜。当感湿元件与电源接通后,电流就从一个电极通过氯化锂薄膜流向另一个电极。通过测定两极间的电阻值即可得出相应的空气相对湿度值。如图9-10所示为电阻湿度计的线路图。

电阻湿度计是一种较新的测量湿度的仪器,具有反应快、灵敏度和精确度高的特点。因此,常被用作自动记录和自动控制的感应元件。其主要缺点是每个测头的湿度测量范围较小,测头之间的互换性较差,同时氯化锂测头存在老化问题,需定期更换,特别是在温湿度较高的环境中使用时更易损坏。

(四)露点法测量相对湿度

露点法测量相对湿度的基本原理是在已知空气干球温度 t_g 的前提条件下,先测定空气的露点温度 t_1,然后确定对应于 t_1 的饱和水蒸气分压力 P_1,显然 P_1 即为被测空气的水蒸气分压力 P_q,因此可用下式求出空气的相对湿度。

$$\varphi = \frac{P_1}{P_{gb}} \times 100\% \tag{9-3}$$

式中:P_1——对应被测定气露点温度 t_1 的饱和水蒸气分压力,Pa;

P_{gb}——对应被测空气干球温度 t_g 的饱和水蒸气分压力,Pa。

露点温度是指被测湿空气冷却到水蒸气达到饱和状态并开始凝结出水分时的对应温度。露点温度的测定方法是,先把物体表面加以冷却,一直冷却到与该表面相邻近的空气层中水蒸气开始在表面上凝结成水分为止。开始凝结水分的瞬间,其邻近空气层的温度,即为被测空气的露点温度。所以保证露点法测量湿度精确度的关键,是如何精确地测定水蒸气开始凝结的瞬间空气温度。用于直接测量露点的仪表有经典的露点湿度计与光电式露点湿度计等。

1. 露点湿度计 露点湿度计主要是由镀镍铜盒3、露点温度计2和橡皮鼓气球4等组成,如图9-11所示。测量时在铜盒中注入乙醚溶液,然后用橡皮鼓气球将空气打入铜盒中,并由另一管口排出,使乙醚得到较快速度的蒸发。乙醚蒸发时吸收了乙醚自身的热量使温度降低。当空气中水蒸气开始在镀镍铜盒外表面凝结时,插入盒中的露点温度计读数就是空气的露点温度。测出露点温度以后,再从湿空气性质表中查

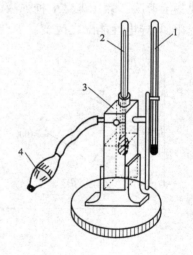

图9-11 露点湿度计
1—干球温度计 2—露点温度计
3—镀镍铜盒 4—橡皮鼓气球

出露点温度下的水蒸气饱和分压力 P_1 和对应于干球温度下的饱和水蒸气分压力 P_{gb},即可由式 (9-3)算出空气的相对湿度。该湿度计主要的缺点是一般不易测准,容易造成较大的测量误差。

2.光电式露点湿度计 光电式露点湿度计是使用光电原理直接测量气体露点湿度的一种电测法湿度计,其适用范围广,测量准确度高,尤其适宜于低温与低湿状态。

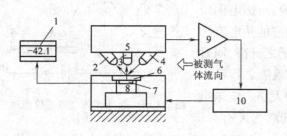

图9-12 光电式露点湿度计

1—露点温度指示器 2—反射光敏电阻 3—散射光敏电阻
4—光源 5—光电桥路 6—露点镜 7—铂电阻
8—半导体热电制冷器 9—放大镜 10—可调直流电源

光电式露点湿度计的测量原理与上述露点湿度计相同,其基本结构及系统框图如图9-12所示。由图可知,光电式露点湿度计的核心是一个可以自动调节温度的能反射光的金属露点镜以及光学系统。当被测的采样气体通过中间通道与露点镜相接触时,如果镜面温度高于气体的露点温度,镜面的反射性能好,来自白炽灯光源的斜射光束经露点镜反射后,大部分射向反射光敏电阻,只有很少部分为散射光敏电阻所接受,两者通过光电桥路进行比较,将其不平衡信号经过平衡差动放大器放大后,自动调节输入半导体热电制冷器的直流电流值。半导体热电制冷器的冷端与露点镜相连。当输入制冷器的电流值变化时,其制冷量随之变化,电流越大,制冷量越大,露点镜的温度也越低。当降至露点温度时,露点镜面开始结露,来自光源的光束射到凝露的镜面时,受凝露的散射作用使反射光束的强度减弱,而散射光的强度有所增加,经两组光敏电阻接受并通过光电桥路进行比较后,放大器与可调直流电源自动减小输入半导体热电制冷器的电流,以使露点镜的温度升高。当不结露时,又自动降低露点镜的温度,最后使露点镜的温度达到动态平衡,此时露点镜的温度即为被测气体的露点温度。然后,通过安装在露点镜内的铂电阻及露点温度指示器直接显示出被测气体的露点温度值。

光电式露点湿度计要有一个高度光洁的露点镜面,以及高精度的光学与热电制冷调节系统,这样可以保证露点镜面上的温度值在 ±0.05 的误差范围内。光电式露点湿度计不但测量精度高,而且还可测高压、低温、低湿气体的相对湿度。但采样气体不得含有烟尘、油脂等污染物,否则会直接影响测量精度。

三、微风速的测量

在空调工程中,流体流动速度是一个基本参数。通过它可以了解流体流动的规律,经过一定的计算还可以得到流体的体积流量、质量流量或动压等有关参数,因此对这一参数的测量具有重要意义。

纺织厂车间空气的流动速度很小,其方向又不易确定,因此不宜采用一般的风速仪来测定,通常用不考虑流动方向的热电风速计来测量。

热球式热电风速仪是一种新型测量风速的仪器,具有灵敏度高、反应速度快、使用方便等特点。其适用测量风速的范围有 0.05 ~ 5m/s、0.05 ~ 10m/s 等,但随风速的提高,其测量灵敏度将随之降低,因此其主要用于测量空调恒温室内的气流速度。

热球式热电风速仪原理图如图 9 - 13 所示,它由电热线圈和热电偶两个回路组成。在电热回路里,可通过调节电阻 R 的大小达到调节电热线圈温度的目的,而热电偶回路中连接的微安表则可直接指示出与电势相应的热电流的大小。当电热线圈通过额定电流时,其温度随之升高,同时加热玻璃球,连接在另一回路上的微安表也就随之指示出热电偶产生的热电势及与之对应的热电流的大小。应该指出的是,玻璃球的温升及热电势的大小与气流速度有关。

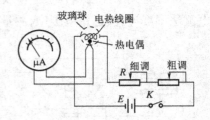

图 9 - 13 热球式热电风速仪原理图

气流速度大,玻璃球散热就快,温升就小,热电势值也较小,反之亦然。将与上述温度变化关系相对应的风速值直接标定在指示仪表盘面上,就可在测量过程中直接读出当时测定的环境气流速度。

(1)QDF 型热球式热电风速仪的使用方法有如下几个步骤。

①使用前先按指示标记装好电池及测标连接线的插头。

②手执测杆,测头朝上垂直放置,滑套向上顶紧,使测头处于零风速状态,进行校准工作。

③校准时,先将工作旋钮由"断"转到"满度"位置,再调节标有满度的旋钮,使表针指到表盘的上限刻度值。若达不到,则应更换箱内的单节电池。

④将工作选择旋钮调到"零位"位置上,再调节电阻旋钮即"粗调"或"细调",使表针指到零位上,若调不到零位,则应更换箱内的三节串联电池。

⑤将测头从测杆的滑套中拉出,并使测头的小红点向通风面,表针即指示风速。若表针摇摆不定,测量时可读取中间值,或通过表箱上的校正曲线图查取风速值。

⑥每测量 10 ~ 15min 后,应重新对仪表进行校验,方可继续工作。

⑦测量完毕,应将滑套顶紧,工作选择旋钮转到断的位置,拔下插头,同时将箱内安装的电池取出,整理装箱。

(2)QDF 型热球式热电风速仪在使用过程中应注意如下几点。

①禁止用手触摸测头,禁止用嘴对着测头吹气,以防损坏测头。

②仪表应在清洁、干燥、无腐蚀性的环境中保管,并且在搬运过程中应防止碰撞和剧烈地振动。

四、空气负离子浓度的测试

空气是多种气体的混合物,其中主要成分是氮、氧、二氧化碳和水蒸气。通常空气中的各种气体分子都很稳定,呈中性,即不带电。然而,由于自然界的宇宙射线、紫外线、雷电、植物等的作用,会导致周围空气电离,产生负离子,也叫空气负离子。空气负离子实质上就是带负电荷的空气粒子。通常人们所说的空气负离子是指的负氧离子,它是空气中的氧分子结合了自由电子而形成的。

在自然界的空气中,负离子的多少和气候、地理条件及大气污染等有关,据测定6～9月负离子浓度最高,1～3月则最低,其余月份则介于两者之间。

在地球表面,负离子浓度一般为几千个/cm³。大城市剧场中,仅为10～30个/cm³,大城市房间一般为40～50个/cm³,街头绿化地带为100～200个/cm³,公园里为400～600个/cm³,郊外可达700～1000个/cm³,而在海滨、山谷、瀑布等处可高达20000个/cm³以上。

空气离子所携带的电荷是极其微小的,要测量它必须使用离子收集器和微电流计构成的空气离子测量仪。这种仪器灵敏度高、绝缘要求也很高,在测量中很容易受到环境因素和人为因素的影响而造成测试的误差,甚至测不到本来应该有的离子。为此,要尽可能多地掌握有关仪器的原理,根据被测对象选择合适的仪器,并规定合理的测试方法和步骤。

(一)空气离子浓度测量

空气离子测量仪一般采用电容式收集器收集空气离子所携带的电荷,并通过一个微电流计测量这些电荷所形成的电流,其结构如图9－14所示。

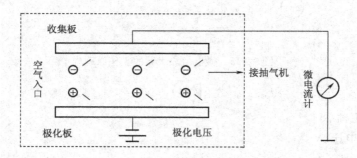

图9－14 空气离子测量示意图

极性分别向收集板和极化板偏转,把各自所携带的电荷转移到收集板和极化板上。收集板上收集到的电荷通过微电流计落地,形成一股电流;极化板上的电荷通过极化电源(电池组)落地,被复合掉,不影响测量。一般认为每个空气离子只带一个电荷(当然特殊情况下可以带多个电荷)。

离子浓度可以由所测得的电流及取样空气流量换算出来,公式为:

$$N = \frac{I}{qvA} \tag{9-4}$$

式中:N—— 单位体积空气中离子数目,个/cm³;

I——微电流计读数,A;

q—— 基本电荷电量,1.6×10^{-19} C;

v——取样空气流速,cm³/s;

A——收集器有效横截面积,cm²。

(二)仪器结构

空气离子测量仪可分为离子收集器及微电流放大器两部分。

1. **离子收集器**　是由抽气机将空气抽入,同时用一个电场收集这些被取样气体中的离子,以形成一股离子电流的装置。目前,比较通用的离子收集器为平行板式收集器。

平行板式离子收集器的收集板与极化板为互相平行的两组金属板,这种收集器可以采用多组极板结构,可使收集器截面相对大一些,以增大取样量,提高灵敏度。平行板电场属于均匀电场,为了克服平行板电场的"边缘效应"一般让收集板稍微超前于极化板,使整个电场更加均匀。

2. **微电流放大器**　是空气离子测量仪的关键性部件之一,微电流放大器一般采用全反馈式直流放大器,其工作原理如图9-15所示。

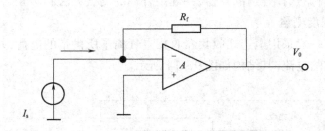

图9-15　微电流放大器的工作原理

$$V_0 = I_s R_f \tag{9-5}$$

式中:I_s——输入电流,A;

　　V_0—— 输出电压,V;

　　R_f—— 反馈电阻,Ω。

根据这一公式便可以得到被测电流 I_s 的数值。

仪器的反应速度基本上取决于反馈电阻 R_f 的数值和与它们并联的电容 R_f(包括分布电容量)。

较快的响应速度对于观察离子浓度的变化是有利的,然而在野外测量时,由于风的影响,离子浓度波动较大,容易造成读数跳动不定,无法读取的问题。在这种情况下,采用较长的响应时间的仪器可以得到较平稳的读数,如图9-16所示。

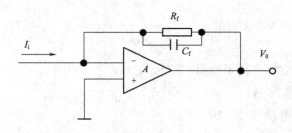

图9-16　响应时间较长的仪器的工作原理

$$\tau = R_f C_f \tag{9-6}$$

式中：τ—— 响应速度，s；

  R_f——反馈电阻，Ω；

  C_f——电容，F。

（三）选择空气离子测量仪应着重考虑下面的几个问题

1. 离子浓度测量上限 考虑到目前各种应用项目的实际需要，空气离子测量仪上限要能达到 10^9 个/cm^3 就足够了，超过这个限度是没有必要的。

2. 离子浓度的最小分辨力 即仪器的灵敏度极限（下限）。如果要求进行空气本底离子浓度值测试，则要选用分辨力优于 20 个/cm^3 的仪器，否则会由于灵敏度不够而影响测量。

3. 抽气速率 指仪器所使用的抽气气流速率，它和仪器的取样量直接相关。取样量大的灵敏度一般较高，适宜于对较大空间范围的空气进行测试。取样量较小的灵敏度较低，也较易受外界气流干扰。但它对被测对象影响较小，适合用于那些不允许大量采样的场合。

4. 离子浓度测试误差 主要由微电流计的误差和抽气速率误差组成。前者一般在 5% 左右，后者在 10% 左右，因此离子测量仪的浓度测量误差为 10% ～15%。

5. 响应时间 从被测量的气体开始被抽入收集器到仪器指示稳定的时间，各种仪器不同。在野外测试或被测离子源存在波动较大的情况下最好选用反应时间长一些的仪器，一般的情况下，响应时间可在 5～20s 的范围内选择。

6. 测量对象 空气离子测量仪的测试对象，大体上可分为自然离子源和人造离子源。自然离子源，主要有地表放射性物质、放射性气体、宇宙线、天然瀑布等。人造离子源主要有各种电晕式离子发生器、水激式离子发生器及放射源离子发生器等。自然离子源又可分为室内、室外、城里、野外等各种自然条件，在室外测试应避免风直接吹到收集器的入口或出口，以免加快或减弱抽气速率。在有风的情况下应尽量使收集器入口气流方向与风向垂直，最大限度地减弱外界风对测量结果可能造成的影响。

室内测量时，要考虑避免室内电器对测试的干扰，还要考虑墙壁、桌面等材料是否会吸附（储存）离子电荷，造成静电干扰，一般不希望使用塑料等高绝缘性材料做实验室的桌面、墙壁，因为这些材料很容易吸附电荷形成附加电场，从而对测量结果造成影响。

在湿度大的环境中要避免因连续测量而使仪器受潮，此时除了采取驱潮措施外，最好采取间断性测试的方法，这样可利用仪器自身的驱潮器使其恢复功能，保持正常测量的性能。

各种不同类型的空气离子发生器所产生的离子浓度梯度的分布相差很大，为了比较它们的性能，应该规定一个合理的测试距离。从实用的角度出发，并考虑尽量减少测量仪器的对使原有离子分布状况的改变，可以选在距离离子发生器 30～50cm 远处进行测试；在能保证测试环境气流稳定的情况下，后者似乎更为合适。

第二节　流体的测量和空调系统的测试

一、流体的测量仪表

(一)U形压力计

U形压力计如图9-17所示,它是用其玻璃管的形状来命名的。一根等径的玻璃管被弯成U形后,将其固定在标有刻度尺的底板上,再灌入工作液(水、酒精等),并使之处于零位状态。该等径玻璃管的内径应大于5mm,以减少毛细管现象的影响。

U形压力计的测量原理是将被测压力的测压管接于U形压力计接头端,玻璃管的另一端与大气相通,这时由于被测气体与大气的压力差而使玻璃管的左右液面出现高度差,则被测压力 P(Pa)即可用下式求得。

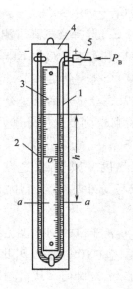

$$P = \frac{h\rho g}{1000} \tag{9-7}$$

式中:h——测压计左右玻璃管液面高度差,mm;

　　　ρ——工作液的密度,kg/m³;

　　　g——重力加速度,9.8m/s²。

U形压力计的结构简单,使用方便,但由于标尺的刻度误差、工作液的密度误差和读数误差等因素的影响,使测量压力的准确度降低,加之玻璃管机械强度差,玻璃管的长度受限制等因素影响,限制了玻璃管U形压力计的使用范围。

图9-17　U形压力计
1—U形玻璃管　2—刻度尺零位
3—刻度尺　4—底板　5—接头

(二)倾斜式微压计

倾斜式微压计由储液器和焊在储液器上的斜管组成,斜管上有刻度,其原理图如图9-18所示。图9-18中左面是一断面为 F_1 的圆形玻璃容器(或金属容器),上面有一管口与被测对象相连通。右面是断面为 F_2 的倾斜管。在往容器内灌注工作液时,务必使容器内的液面与细管的刻度零值处于同一水平面上,即图中的初始液面。当容器与被测对象连通后,在压力 P 的作用下,容器内液面下降 h_1,倾斜管(测量管)内液面上升 h_2,则两液面总高度为 $h = h_1 + h_2$。

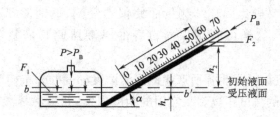

图9-18　倾斜式微压计

若倾斜管内液面上升的倾斜距离为 l,则:

$$h_2 = l\sin\alpha$$

式中:α——测量管的倾斜角度。

根据连通器原理,则:

$$h_1 F_1 = l F_2$$

即:

$$h_1 = l\frac{F_2}{F_1}$$

将 h_1 和 h_2 代入 $h = h_1 + h_2$ 得:

$$h = l\frac{F_2}{F_1} + l\sin\alpha = l\left(\frac{F_2}{F_1} + \sin\alpha\right) \qquad (9-8)$$

通常 F_2 与 F_1 之比值很小,故 F_2/F_1 一项可忽略不计,所以 $h = l\sin\alpha$,则所测的压力值为:

$$P = \frac{\rho g h}{1000} = \frac{\rho g}{1000} l\sin\alpha \qquad (9-9)$$

式中:P——所测压力,Pa;

ρ——表液密度,kg/m³;

g——重力加速度,9.8m/s²;

l——表液柱长度,mm。

倾斜式微压计实际上是 U 形压力计的变形,由于其测压管由垂直改为倾斜,因此增加了液柱长度,从而提高了该压力计测压的灵敏度和精确度。由此可直观地看出,测压管的倾斜角度越小,对同一液柱高度而言,其增加的液柱长度则越长,读数的精确度也就越高(应注意倾斜角不应小于15°,若小于15°,读数精确度将降低),相应的测量范围也就越小。为了适应不同测量范围的需要,制造倾斜式微压计时,通常都确定五个可供调节的倾斜角度位置,并标注上相应的位置系数 K 值。目前,制造厂常把酒精作为表液,并将测得的酒精柱长度 l(mm)直接乘以系数 K,即可求得压力值,单位为 mmH₂O。K 值通常直接标在仪表上,它与倾斜角 α 有关,即 α 小,K 值也小。仪表上通常标刻出的 K 值有 0.2、0.3、0.4、0.6、0.8 五档。

倾斜式微压计的测量范围为 0~200Pa,是通风与空调系统测试中常用的测压计。Y—61 型倾斜式微压计如图 9-19 所示,其使用及维护方法如下。

(1)使用时将其置于稳定的支撑物上大致放平,然后调节三角形平板下的脚螺柱 9,使水准器 2 的气泡居中。

(2)将倾斜测量管 8 固定在弧形支架 3 的任何一个 K 值位置上。

(3)将容器 10 上的多向阀手柄 6 扳至"校准"位置,拧开加液盖 4,将密度为 810kg/m³ 的酒精注入容器内,加到容器的 2/3 深度为止,拧紧加液盖。

(4)调整零位调节旋钮 5,使测量管中的酒精液面处于零位。若液面始终低于零位,说明酒精过少,应再加一些酒精后再调;若液面始终高于零位,则说明容器内酒精过多,此时可将测量管顶端的橡皮塞拔掉,从与多向阀门 11 的"+"接头相连接的橡皮管轻轻吹气,将多余的酒精

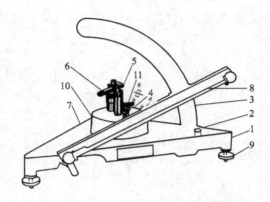

图9-19　Y—61型倾斜微压计
1—底板　2—水准器　3—弧形支架　4—加液盖　5—零位调节旋钮　6—多向阀手柄
7—游标　8—倾斜测量管　9—脚螺柱　10—容器　11—多向阀门

吹出。多向阀门11共有三个接头,靠近加液盖4的为"－"接头,另一边的为"＋"接头。

(5)使用前应对仪器做严密性试验,以防漏气或堵塞。检查方法是从与"＋"接头相连接的橡皮管吹气,将液柱吹至最高处,然后将橡皮管密闭。若液柱不降,说明不漏气;若液柱下降则说明漏气,应检查漏气原因并进行处理。若仪器对压力反应迟钝,则说明多向阀通道有堵塞现象,应对其进行清洗,再装回原位,并应保证其严密性。

(6)检查完毕即按图9-20所示连接并对管路内的风压进行测量。图中1、2、3分别表示测量管道吸入端管段中的总压、静压和动压的情形;4、5、6则分别表示测量管路压出端管段中的总压、静压和动压的情形。

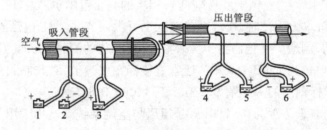

图9-20　测压管与倾斜微压计连接示意图

由图9-20连接可知,若测量负压端管段压力时,要从"－"接头接入;若测量正压端管段压力时,则要从"＋"接头接入。若测量压力差时,则一律按较大压力接"＋"接头,较小压力则接"－"接头的连接方法进行操作。

做好上述工作后,将多向阀手柄扳至"测量"位置,即可在测量管上读数,并根据测量管位置的仪器常数 K,计算出压力值。

(7)仪器使用完毕,将多向阀手柄扳到校准位置,同时排出仪器内的酒精,排液方法同(4)。

(8)倾斜式微压计可用几台微压计互检。

（三）毕托管

毕托管又称测压管，是与压力计配合使用的一种测压仪器，其作用就是采集被测气体并由压力计反映出被测气体的压力值。

毕托管的结构如图9－21所示，它是由一根内径为3.5mm和另一根内径为6～8mm的紫铜管同心套接焊制而成。内管为总压管，外管为静压管，其头部为半球形，中间的小孔为总压孔，管壁的外侧小孔为静压孔。如果将压力计与毕托管的静压接头连接，测得的压力值是被测气体的静压值；如果压力计与毕托管的总压接头相连，测得的压力值就是被测气体的总压值；如果压力计同时与毕托管的两个接头相连接，则可测得被测气体的动压值。因此，毕托管也有动压管之称。

在使用毕托管时应注意以下几个方面。

（1）毕托管插入风道以后，操作者应注意不要让连接的橡胶管弯曲，避免造成气路不通畅。

（2）毕托管的管身应垂直于风道管壁，毕托管量柱应与气流方向平行，头部应迎向气流的方向。

（3）用完以后应用塑料袋包裹好，以防磨损或异物堵塞测孔。同时注意不要碰撞测压管，以防变形。

（四）风速仪

测量风速的仪器叫做风速仪。除用上述毕托管及微压计测量空气的动压以求风速外，还可用叶轮风速仪、转杯风速风向仪直接测量风速。

1.叶轮风速仪　叶轮风速仪有自记式和不自记式两种，不自记式叶轮风速仪在使用时要拿秒表配合，其测量风速的准确程度与操作人员的熟练程度有关。目前使用较多的是自记式叶轮风速仪，该风速仪的测试灵敏度为0.5m/s以下，测速范围为0.5～10m/s，主要用于送、回（排）风口及空调设备的风速测量。

自记式叶轮风速仪是由叶轮和计数机构等组成，如图9－22所示。叶轮2由若干轻的铝片

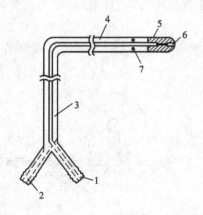

图9－21　毕托管

1—总压接头　2—静压接头　3—管身部分　4—量柱部分

5—头部　6—总压孔　7—静压孔

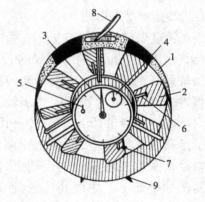

图9－22　自记式叶轮风速仪

1—圆形框架（外壳）　2—叶轮　3—长指针

4—短指针　5—计时红针　6—回零压杆

7—启动压杆　8—提环　9—座架

制成,其转数通过机械传动方式连接到计数机构上。计数机构通过表盘中间的指针进行计数。长指针3每转一圈为100m,短指针4转过一个刻度为100m,一圈为1000m。使用前应检查长短指针是否在零位上,如果不在零位上,可顶压回零压杆6,使指针回复零位置。而后,将风速仪绑在木杆上并放置在测头位置上,叶轮应垂直于风的方向,并需注意转动方向。当叶轮旋转平稳以后,才能按启动压杆7,手指即按即放,时间不应超过1s。启动以后计时红针5先开始走动,30s以后,听到咔嚓声,风速指针开始走动;60s以后,又可以听到咔嚓声,风速指针停止走动;再过30s,计时红针也自动停止走动。此时读取长、短指针的指示值之和就是要测量的每分钟风速。测试结束,按回零压杆使指针回到零位,准备下一次测试。

该风速仪在使用过程中,一定要按规定的限测风速使用,以免损坏机件,同时应注意,严禁用手触碰叶轮,防止与异物碰撞或摔跌,用后应擦净放入盒中保管。

2.转杯式风速风向仪　转杯式风速风向仪的机构、作用原理与叶轮风速仪基本相似,不同的是将叶轮换成了转杯。因转杯的机械强度大,故可用于测量1~20m/s范围内的风速。转杯式风速风向仪的结构如图9-23所示,它具有三个(或四个)半圆球形的杯形叶片,它们的凹面朝向一方,装置在垂直于气流方向上的轴上,并通过机械传动方式连接到计数机构,其使用方法与叶轮风速仪相同。

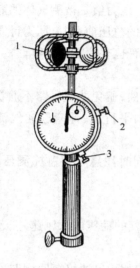

图9-23　转杯式风速风向仪
1—风环　2—回零压杆
3—启动压杆

(五)转速表

在进行通风空调系统测试时,需要测量通风机、电动机等设备的转动速度,此时使用的测量仪表叫转速表。转速表有离心式、计数式、磁力式及闪光式等,其中离心式转速表是常用的一种。

离心式转速表的结构如图9-24所示,它是利用离心器旋转后产生的惯性离心力与起反作用的拉簧作用相平衡的原理制成的。用离心式转速表测量设备的转速时,应先转动转速表上的量程字盘,使设备的额定转速能处于转速表的量程范围内。旋转字盘并听到"咔"的一声响,说明内部弹子已落入半圆槽中,即可进行测量了。此时需将摩擦接头套在转速表的表轴上,使摩擦接头与被测转轴端面上的中线孔接触,使两轴处于同一直线上,再稍加用力,以两者不打滑为原则。待指针摆动稳定后,即可进行读数。如果被测设备的铭牌上无转速标注,则应将转速表的量程转到较大的量程范围进行试测量,待确定了转速的

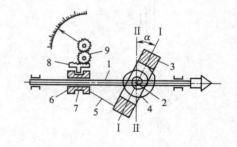

图9-24　离心式转速表
1—表轴　2—小轴　3—重锤　4—弹簧　5—拉杆
6—滑套　7—滑环　8—齿条　9—齿轮

量程范围后,再进行实测,便可避免损坏仪表。转速表应定期注油保养,以保持其良好的状态。

此外,流体的测量仪表中,还包括测量气体、液体流量的常用测量仪表,如孔板流量计、转子流量计和三角堰,这里就不介绍了。

二、管内风压的测量及测量方法

(一)管内风压的测量

1. 静压的测量   静压是指空气垂直作用于管道壁面单位面积上的力。测量静压时,只需垂直于管壁开一小孔,然后用橡皮管接至 U 形压力计上,如图 9 – 25 所示。若管内空气静压大于当地大气压力,则 U 形压力计通大气的一端液柱升高 h_j,所测静压 P_j(Pa)可用下式表示。

$$P_j = \frac{\rho_y g h_j}{1000} \qquad (9-10)$$

式中:ρ_y——管内液体的密度,kg/m^3;

$\quad g$——重力加速度,$9.81 m/s^2$;

$\quad h_j$——U 形管内的液柱差,mm。

2. 总压的测量   测量总压时,对水平管道来说,只需用一根两端开口的直角弯管(即毕托管)伸入风管内,一端对着气流流动方向,另一端用橡皮管接至 U 形压力计上,如图 9 – 26 所示。在空气动压和静压的同时作用下,U 形压力计的另一端液柱升高,直至与大气压力平衡为止。此时液柱升高值 h_z 表示了管内空气的总压。运用流体在水平管内流动时的伯努利方程,因 1 与 2 点相距很近,管内所消耗的能量可忽略不计,则:

$$P_1 + \frac{v_1^2}{2}\rho = P_2 + \frac{v_2^2}{2}\rho$$

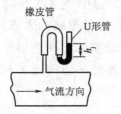
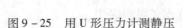

图 9 – 25   用 U 形压力计测静压

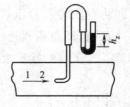

图 9 – 26   用 U 形压力计测总压

又因点 2 是在弯管内,故 $v_2 = 0$,则上式可简化为:

$$P_2 = P_1 + \frac{v_1^2}{2}\rho \qquad (9-11)$$

由式(9-11)可知,点 2 处的静压 P_2,是点 1 处的静压和动压总和,即等于点 1 处的总压力 P_Z,则:

$$P_Z = P_2 = \frac{\rho_y g h_Z}{1000}$$

式中:h_Z——U 形管内的液柱差,mm。

3. 动压(速压)的测量   流体的动压等于总压与静压之差。因此,只需用 U 形压力计的一端与测量总压的直角弯管相连接,另一端与测量静压的管壁孔口相连接,如图 9-27 所示,则 U 形压力计两端的液柱 h_d 即表示了空气的动压。动压 P_d(Pa) 可用下式表示。

$$P_d = \frac{\rho_y g h_d}{1000} = P_2 - P_1 = \frac{v_1^2}{2}\rho \qquad (9-12)$$

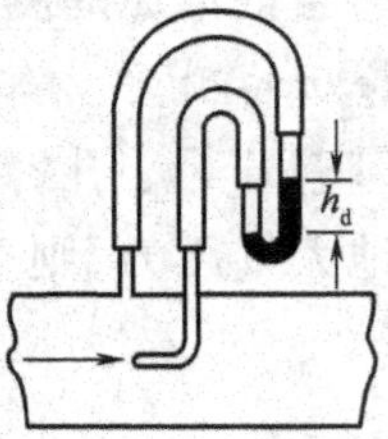

图 9-27   用 U 形压力计测动压

式中:v_1——风道内空气流速,m/s;

ρ——空气密度,通常取 1.2kg/m^3。

(二)测量方法

1. 毕托管与微压计的连接方法   当在压出管段(正压区)中测量空气静压时,把毕托管从管壁的小孔插入,毕托管头部迎着气流,同时用橡皮管将静压管与微压计的一端连接起来,而微压计的另一端则与大气相通。因压出管段中空气的静压比大气压力大,所以微压计与静压管连接在一边的压力比另一边大。在采用倾斜式微压计时,静压管路应该和玻璃(或金属)容器管口一边的接头连接。当在吸入管段(负压区)中测量空气静压时,由于管道中空气的静压力小于大气压力,故微压计与静压管连接一边的压力比另一边小。在采用倾斜式微压计时,静压管应该和玻璃管一边的接头连接。如果测量管道中空气的总压力,也可用上述方法来测量,只是在测量时以毕托管的总压管代替上述的静压管。测量管道中空气动压时,采用总压与静压相减的方法,即将总压管和静压管连接在微压计的两端,两者相减的数值即为动压。必须说明,动压永远是正值,即总压永远大于静压,故采用倾斜式微压计测量动压时,总压管总是与玻璃(或金属)容器管口的接头相连,静压管总是与玻璃管一边的接头相连,如图 9-19 所示。

测量时要注意以下几点。

(1)毕托管的头部应放在气流较稳定区域中,避免放在涡流区中。

(2)压力读数应待液柱尽可能稳定后读出。

(3)毕托管和橡皮管不应被水阻塞,橡皮管不能有折褶。

(4)测量用的微压计,在测量前先要校正座架上的水平位置。

2. 测点的选择   由于管道内流动的流体速度是不均匀的,因此在求管内流体的平均流速时,须把风管截面分成几个相等的面积,如图 9-28 所示。

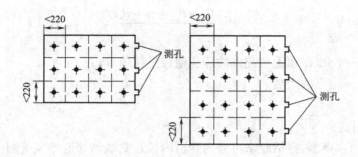

图 9 - 28　矩形截面内风管的测点位置

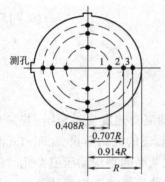

图 9 - 29　圆形截面内风管
的测点位置

在矩形风管内分配面积时,应遵循以下原则。

(1)各小截面的形状应尽可能接近正方形。

(2)各小截面的面积不大于 0.05m²。

(3)小截面的数目不得少于 9 个。

对于圆形风管,应将其截面分成若干个面积相等的同心圆环。每个圆环内测试四点,如图 9 - 29 所示,截面所划分的圆环数,取决于风管直径的大小,可按下表选用。

圆形风管直径与圆环个数的划分

圆形风管直径(mm)	<200	200 ~ 400	400 ~ 700	>700
圆环个数 n(个)	3	4	5	5 ~ 6

各圆环测点距中心的距离可按下式计算:

$$R_i = R \sqrt{\frac{2i - 1}{2n}} \tag{9 - 13}$$

式中:R——风管半径,mm;

i——从风管中心算起的测点顺序(即圆环顺序号);

R_i——从风管中心到第 i 个测点的距离;

n——划分的圆环数。

用毕托管及微压计来测量风道内风压时,应选择合适的测点位置。测点处的气流应比较均匀而稳定。一般情况下,常在直管段上进行测量。若在测试截面之前(按气流流动方向)或之后有弯管、变径管、三通管等异形部件,则测试截面离这些部件的距离应大于 1.5 倍风管直径或大于 4 ~ 5 倍风管直径。尽可能避免将测试截面布置在调节阀前后,测试截面前后处的直线管段越长越好。

在进行多点测量时,对测试截面的平均静压、平均总压 P 可按下式计算。

$$P = \frac{P_1 + P_2 + \cdots + P_n}{n} \qquad (9-14)$$

式中：P_1, P_2, P_n——测试截面上各测点的静压值或总压值，Pa;

$\qquad$ n——测点的个数。

三、风量的测试

风量测试的内容很多，概括起来可分为管道内风量测试和管道外风量测试两部分。

(一)空调系统风道风量的测试

当测出管内一点的动压后，即可按下式求出它的速度。

$$v = \sqrt{\frac{2P_d}{\rho}} \qquad (9-15)$$

式中：v——管内气流速度，m/s;

$\qquad$ ρ——气体的密度，kg/m^3;

$\qquad$ P_d——管内气体的动压，Pa。

由于气流在管内的流动不是均匀分布的，因此管内截面各点的流动速度也不相同，若只测某点的速度作为流量的计算依据，显然是不合理的，因此应该根据管道的截面形状，合理布置测点位置(前已叙述)，测出某横截面上多点的动压值，即应该计算该截面的平均动压值。此时的平均动压值可通过两种方法进行计算，一种是均方根计算法;另一种是算术平均值计算法。其中，算术平均值计算法是一种近似计算法，只适用于各测点的动压值相差不太大的时候。

(1)均方根法求测试截面的平均动压：

$$P_{d平均} = \left[\frac{\sqrt{P_{d1}} + \sqrt{P_{d2}} + \cdots + \sqrt{P_{dn}}}{n} \right]^2 \qquad (9-16)$$

(2)算术平均值法求测试截面的平均动压：

$$P_{d平均} = \frac{P_{d1} + P_{d2} + \cdots + P_{dn}}{n} \qquad (9-17)$$

式中：P_{d1}, P_{d2}, P_{dn}——各测点的动压值。

在测试动压时，有时会遇到某些测点的读数出现零值或负值的情况。若操作正确，且测试仪器也没有问题时，应如实记录实测值。计算时，将负值作为零值来处理，而分母的 n 值则不变。经分析，出现上述情况的主要原因是因风管内气流不稳定，运行过程中产生涡流所致。实际上，风道内气流流量并没有改变。

截面的平均动压值确定以后，可按下式计算气体的平均流速 v_p。

$$v_p = \sqrt{\frac{2P_{d平均}}{\rho}} \qquad (9-18)$$

则风道内气体流量 L 可由下式求出：

$$L = 3600 F v_p \qquad (9-19)$$

式中：F——风道（风管）测试截面积，m^2；

v_p——测试截面的平均风速，m/s。

综上所述可知，整个测试过程实际上就是选择测试截面、确定测点及测试动压的过程。

（二）空调系统送、回风口风量的测试

送、回风口处的气体流动情况一般都比较复杂，测试风量也不易做到很准确，因此只有当送风或回风管道不适宜测试的时候才在风口处测试送、回风量。

当送风口装有格栅或网格时，可用叶轮式风速仪紧贴风口平面进行测试。面积较大的风口，可划分为边长约为 2 倍风速仪直径的若干面积相等的小方块，在其中心逐个测试，再计算其平均风速（算术平均值）。风量 L 可按下式计算。

$$L = \frac{C v_p (F + f)}{2} \qquad (9-20)$$

式中：v_p——风口断面的平均速度，m/s；

F——风口的轮廓面积，m^2；

f——风口的有效面积，m^2；

C——修正系数，送风口 C 为 0.96 ~ 1。

若送风口气流偏斜时，可临时安装一截长度为 0.5 ~ 1m、断面尺寸与风口相同的短管进行测试。

由于回风口的吸气范围较小，气流比较均匀，因此在测试其回风量时，只要将叶轮式风速仪贴近格栅或网格处进行测试，就可得到较准确的测试结果。其风量计算与送风口风量的计算方法相同。

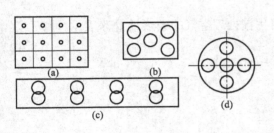

图 9 - 30　各种截面风口的测点布置形式

上述测试风量的方法称为定点测试法。定点测试时各种形式风口的测点布置形式如图 9 - 30 所示。对于条缝形风口，在宽度方向上，至少安排两个测点，沿其长度方向上，可分别取 4 个、5 个或 6 个测点，如图中（c）所示；对于小截面风口，可采用 5 个测点，如图中（b）、（d）所示；对于大截面风口，则应按前面讲述的标准划分测点，如图中（a）所示。

四、送风状态的测试

送风状态测试的目的就是检验空调系统空气处理设备的处理能力能否满足设计要求。这里仅对一般性空调系统的送风状态测试作简单的介绍。

1. **喷水室前后空气状态参数的测试**　根据前面所学的内容可知,只要能分别测出喷水前与喷水后空气的干球温度和湿球温度的平均值,就可在 $i—d$ 图上确定空气处理前后的状态点,进而就可查出其余的状态参数值。在安装测试用的干湿球温度计时,应选择测试结果能够代表断面平均温度的测试点。该点的确定,一般是通过对"露点"温度分布的测试来确定的。所谓"露点"温度分布是指挡水板后一定距离处的垂直断面上的温度分布情况。

(1)在距导流板 40~100mm 处任选一个垂直断面,并将其划分成 6 个、9 个或 12 个小方格,在小方格中心布点测出其温度。同时在挡水板后 100~200mm 处取另一垂直断面,按导流板前的布点方法布置测点,并将其画在纸上作为记录图。

(2)将水银温度计或热电偶设法固定在各测点上,每隔 5~10min 读取一次测试值,测 4~6次,取平均值,并记在记录图上。整理所测数值时可用算术平均值(若断面风速分布不均匀时,则不能用算术平均法计算所测的平均温度值),然后再分析"露点"温度分布区域更接近平均值的位置,作为安放测试仪器的位置。温度计悬挂的位置确定以后,即可进行喷水室前后空气参数的测试。

空气参数的测试,一般用经过校核的刻度为 $1/10℃$、量程为 $0~50℃$ 的水银温度计或热电偶。测湿球温度时,可将水银温度计的温包包裹在湿纱布中,并将纱布置于水瓶的上方,悬吊水瓶的目的是为了保持纱布的湿润。为防止水珠滴落在温度计上以及防止加热器对温度计的热辐射作用,可在温度计的温包上加设一个铝箔作的罩子。测试时间为 $1~1.5h$,一般按 $5~10min$ 间隔进入空调室读一次数值。测试结束,将所有读数汇总取平均值作为计算依据。

考虑到断面温度分布不均匀的因素及风速分布不均匀的因素,计算其平均温度 t_{p} 时可按下式进行计算。

$$t_{\mathrm{p}} = \frac{\sum v_i t_i}{\sum v_i} \qquad (9-21)$$

式中: v_i ——各测点多次测定的速度平均值;

t_i ——各测点多次测定的温度平均值。

2. **喷水室制冷量的测试**　喷水室的制冷量可用被处理空气的失热量 Q 来表示,即:

$$Q = m(i_1 - i_2) \qquad (9-22)$$

式中: Q ——制冷量,kW;

m ——通过喷水室的风量,kg/s;

i_1 ——通过喷水室前空气的焓值,kJ/kg;

i_2 ——通过喷水室后空气的焓值,kJ/kg。

从理论上分析,冷媒的得热量应该等于空气被处理过程中的失热量,所以可以用冷媒的得热量 Q' 校核上述的测试结果,即:

$$Q' = WC_{\mathrm{P}}(t_{\mathrm{shz}} - t_{\mathrm{shc}}) \qquad (9-23)$$

式中: W ——喷水室的喷水量,kg/s;

C_P——水的比热,一般为 4.19kJ/(kg·℃);

t_{shc}——水的初始温度,℃;

t_{shz}——水的终点温度,℃。

水的初、终温可按下述方法进行测试。将一支热电偶插入喷嘴内,另一支放在积水池底,也可用 2 支刻度及量程都相同的水银温度计分别插入在供、回水管的测温套内进行测试。

3. 挡水板过水量的测试　当空调房间对相对湿度有严格要求时,应该严格控制挡水板的过水量,避免空气过水量太高而使室内相对湿度升高,因此需对挡水板的过水量进行测试,以确定其带水量是否符合设计要求。

若系统有二次回风,则应关闭二次回风门,尽量使其不漏风或少漏风,以防止对测试结果造成影响,同时将通过喷水室的风量调整到设计值。在挡水板和再热器后面布置测点,如图 9－31 所示的点 1、3 及 2、4。测出空气的干、湿球温度,并且在 $i—d$ 图上定出相应的状态点,查出 d_2 和 d_1,由下式便可求出挡水板的过水量 Δd。

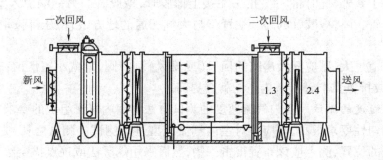

图 9－31　二次回风空调机过水量测试点布置示意图

$$\Delta d = d_2 - d_1 \tag{9－24}$$

式中:d_1——挡水板后空气的含湿量,g/kg 干;

d_2——再热器后空气的含湿量,g/kg 干。

通过测试计算,若挡水板的过水量不符合设计要求,则应及时维修或更换。

上述测试方法简单易行,但测试结果不够精确,若需要精确测试,可采用采样捕集法进行测试,即将通过再热器的被处理空气全部收集到密闭容器内,再加热使其中水滴蒸发后,测其空气状态,求出含湿量。

五、室内空气状态的测试

室内空气状态测试的目的是为了检查室内空气的温度、湿度、气流速度、含尘浓度及噪声等项指标是否达到了设计要求,也是整个测试过程的最终目的。室内空气状态的测试应该在系统风量、空调室调试结束,送风状态参数指标等均符合设计要求,且室内热、湿负荷及室外气象条件也都符合设计条件的情况下进行。

1. 室内温度及湿度的测试　室内的温度和湿度测试均是在系统运行基本稳定以后进行的。

在工作区域内(距地面2m以下)的不同标高平面上确定数个测点,测出各点的干湿球温度数值,再将所测值分别写在测点布置图上,其测试时间间隔应安排在空调室工作时间内,每隔0.5~1h进行一次。然后对测试结果进行分析,若所测数据均处于允许波动值范围内,则说明系统工作能满足设计要求。

在有些情况下,如室内不具备进行全面测试的条件时,可在回风口测试。一般认为回风口的空气状态参数基本能代表工作区域内的空气状态参数。

2. 室内正压的测试　为了稳定空调房间的空气参数,应使房间内保持不大于50Pa的正压。测试正压值前,首先应判断一下室内是否处于正压状态。测试的最简单方法是将细丝线或一根燃着的香放在稍微开启的门缝外,看其飘动的方向,若丝线或烟飘向室外,证明室内是正压;反之,则为负压。

为了准确地测试正压值,可用微压计进行测试。在室内,将微压计的"-"接口端接上橡胶管并置于室外,使之与大气相通,由微压计上读取静压值,其大小就标志了室内正压的大小。也可以将微压计置于室外,此时将"+"接头端接上橡胶管,橡胶管的另一端引入室内,再将"-"接头端接上橡胶管,并将橡胶管的另一端置于与大气相通的地方,由微压计读取静压值即为室内正压值。

若测试正压值过大,则应开大房间的回风(或排风)调节阀,以减小正压值;若正压值过小,则应关小回风(或排风)调节阀,室内正压就会提高。

3. 室内气流速度的测试　室内气流速度的测试方法与室内气流组织的要求有关,如果空调房间对气流的均匀性要求很高,则应先对室内气流流型进行测试。测试之初,先选择平面及纵剖面并确定测点的位置,测点应该布置得密一些,然后采用烟雾法或逐点描绘法,将测试结果绘制成图。烟雾法是将棉球蘸上发烟剂放在送风口处,并根据烟的飘移轨迹,绘制气流流型图,此法比较粗略,但测试速度快,对测试要求不高时可采用。逐点描绘法是将点燃的香绑在竹竿上按测点位置逐点移动并观察香的飘移轨迹并及时绘制成图,根据图对气流流型进行分析,可以看出送风射流与室内空气的混合情况,此法适用于测试要求较高时。

气流流型确定后,可在射流区和回流区内确定测点,并用热球式风速仪按所定测点位置逐点进行测试,再将测试结果标注在纵断面图上,同时还应绘制射流速度衰减曲线图,进而分析射流区域及回流区域内的速度衰减情况。

如果测试的空调房间是普通房间,对气流的均匀性要求不高,仅对工作区内的气流速度有一般的要求,则可直接用热电式风速仪在工作区域内确定的数个测点上进行测试,并将数据直接进行分析即可。

4. 噪声的测试　室内噪声测试的目的是为了分析产生噪声的原因,以便消除噪声,创造出安静的工作环境。在空调房间内测试噪声,一般均选取距地面1.5m左右适当数量的测点进行测试。可在空调系统正常运行或停止运行以及工艺过程正常工作或停止工作等各种状态下进行。

常用的测试仪器是声级计。该仪器体积较小、重量轻,能单独进行声级测试,还可以与相应的仪器配套进行频谱分析、振动测试等工作。

按其精度,声级计一般可分为 0、1、2、3 四种类型,其中 0 型作为实验室参考标准,1 型(相当于精密型)供实验室使用,2 型(相当于普通型)适用于一般测试,3 型主要用于野外普查。

六、空调系统风量调整的原理和方法

空调系统中每根支管或出风口的送风量,由于设计与施工上的种种原因,在实际运行时与设计风量常常有某些差异,因此通常需要进行调整,使其符合要求。风量的调整一般是通过使管道的阻力发生变化来进行的。由第六章所述可知,阻力与流量之间的关系式为:

$$h = KL^2$$

式中:h——阻力;

K——管道的阻力特性系数;

L——流量。

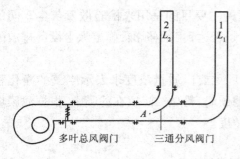

图 9 – 32　调节支管风量图

现有两根支管的送风系统,如图 9 – 32 所示,各段的阻力分别为 $h_1 = K_1L_1^2$、$h_2 = K_2L_2^2$。风机送出的气流,在克服各种阻力达到 A 点,尚有余压 h_A,在 h_A 的作用下,将使空气在管段 1、2 之间按各自的管段阻力特性进行流量分配,即:

$$h_A = K_1L_1^2 = K_2L_2^2$$

则:

$$\frac{K_1}{K_2} = \left(\frac{L_2}{L_1}\right)^2$$

如果不变动节点 A 处的三通分风阀门的阀板位置,则两管段的阻力特性系数 K 之比亦保持不变,即 $\dfrac{K_1}{K_2}$ = 常数。

如果改变多叶总风阀门的开启角度,则干管的阻力和总风量将发生变化,因此支管 1、2 的风量也随之改变,但是由于节点 A 处的三通分风阀门的阀板位置未变,因此两支管的风量与阻力仍然保持下列关系。

$$\left(\frac{L'_2}{L'_1}\right)^2 = \frac{K_1}{K_2} = 常数$$

由此可见,只要节点 A 处的三通分风阀门的阀板位置不变,无论它前面的总风量如何变化,管段 1、2 中的风量总是按一定的比例进行分配的,这就是风量调整所依据的原理。如果将节点 A 处的三通分风阀门调节到使管段 2 和管段 1 的风量之比等于它们设计时的比值,即调节到 $\left(\dfrac{L_2}{L_1}\right)^2 = \dfrac{K_1}{K_2}$,这时只要节点 A 前面的风量调节到符合设计时的风量,那么管段 1、2 的风量自然也就相应地满足设计时的要求。

在风量测定调整之前,通风管网中所有的调节阀均应处于开启的位置,三通分风阀门的阀

板应处于中间位置。空气处理室的各种风门应放在实际运行时的位置。

送风系统或回风系统的风量调整,一般都是从最远的支路开始,逐步调向风机的出口端和入口端。在调整时,两条支管的实测风量与设计风量在数值上不必相等,但一定要调整到使两条支管的实测风量之比值与设计风量之比值相等为止。

根据风量的平衡原则,只要将风机出口总管的阀门调节到使总管风量等于设计风量,那么各根主干管、分支管的风量就会按各自的设计风量比值进行等比例分配,使其符合设计时的风量值,这种方法称为"流量等比例分配法"。

第三节 除尘系统的测试

空气含尘浓度的测定包括两方面的内容,一方面是对处于自然状态下室内外空气含尘浓度的测定,纺织厂经常对车间工作区空气含尘浓度进行测定,即属此范围;另一方面是对除尘设备及其管道内空气含尘浓度的测定。测定空气含尘浓度的主要目的是用来检验散发灰尘车间的空气含尘浓度和除尘设备前后管道内的空气含尘浓度是否达到卫生标准,确定除尘设备排放的空气能否回用或外排以及鉴定除尘设备性能的好坏等。

空气含尘浓度有质量浓度和计数浓度两种,纺织厂主要以质量浓度来表示空气的净化程度,采用滤膜测尘方法。当一定体积的含尘空气通过滤膜时,粉尘被阻留在滤膜上,根据滤膜增加的质量和过滤的空气量,就可算出空气含尘的质量浓度。

$$C = \frac{m_2 - m_1}{L_y t} \times 1000 \qquad (9-25)$$

式中:C——采样点的空气含尘浓度,mg/m³;

　　m_2——采样后滤膜的质量,mg;

　　m_1——采样前滤膜的质量,mg;

　　L_y——采样流量,L/min;

　　t——采样持续时间,min。

一、车间工作区空气含尘浓度的测试

纺织厂车间工作区是人们经常工作和巡回操作的地方。对该地区进行空气含尘浓度测定所抽取的空气量,是以人体每分钟呼吸 10~20L,一般以 15L 为标准进行抽取,用滤膜增重法来计算 1m³ 空气中含有的粉尘量(以毫克计)。

(一)粉尘采样装置

测定工作区含尘浓度的采样装置如图 9-33 所示,它是由装有滤膜的采样头、压力计、流量计与抽气机等组成。

1.滤膜　目前,我国采用带负电荷的过氯乙烯超细纤维圆形滤膜纸,正面呈绒毛状为吸尘面,背面较光滑,直径有 40mm 和 75mm 两种。一般采用直径为 40mm 的滤膜进行测定,抽气量

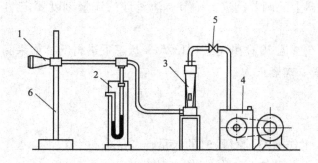

图 9-33　粉尘采样装置示意图

1—采样头　2—压力计　3—流量计　4—抽气机

5—流量调节阀　6—支架

为 15 ~ 35L/min 时,滤膜阻力为 190 ~ 470Pa。若集尘量要求较大或空气含尘浓度大于 200mg/m³ 时,可用直径为 75mm 的滤膜,需折成锥体取样。由于这种滤膜在一般温湿度条件下吸湿性极微小,故一般不需要经过烘燥等手续,可直接放置于 10^{-4}g 精密天平上称重,求得采样前后滤膜增重,进行空气含尘浓度的计算。

2. 采样头　采样头的结构如图 9-34 所示。采样时将已称重过的洁净滤膜装在滤膜夹上面,并拧紧顶盖,其顶盖端与车间空气相通,漏斗尾端用橡皮管与流量计相连后通往抽气机。采样头一般用铝、不锈钢或塑料制作。

3. 流量计　测尘一般使用转子流量计,又称浮子流量计,其结构如图 9-35 所示。当空气自下而上通过锥形玻璃管时,浮子在气流的升力作用下向上浮起,与此同时,浮子与锥形玻璃管内表面之间的环形空隙也随之增大,直到空气经过环形空隙对浮子产生的升力恰好与浮子本身质量相等时,浮子达到平衡状态而稳定在某一高度上。显然,通过流量计的空气量越多,浮子上升得越高。根据浮子顶部的稳定高度,便可在锥形玻璃管的刻度线上读出其流量值。此外, 采

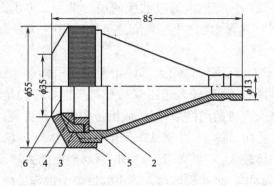

图 9-34　采样头结构图

1—顶盖　2—漏斗　3—夹盖　4—夹环

5—夹座　6—滤膜

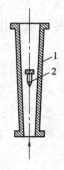

图 9-35　转子流量计

1—锥形玻璃管

2—浮子

样流量还可以通过仪器上的调节阀进行调节。流量计的流量刻度要定期用标准流量计或其他方法进行校正。

流量计的标定是在气温 20℃ 和气压 101325Pa 状态下进行的。如果测定时气温和气压与标定状态不同,则读数按下式修正为:

$$L_g = L_d \sqrt{\frac{B_d T_g}{B_g T_d}} \qquad (9-26)$$

式中: L_d, L_g——标定、工作状态(测量)时的流量,m^3/min;

T_d, T_g——标定、工作状态(测量)时的绝对温度,K;

B_d, B_g——标定、工作状态(测量)时的压力,Pa。

流体进入流量计的状态叫工作状态,或叫计内状态。

如果要求出采样状态下(如车间内空气状态或者测定的管道内实际空气状态)的空气流量 L_y,则可用 $\frac{B_g L_g}{T_g} = \frac{B_y L_y}{T_y}$ 的关系式求得。一般 $T_y \approx T_g$,则可得下面计算式。

$$L_y = L_g \frac{B_g T_y}{B_y T_g} = L_g \frac{B_g}{B_y} \qquad (9-27)$$

一般求空气含尘浓度需化为标准状态(标准状态的压力 $B_z = 101325Pa$,温度 $T_z = 273K$)下的空气含尘浓度,因此需求出标准状态下的空气流量 L_z,则可用 $\frac{B_z L_z}{T_z} = \frac{B_g L_g}{T_g}$ 的关系式求得:

$$L_z = L_g \frac{B_g T_z}{T_g B_z} = L_d \sqrt{\frac{B_d T_g}{B_g T_d}} \cdot \frac{B_g T_z}{T_g B_z} = L_d \sqrt{\frac{B_g}{T_g}} \cdot \sqrt{\frac{B_d}{T_d}} \cdot \frac{T_z}{B_z} = 0.0501 L_d \sqrt{\frac{B_g}{T_g}} \qquad (9-28)$$

式中: L_z, B_z, T_z——分别表示标准状态下的空气流量、压力、温度。

因为含尘浓度应当在统一标准状态下方能进行正确的对比,所以必须根据式(9-28)求出标准状态下的空气流量。

4. 抽气机　抽气机是保证使含尘空气以一定速度通过滤膜的动力设备。可用真空吸尘器或真空泵等作为抽气机。用作测定车间空气含尘浓度时,其流量范围为 10~60L/min,真空度在 4900Pa 以上。

上述粉尘采样装置因携带、架设均不方便,所以目前大都使用便携式采样器。便携式采样器类型较多,有单头采样、双头平行采样两种,目前较多采用双头平行采样。它们是将抽气机、采样头、流量计和电源组装在一起,又有交直流两用的采样器,故携带和操作较方便。鞍劳 D—4 型便携式粉尘采样仪有两个采样头组装在箱体上,对测试车间空气含尘浓度等场合较适用,但对测试管道内的空气含尘浓度则因箱体较大,不能采用。而 DK—60 型便携式粉尘采样仪的采样头则用橡皮管与箱体连接,使用较为灵活,采样头可伸入较小的设备中进行采样,故使用范围较广。另外,便携式采样仪没有指示流量计前的压力与温度设备,因此进行流量换算较困难。但因滤膜与橡皮管的阻力通常不大,流速的动压亦较小,因此一般来说流量计前压力与当地大气压差异不大,主要是温度差异较大,化为标准状态时含尘浓度约大 10%。

（二）采样方法

1. 滤膜的准备与安装 将滤膜编号，然后用镊子去掉静电滤膜两面的保护纸，放在 10^{-4} g 精密天平上称重，绒毛面向上，逐一放于滤膜盒内。安装时把滤膜从盒中用镊子取出，绒毛面朝外，圆心对着已取出夹盖的采样头中心并放在其夹环上面，然后拧紧夹盖，并检查滤膜有无皱折和滤膜四周边缘与夹盖之间有无漏气现象。如果安装直径为 75mm 的滤膜，应用镊子将滤膜对折两次成 90° 扇形并张开成漏斗状，置于夹盖内使滤膜紧贴夹盖的内锥面，然后用夹环压紧滤膜，将夹座拧入夹盖内。最后滤膜用圆头玻璃棒将锥顶推向对侧，形成滤膜漏斗。

2. 采样时间 纺织厂车间工作地带每次粉尘的采样时间一般在 30min 左右。粉尘增加对滤膜来说应不小于 1mg，否则相对误差就会增加。若空气含尘浓度低，则需时间长些，但时间过长，由于滤膜上静电的逐渐散失，会影响测试的精确性。取样的持续时间 $t(\min)$ 可用下式求得：

$$t = \frac{\Delta m}{CL_y} \qquad (9-29)$$

式中：Δm——要求的粉尘增量，mg；

$\quad C$——估计工作区（采样点）的粉尘浓度，mg/m³；

$\quad L_y$——采样流量，m³/min。

3. 采样流量 采样流量的选取原则是含尘气流通过滤膜的流速应接近车间空气的流速，即达到等速采样的要求。一般车间采样流量为 0.01 ~ 0.03m³/min。取样时间与抽气量的乘积，即为过滤空气体积。过滤空气应具有代表性，因为测尘结果是代表工作地带 1m³ 空气中的平均含尘量，若过滤空气体积太小，则代表性不足。通常在同一地点取几次样品时，采样体积不低于 0.5m³。

4. 现场采样 在测试地点现场，把便携式采样仪的采样头置于离地 1.5m 左右的高度，采样头应水平放置，避免粉尘的自然落入或脱落。先用备用的滤膜采样头放置，开动抽气机，用调节抽气机的转速和转子流量计上端的旋钮，把抽气流量调节至 0.015m³/min 左右，然后关掉抽气机，换上正式采样用的滤膜采样头，开动抽气机，并记录开始时间。如果流量不在设定值上，稍有偏离，可随时调节转子流量计上端的旋钮，控制在设定值上。采样完毕，首先关掉抽气机，记下采样时间 t，用镊子将滤膜取出，让集尘面朝上放入编号的滤膜盒中，带回试验室进行称量。

两个平行样品测出的空气含尘浓度偏差小于 20%，为有效样品，取其平均值作为该采样点的空气含尘浓度。平行样品间含尘浓度偏差 ε 按下式计算。

$$\varepsilon = \frac{C_1 - C_2}{\dfrac{C_1 + C_2}{2}} \times 100\% \qquad (9-30)$$

式中：C_1，C_2——两个平行样品的空气含尘浓度，mg/m³。

5. 含尘浓度的计算 标准状态下空气的含尘浓度应为换算成标准状态下空气体积 V_Z 时计算的含尘浓度。采样时间为 $t(\min)$，在流量计上读得的流量为 L_d，须根据式（9-28）化为标准

状态下的流量 $L_z(\text{m}^3/\text{min})$，然后两者相乘得 V_z，即：

$$V_z = L_z t \qquad\qquad (9-31)$$

标准状态下空气含尘浓度 C_z 为：

$$C_z = \frac{m_2 - m_1}{V_z} \qquad\qquad (9-32)$$

式中：m_1，m_2——采样前、后滤膜的质量，mg；

V_z——标准状态下空气的体积，m^3。

例9-3 某厂梳棉车间工作区，气温27℃，车间大气压为100050Pa，在流量计处真空度300Pa，采样流量在流量计上读数为15L/min，采样时间为30min，采样前滤膜质量 $m_1 = 57.2\text{mg}$，采样后滤膜质量 $m_2 = 58.3\text{mg}$，求采样状态下空气含尘浓度及标准状态下空气的含尘浓度。

解：在流量计上读得的是标定状态下的流量，$L_d = 15\text{L/min}$，而现在是在非标定的工作状态下，因而需求出工作状态下的流量 L_g，可用式（9-26）求得，其中 $B_g = 100050 - 300 = 99750\text{Pa}$，$T_g = 273 + 27 = 300\text{K}$，$B_d = 101325\text{Pa}$，$T_d = 273 + 20 = 293\text{K}$，则：

$$L_g = L_d \sqrt{\frac{B_d T_g}{B_g T_d}} = 15 \times \sqrt{\frac{101325 \times 300}{99750 \times 293}} = 15.298(\text{L/min})$$

而采样状态下流量 L_y 可用式（9-27）求得：

$$L_y = L_g \frac{B_g}{B_y} = 15.298 \times \frac{99750}{100050} = 15.252(\text{L/min})$$

流过滤膜的总空气量为：

$$V = L_y t = 15.252 \times 30 = 457.56(\text{L}) = 0.45756(\text{m}^3)$$

粉尘量为：

$$m = m_2 - m_1 = 58.3 - 57.2 = 1.1(\text{mg})$$

采样状态下空气含尘浓度 C_y 为：

$$C_y = \frac{m}{V} = \frac{1.1}{0.45756} = 2.404(\text{mg/m}^3)$$

标准状态下的含尘浓度应先求得标准状态下的空气流量，可用式（9-28）计算：

$$L_z = 0.0501 L_d \sqrt{\frac{B_g}{T_g}} = 0.0501 \times 15 \times \sqrt{\frac{99750}{300}} = 13.703(\text{L/min})$$

流过滤膜在标准状态下的总空气量 V_z 为：

$$V_z = L_z t = 13.703 \times 30 = 411.09(\text{L}) = 0.41109(\text{m}^3)$$

故标准状态下空气的含尘浓度 C_Z 为：

$$C_Z = \frac{m}{V_Z} = \frac{1.1}{0.41109} = 2.676(\text{mg/m}^3)$$

由计算可知标准状态下的含尘浓度比采样状态下的含尘浓度大 10% 左右。

若不进行换算，直接把流量计上读得的流量数作为采样状态下的流量数进行计算，其含尘浓度 C 为：

$$C = \frac{1.1}{\dfrac{15 \times 30}{1000}} = 2.444(\text{mg/m}^3)$$

所求出的含尘浓度 C 与采样状态下的含尘浓度误差是 1.67%，差异较小。有时为了方便起见，就可用这样的方法粗略地进行计算，误差不大。

二、除尘设备与管道内空气含尘浓度的测试

为了计算除尘设备的除尘效率或了解除尘设备排放空气的含尘浓度，需对管道内和除尘设备内的空气含尘浓度进行测试，其采样方法与车间工作区或室外大气中的采样方法有一些不同，现叙述如下。

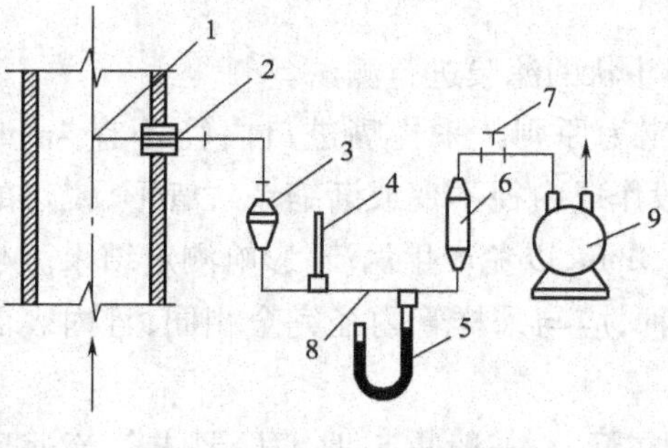

（一）采样装置

由于纺织厂是在常温下进行采样，故采样装置基本上与车间工作区采样装置相同，只是用采样嘴、采样管及滤膜采样器代替前面的采样头。如图 9 - 36 所示为一管道采样示意图。流量计的量程宜大些，常用 LZB—15 型（流量为 6.6 ~ 66L/min，转子材料重时，流量宜选 10 ~ 100L/min），选用的抽气机真空度也应大些。采样嘴、采样管及滤膜采样器的结构分别如图 9 - 37 ~ 图 9 - 39 所示，它们是用铜或不锈钢制成，滤膜采样器多用铝制成。

图 9 - 36　管道采样示意图
1—采样嘴　2—采样管　3—滤膜采样器
4—温度计　5—压力计　6—流量计
7—螺旋夹　8—橡皮管　9—抽气机

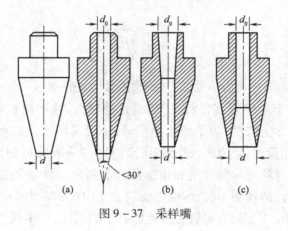

图 9 - 37　采样嘴

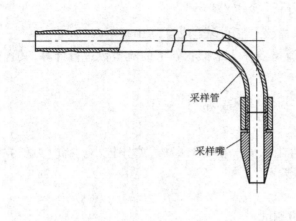

图9-38 采样管

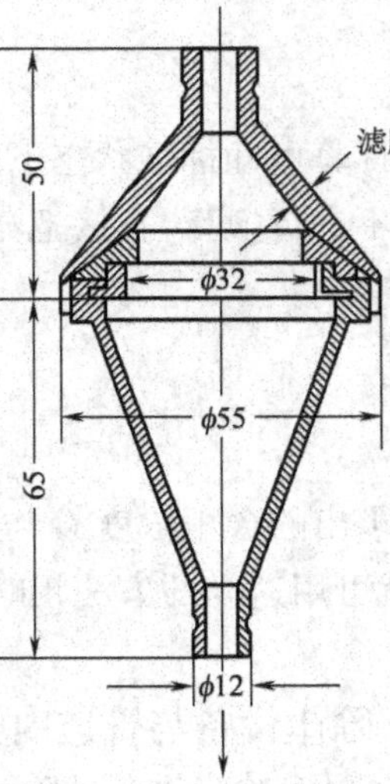

图9-39 滤膜采样器

含尘量多的空气,多用直径为75mm并作成锥体漏斗状的滤膜进行测试。

1. 采样嘴 它的形状以不扰动采样嘴的内外气流为原则。采样嘴进口内径 d 有 4mm、5mm、6mm、8mm、10mm、12mm、14mm 数种。采样嘴一般作成内径不变或渐缩锐边管形,锐边的锥度以 30° 为宜,外面亦呈 30° 锥体,锐边壁厚不大于 0.3mm,以免产生涡流,影响测定结果。与采样管连接端的内径 d_0 有 6mm、8mm、10mm、12mm 几种,应与采样管内径完全相同,且内表面光滑,没有急剧的断面变化。

2. 采样管 它是一个 90° 弯管,为了防止采样管内积尘,一般重工业工厂要求气流速度 ≥25m/s,对于棉尘管,气流速度 ≥20m/s。由于棉尘密度小、体积大,为使大的棉尘亦能不被阻挡地采集到,采样嘴宜选用较大的入口直径,因此采样嘴流量大,流量计与抽气机亦应相应增大。

若采样嘴进口流速为 v,采样管流速为 v_0,采样管直径为 d_0 时,则可由下式求得采样嘴进口直径 d。

$$d = d_0 \sqrt{\frac{v_0}{v}} \qquad (9-33)$$

如果用式(9-33)求得的 d 为小数,应选用靠近较大的整数。

3. 滤膜采样器 由于采样管直径较小,滤膜直径较大,故在滤膜夹前增设了圆锥形漏斗(见图9-39)。若遇高含尘浓度,为了增大集尘量,一般采用滤筒进行集尘,如图9-40所示。滤筒的集尘面积大,容尘量大,阻力小,过滤效率高,对 0.3～0.5μm 的尘粒捕集效率在 99.5% 以上。国产的玻璃纤维滤筒有加黏合剂和不加黏合剂两种。加黏合剂的滤筒能在 200℃ 以下使用,且有一定的吸湿性,故在测定前、后应把滤筒置于 105℃ 的烘箱中烘 1h,再放在同一干燥器内冷却 0.5h 方可称重(干燥器中硅胶吸湿性能有不同时,会产生误差)。不加黏合剂的滤筒可在400℃以下使用。

按照集尘装置（滤膜、滤筒）所放置的位置不同，采样方式分为管内采样和管外采样两种。滤膜放在管外，称为管外采样。如果滤膜或滤筒和采样头一起直接插入管内，称为管内采样，如图9-41所示。管内采样的主要优点是，尘粒通过采样嘴后直接进入集尘装置，沿途没有损耗。管外采样时，尘粒要经过较长的采样管才进入集尘装置，沿途有可能黏附在采样管壁上，使采集到的尘量减少，不能反映真实情况。尤其是高温、高湿气体，在采样管中易产生冷凝水，尘粒黏附于管壁，造成采样管堵塞。管外采样大多用于常温下通风除尘系统的测试，管内采样主要用于高温烟气的测试。

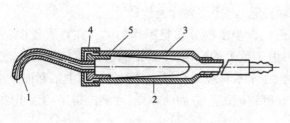

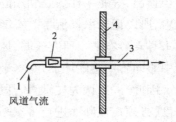

图9-40　滤筒及滤筒夹
1—采样嘴　2—滤筒　3—滤筒夹
4—外盖　5—内盖

图9-41　管内采样
1—采样嘴　2—滤筒
3—采样管　4—风道壁

（二）采样方法

管道中的采样方法与工作区采样有些不同，它有两个特点，一是采样嘴进口处的采样速度与该处风管中气流速度应该相等，即等速采样法，并根据此速度确定采样流量；二是必须在风管的测定断面上多点取样，以求得平均含尘浓度。

1. 等速采样　采样嘴轴线与气流方向一致，并正对含尘气流，其允许偏斜角度小于±5°。采样嘴进口流速与被测管道处流速相等，即$v = v_s$，如图9-42所示。若$v < v_s$，即采样嘴进口速度v小于管道流速v_s，则位于边缘处的一些较大尘粒（大于3μm）未能绕过采样嘴，而因惯性作用，继续沿原来方向前进，进入采样嘴内，使测试结果偏高。若$v > v_s$，即采样嘴进口速度大于管道流速，则位于边缘处的一些较大尘粒因惯性关系未能进入采样嘴内，而使测定结果偏低。因此，只有当采样速度等于管道内气流速度时，采样管收集到的粉尘样品才能与管道内实际分布情况相符。

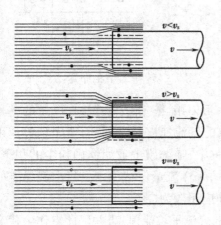

图9-42　不同采样速度时粉尘运动状况

在实际测定中，不易做到完全等速采样。研究证明，当采样速度与风管中气流速度相差在-5%～+10%时，引起的误差可以忽略不计。采样速度高于管道气流速度时所造成的误差，要比低于管道气流速度时的误差小。

有时管道内气流速度波动大时，按上述方法难以取得准确结果,为了简化操作,可采用如图9-43所示的等速采样头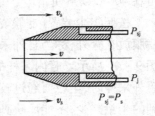
(又叫静压平衡采样头)。在等速采样头的内、外壁上各有一根静
压管,对于锐角边缘内外表面加工精密的采样头来说,可以近似认
为气流通过采样嘴内外壁的阻力差值等于零。因此,只要采样头内
外的静压差保持相等,采样嘴内的气流速度 v 就等于风管内气流速
度 v_s。所以,在使用等速采样嘴时,只要调节测定过程中的采样流
量,使采样嘴内静压 P_j 和采样嘴外静压 P_{sj} 相等,就可以做到等速
采样。这样可以简化操作,缩短测试时间。

图9-43　等速采样头示意图

　　应当指出,等速采样头是利用静压而不是用采样流量来指示等速情况的,其瞬时流量在不
断变化着,所以记录采样流量时不能用瞬时流量计,要用累计流量计。

　　2. 采样点的布置　研究表明,风管断面上含尘浓度分布是不均匀的。在垂直管中,含尘浓
度由管中心向管壁逐渐增加;在水平管中,由于重力的影响,下部的含尘浓度较上部大,而且粒
径也大。因此,一般认为在垂直管段采样比在水平管段采样好。要取得风管中某断面上的平均
含尘浓度,必须在该断面进行多点采样。在管道断面上应如何布点,才能测得平均含尘浓度,目
前尚未取得一致的看法。

　　(1)多点采样:英国的《烟道测尘简化法》(BS 3045)认为,管内测点的多少,应根据断面上
动压的变化确定。测定断面上的动压变化不超过4:1时,每条取样线上取两点,如图9-44所
示;动压变化超过4:1时,则每条线上取4点,如图9-45所示。然后分别在已定的每个采样点
上采样,每点采集一个样品,再计算出断面的平均粉尘浓度。这种方法可以测出各点的粉尘浓
度,了解断面上的浓度分布情况,找出平均浓度点的位置;缺点是测定时间长,工序烦琐。

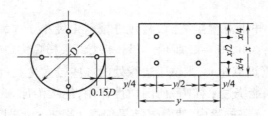

图9-44　采样点的布置

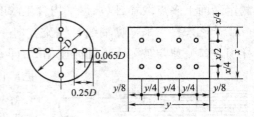

图9-45　采样点的布置

　　(2)移动采样:为了较快测得管道内粉尘的平均浓度,可以用同一集尘装置,在已定的各采
样点上,用相同的时间移动采样头连续采样。由于各测点的气流速度是不同的,要做到等速采
样,每移动一个测点,必须迅速调整采样流量。在测定过程中,随滤膜上或滤筒内粉尘的积聚,
阻力也会不断增加,必须随时调整螺旋夹,保证使各测点的采样流量保持稳定。每个采样点的
采样时间不得少于2min。这种方法测试结果精度高,目前应用较为广泛。

　　另外,还有平均流速点采样,即找出风管测定断面上的气流平均流速点,并以此点作为代表
点进行等速采样,把测得的粉尘浓度作为断面的平均浓度。对于粉尘浓度随时间变化显著的情

况,采用这种方法测出的结果较接近实际。

习题

1. 何谓空气负离子? 简述空气负离子浓度的测试方法?

2. 风道内空气流速为 9m/s,用毕托管测量其速压,用 U 形管内置酒精溶液进行读数(酒精密度 $\rho = 810 \text{kg/m}^3$) ,求 U 形管两侧酒精柱高度差为多少?

3. 当测量风管中静压、动压和总压时,毕托管和微压计应该怎样连接? 绘图说明。在正压区及负压区测量,其连接方法各有什么不同?

4. 测定断面气流不稳定时,动压值会发生哪些异常现象? 在整理测定数据时,应如何处理?

5. 用毕托管测量风道内的空气流速。

(1)测得动压为 39.28Pa,水的密度 $\rho = 1000 \text{kg/m}^3$,求风道内空气流速?

(2)测得动压为 533.2Pa,水银的密度 $\rho = 13600 \text{kg/m}^3$,求风道内空气流速?

(3)在倾斜式微压计上测得读数为 50mm 酒精柱长度,倾斜管的倾角为 5°44′,求风道内的空气流速?

6. 测试室内微小气候的风速需要用哪些仪器? 测试室外风速采用哪些仪器较合适。

7. 在进行风道风量测试时,如何确定测点截面及测试截面的测点?

8. 简述喷水室前后空气状态参数的测试方法和挡水板过水量的测试方法。

参考文献

[1]《纺织厂空气调节》编写组编.纺织厂空气调节[M].2版.北京:纺织工业出版社,1990.

[2]陈民权,张宗新,詹大栋,等.纺织厂空调工程[M].2版.北京:中国纺织出版社,2003.

[3]顾民立,李裕辉,糜泉源,等.纺织工业空气调节[M].北京:中国纺织出版社,1993.

[4]潘大坤.棉纺织厂空气调节[M].北京:纺织工业出版社,1986.

[5]催恺诚.空调[M].北京:纺织工业出版社,1983.

[6]何凤山.纺织厂通风除尘技术[M].北京:纺织工业出版社,1992.

[7]戴元熙,甘长德.纺织工业通风与除尘[M].上海:中国纺织大学出版社,1994.

[8]戴义,徐冠勤,许文元.纺织风机选用手册[M].北京:中国纺织出版社,1996.

[9]孙一坚.工业通风[M].3版.北京:中国建筑工业出版社,1994.

[10]西安冶金建筑学院,同济大学.热工测量与自动调节[M].北京:中国建筑工业出版社,1983.

[11]四川省工业设备安装技工学校,四川省攀枝花市建筑技术工人学校,陕西省建筑安装技工学校,等. 通风与空调技术基础[M].北京:中国建筑工业出版社,1995.

[12]李景田,何耀东,段友莳,等.纺织厂空调设备维修[M].北京:纺织工业出版社,1986.

[13]周海平,黄俊峰.工业锅炉基础知识[M].北京:科学普及出版社,1982.

[14]邮电部邮政总局.空调设备维护手册[M].北京:人民邮电出版社,1993.

[15]李述文.新型无梭织机及前织设备使用经验汇编(下册)[M].北京:中国纺织出版社,1994.

[16]潘大坤.新型纺织空调和除尘[M].北京:中国纺织出版社,1994.

[17]潘大坤,刘治平,周国顺,等.空调与除尘[M].北京:中国纺织出版社,1995.

[18]黄翔.纺织空调除尘技术手册[M].北京:中国纺织出版社,2003.

[19]于航.空调蓄冷技术与设计[M].北京:化学工业出版社,2007.

[20]吴洁.绢麻纺概论[M].北京:中国纺织出版社,2001.

[21]陈民权,周国顺.最新纺织厂空调工程技术知识问答[M].北京:中国纺织出版社,2000.

[22]崔九思.室内环境检测仪器及应用技术[M].北京:化学工业出版社,2004.

[23]江阴精亚集团空调技术资料.

[24]常熟市鼓风机厂空调技术资料.

[25]张昌.纺织厂除尘与空调[M].北京:中国纺织出版社,2011.

[26]周义德.纺织空调除尘节能技术[M].北京:中国纺织出版社,2009.

附　录

附表 1　湿空气物理性能表(大气压 $B = 1013.25\text{hPa}$)

空气温度 t （℃）	干空气密度 ρ （kg/ m³）	饱和空气水蒸气分压力 P_b （hPa）	饱和空气含湿量 d_b （g/kg干）	饱和空气绝对湿度 r_b (g/m³)	空气温度 t （℃）	干空气密度 ρ （kg/ m³）	饱和空气水蒸气分压力 P_b （hPa）	饱和空气含湿量 d_b （g/kg干）	饱和空气绝对湿度 r_b (g/m³)
−20	1.396	1.02	0.63	0.87	21	1.201	24.80	15.6	18.30
−19	1.394	1.13	0.70	0.97	22	1.197	26.37	16.6	19.40
−18	1.385	1.25	0.77	1.06	23	1.193	28.02	17.7	20.54
−17	1.379	1.37	0.85	1.16	24	1.189	29.77	18.8	21.75
−16	1.374	1.50	0.93	1.27	25	1.185	31.60	20.0	23.01
−15	1.368	1.65	1.01	1.39	26	1.181	33.53	21.4	24.33
−14	1.363	1.81	1.11	1.52	27	1.177	35.56	22.6	25.72
−13	1.358	1.98	1.23	1.65	28	1.173	37.71	24.0	27.19
−12	1.353	2.17	1.34	1.80	29	1.169	39.95	25.6	28.71
−11	1.348	2.37	1.46	1.96	30	1.165	42.32	27.2	30.31
−10	1.342	2.59	1.60	2.14	31	1.161	44.82	28.8	31.99
−9	1.337	2.83	1.75	2.33	32	1.157	47.43	30.6	33.75
−8	1.332	3.09	1.91	2.53	33	1.154	50.18	32.5	35.59
−7	1.327	3.36	2.08	2.74	34	1.150	53.07	34.4	37.51
−6	1.322	3.67	2.27	2.98	35	1.146	56.10	36.6	39.53
−5	1.317	4.00	2.47	3.24	36	1.142	59.26	38.8	41.62
−4	1.312	4.36	2.69	3.52	37	1.139	62.60	41.1	43.82
−3	1.308	4.75	2.94	3.82	38	1.135	66.09	43.5	46.11
−2	1.303	5.16	3.19	4.13	39	1.132	69.75	46.0	48.51
−1	1.298	5.61	3.47	4.48	40	1.128	73.58	48.8	51.01
0	1.293	6.09	3.78	4.84	41	1.124	77.59	51.7	53.62
1	1.288	6.56	4.07	5.20	42	1.121	81.80	54.8	56.35
2	1.284	7.04	4.37	5.56	43	1.117	86.18	58.0	59.18
3	1.279	7.57	4.70	5.95	44	1.114	90.79	61.3	62.15
4	1.275	8.11	5.03	6.35	45	1.110	95.60	65.0	65.24
5	1.270	8.70	5.40	6.79	46	1.107	100.61	68.9	68.44
6	1.265	9.32	5.79	7.25	47	1.103	105.87	72.8	71.79
7	1.261	9.99	6.21	7.74	48	1.100	111.33	77.0	75.26
8	1.256	10.70	6.65	8.26	49	1.096	117.07	81.5	78.90
9	1.252	11.46	7.13	8.82	50	1.093	123.04	86.2	82.66
10	1.248	12.25	7.63	9.39	55	1.076	156.94	114	103.83
11	1.243	13.09	8.15	10.00	60	1.060	198.70	152	129.48
12	1.239	13.99	8.75	10.65	65	1.044	298.38	204	160.10
13	1.235	14.94	9.35	11.34	70	1.029	310.82	276	196.64
14	1.230	15.59	9.97	12.06	75	1.014	384.50	382	239.76
15	1.226	17.01	10.6	12.82	80	1.000	472.28	545	290.33
16	1.222	18.13	11.4	13.60	85	0.986	576.69	828	349.56
17	1.217	19.32	12.1	14.46	90	0.973	699.31	1400	418.54
18	1.213	20.95	12.9	15.35	95	0.959	843.09	3120	497.15
19	1.209	21.92	13.8	16.29	100	0.947	1013.25	—	589.48
20	1.205	23.31	14.7	17.26					

附表2　温湿度换算表

风速 $v = 0.2\mathrm{m/s}$，大气压力 $B = 1013.25\mathrm{hPa}$，$A = 0.00001\left(65 + \dfrac{6.75}{v}\right)$

干球温度 (℃)	干湿球温度差(℃)																				
	0	0.5	1.0	1.5	2.0	2.5	3.0	3.5	4.0	4.5	5.0	5.5	6.0	6.5	7.0	7.5	8.0	8.5	9.0	9.5	10.0
16.0	100	94	88	83	77	71	65	60	55	50	45	40	35	30	25	20	15				
16.5	100	94	88	83	77	71	66	61	56	51	46	41	36	31	26	21	16				
17.0	100	94	88	83	78	72	67	62	57	52	47	42	37	32	27	23	18				
17.5	100	94	88	83	78	72	67	62	57	52	48	43	38	33	28	24	19				
18.0	100	95	89	83	78	73	68	63	58	53	48	44	39	34	30	25	20				
18.5	100	95	89	84	79	74	69	64	59	54	49	45	40	35	31	26	22				
19.0	100	95	89	84	79	74	69	64	59	55	50	45	41	36	32	27	23				
19.5	100	95	89	84	79	74	70	65	60	55	51	46	42	37	33	29	24				
20.0	100	95	90	85	80	75	70	65	61	56	51	47	42	38	34	30	26				
20.5	100	95	90	85	80	75	71	66	61	57	52	48	43	39	35	31	27				
21.0	100	95	90	85	80	76	71	66	62	57	53	49	44	40	36	32	28				
21.5	100	95	90	85	81	76	71	67	62	58	54	49	45	41	37	33	29				
22.0	100	95	90	86	81	76	72	67	63	58	54	50	46	42	38	34	30				
22.5	100	95	90	86	81	76	72	68	63	59	55	51	47	43	39	35	31				
23.0	100	95	90	86	81	77	72	68	64	60	56	52	48	44	40	36	32	28	25		
23.5	100	95	91	86	82	77	73	68	64	60	56	52	48	44	41	37	33	29	26		
24.0	100	95	91	86	82	77	73	69	65	61	57	53	49	45	42	38	34	30	27		
24.5	100	95	91	86	82	78	73	69	65	61	58	54	50	46	42	38	35	31	28		
25.0	100	96	91	86	82	78	74	70	66	62	58	54	50	47	43	39	36	32	29		
25.5	100	96	91	87	82	78	74	70	66	62	59	55	51	47	44	40	37	33	30	26	
26.0	100	96	91	87	83	79	75	71	67	63	59	55	52	48	45	41	37	34	31	27	
26.5	100	96	91	87	83	79	75	71	67	63	60	56	52	48	45	42	38	35	32	28	
27.0	100	96	92	87	83	79	75	72	68	64	60	56	53	49	46	42	39	36	32	29	
27.5	100	96	92	87	83	79	76	72	68	64	61	57	53	50	47	43	40	36	33	30	
28.0	100	96	92	88	84	80	76	72	68	65	61	57	54	51	47	44	40	37	34	31	28
28.5	100	96	92	88	84	80	76	73	69	65	62	58	55	51	48	44	41	38	35	32	29
29.0	100	96	92	88	84	80	76	73	69	66	62	58	55	52	48	45	42	39	36	33	30
29.5	100	96	92	88	84	80	77	73	69	66	62	59	56	52	49	46	43	40	37	34	31
30.0	100	96	92	88	84	80	77	73	70	66	63	59	56	53	50	46	44	40	37	34	31
30.5	100	96	92	88	85	81	77	74	70	67	64	60	57	54	51	47	44	41	38	35	32
31.0	100	96	92	88	85	81	77	74	70	67	64	60	57	54	51	48	45	42	39	36	33
31.5	100	96	92	88	85	81	78	74	71	67	64	61	57	54	51	48	45	42	40	37	34
32.0	100	96	92	89	85	81	78	74	71	68	64	61	58	55	52	49	46	43	40	37	35
32.5	100	96	92	89	85	81	78	74	71	68	65	61	58	55	52	49	46	44	41	38	35
33.0	100	96	92	89	85	82	78	75	72	68	65	62	59	56	53	50	47	44	41	39	36
33.5	100	96	92	89	85	82	78	75	72	69	65	62	59	56	53	51	48	45	42	39	37
34.0	100	96	93	89	86	82	79	75	72	69	66	63	60	57	54	51	48	45	43	40	37
34.5	100	96	93	89	86	82	79	76	72	69	66	63	60	57	54	51	48	46	43	41	38
35.0	100	96	93	89	86	83	79	76	73	70	67	64	61	58	55	52	49	46	44	41	39
35.5	100	96	93	89	86	83	79	76	73	70	67	64	61	58	55	52	50	47	44	42	39
36.0	100	96	93	89	86	83	79	76	73	70	67	64	61	58	55	53	50	47	45	42	40
36.5	100	96	93	89	86	83	80	77	73	71	68	65	62	59	56	53	51	48	45	43	40
37.0	100	96	93	90	86	83	80	77	74	71	68	65	62	59	57	54	52	48	46	43	41

附表3 PWF40(45)—11型喷雾轴流通风机技术性能参数

(一)A式传动

机号 No	转速 (r/min)	序号	全压 (Pa)	流量 [m³/s(m³/h)]		全压效率 (%)	喷雾水量 (t/h)	配用电动机	
								型号(1)	型号(2)
8	1000	1	100	3.80	(13680)	78	0.2~1.2	Y112M—6—2.2	
		2	108	3.40	(12240)	85			
		3	127	3.10	(11160)	80			
	1500	1	225	5.60	(20160)	78	0.3~1.5	Y112M—4—4	
		2	245	5.00	(18000)	85			
		3	286	4.60	(16560)	80			
10	1000	1	114	6.00	(21600)	78	0.2~1.6	Y132M₂—6—5.5	
		2	122	5.60	(20160)	85			
		3	135	5.40	(19440)	80			
	1500	1	256	8.90	(32040)	78	0.3~2	Y132M—4—7.5	
		2	275	8.40	(30240)	85			
		3	304	8.00	(28800)	80			
12.5	750	1	152	12.40	(44600)	78	3~6	Y160L—8—7.5	YDT200L₁—8/6—8/17
		2	180	11.40	(41000)	85			
		3	202	10.60	(38200)	80			
	1000	1	270	16.50	(59400)	78	4~8	Y180L—6—15	
		2	320	15.20	(54700)	85			
		3	359	14.10	(50800)	80			
14	750	1	191	17.40	(62600)	78	5~10	Y180L—8—11	YDT200L₂—8/6—10/20
		2	226	16.00	(57600)	85			
		3	254	14.90	(53600)	80			
	1000	1	340	23.20	(83500)	78	6~12	Y200L₁—6—18.5	
		2	402	21.30	(76700)	85			
		3	452	19.90	(71600)	80			
16	750	1	250	26.00	(93600)	78	7~14	Y225S—8—18.5	YDT280S8/6—18/37
		2	296	23.90	(86000)	85			
		3	332	22.20	(79900)	80			
	1000	1	444	34.70	(124900)	78	10~20	Y250M—6—37	
		2	525	31.90	(114800)	85			
		3	590	29.60	(106600)	80			
18	580	1	189	28.60	(102960)	78	8.5~17		YDT280M₃—8/10—20/37
		2	224	26.30	(94680)	85			
		3	251	24.43	(87948)	80			
	750	1	316	37.00	(133200)	78	11~22	Y280S—8—37	
		2	374	34.00	(122400)	85			
		3	420	31.60	(113800)	80			
20	580	1	233	39.21	(141156)	78	11~22		YDT280M₄—8/10—22/40
		2	276	36.11	(129996)	85			
		3	310	33.49	(120564)	80			
	750	1	390	50.70	(182500)	78	14~28	Y280M—8—45	
		2	462	46.70	(168100)	85			
		3	518	43.30	(155900)	80			

(二)C 式传动

机号 No	转速 (r/min)	序号	全压 (Pa)	流量 [m³/s(m³/h)]	全压效率 (%)	喷雾水量 (t/h)	配用电动机 型号(1)	传动带轮 主轴	传动带轮 电动机	配用电动机 型号(2)	传动带轮 主轴	传动带轮 电动机
14	750	1	191	17.40 (62600)	78							
		2	226	16.00 (57600)	85	5~10	Y180L—8—11	TG02—C3—224	TG02—C3—224	YDT200L₂—8/6—10/20	TG02—C5—300	TG02—C5—300
		3	254	14.90 (53600)	80							
	1000	1	340	23.20 (83500)	78				TG02—C3—300			
		2	402	21.30 (67600)	85	6~12						
		3	452	19.90 (71600)	80		Y220L₁—6—18.5	TG02—C3—300				
	900	1	275	20.90 (75200)	78				TG02—C3—280			
		2	326	19.20 (69100)	85	6~12						
		3	366	17.90 (64400)	80							
16	750	1	250	26.00 (93600)	78							
		2	296	23.90 (86000)	85	7~14	Y225S—8—18.5	TG02—C3—300	TG022—C3—300	YDT280S—8/6—18/37	TG02—D5—355	TG02—D5—355
		3	332	22.20 (79900)	80							
	1000	1	444	34.70 (124900)	78							
		2	525	31.90 (114800)	85	10~20	Y250M—6—37	TG02—D5—355	TG02—D5—355			
		3	590	29.60 (106600)	80							
	800	1	284	27.70 (99700)	78				TG20—C5—250			
		2	337	25.50 (91800)	85	8~16	Y200L₂—6—22					
		3	378	23.70 (85300)	80			TG02—C5—300				
	670	1	252	33.00 (118900)	78				TG02—C5—280			
		2	298	30.36 (109300)	85	9~18	Y225M—8—22			YDT280M₁—8/6—22/45	TG02—D5—355	TG02—D5—315
		3	335	28.18 (101500)	80							
	850	1	406	41.90 (150800)	78							
		2	480	38.52 (138700)	85	12~24	Y250M—6—37	TG02—D5—355	TG02—D5—315			
		3	540	35.75 (128700)	80							
18	710	1	283	35.00 (126000)	78							
		2	335	32.20 (115900)	85	10~20	Y250M—8—30	TG02—C5—355	TG02—C5—335			
		3	376	29.90 (107600)	80							
	750	1	316	37.00 (133200)	78							
		2	374	34.00 (122400)	85	11~22	Y280S—8—37	TG02—D5—355	TG02—D5—355	YDT280M₃—8/10—20/37	TG02—D5—355	TG02—D5—355
		3	420	31.60 (113800)	80							
	580	1	189	28.60 (102960)	78							
		2	224	26.30 (94680)	85	8.5~17	Y225S—8—18.5					
		3	251	24.40 (87840)	80			TG02—C3—400	TG02—C3—315			

机号 No	转速 (r/min)	序号	全压 (Pa)	流量 [m³/s(m³/h)]	全压效率 (%)	喷雾水量 (t/h)	配用电动机 型号(1)	传动带轮 主轴	传动带轮 电动机	配用电动机 型号(2)	传动带轮 主轴	传动带轮 电动机
20	710	1	350	48.00 (172800)	78	14~28	Y280M—8—45	TG02—D5—355	TG02—D5—335			
		2	414	44.10 (158800)	85							
		3	464	41.00 (147600)	80							
	750	1	390	50.70 (182500)	78	14~28		TG02—D5—355	TG02—D5—355	YDT280M₄—8/10—22/40	TG02—D5—355	TG02—D5—355
		2	462	46.70 (168100)	85							
		3	518	43.30 (155900)	80							
	580	1	233	39.20 (141120)	78	11~22	Y225M—8—22	TG02—C5—400	TG02—C5—315			
		2	276	36.10 (129960)	85							
		3	310	33.50 (120600)	80							

附表4 局部阻力系数表

编号	名 称	形状和截面	阻力系数 ζ
1	进风滤网		网眼面积为通道面积的 80% 时 $\zeta_1 = 0.1$（相应风速为通过网净面积风速 v）

2 带有圆卷边的直管进口

ζ_2 值（相应风速 v）

r/d	0	0.02	0.04	0.06	0.08	0.12	0.16	0.20
（1）不安装在墙内时								
ζ_2	1.0	0.74	0.50	0.32	0.20	0.10	0.06	0.03
（2）安装在墙内时								
ζ_2'	0.5	0.31	0.26	0.19	0.15	0.09	0.06	0.03

3 45°固定金属百叶窗

ζ_3 值（相应风速为管内风速 v）

F_0/F	0.2	0.3	0.4	0.5	0.6	0.7	0.8	0.9	1.0
进风 ζ_3	45	17	6.8	4.0	2.3	1.4	0.9	0.6	0.5
排风 ζ_3'	58	24	13	8.0	5.3	3.7	2.7	2.0	1.5

4 墙孔

ζ_4 值（相应风速 v）

$\dfrac{l}{h}$	0.0	0.2	0.4	0.6	0.8	1.0	1.2	1.4	1.6	1.8	2.0	4.0
ζ_4	2.83	2.72	2.60	2.34	1.95	1.76	1.67	1.62	1.60	1.60	1.55	1.55

5 角弯管

ζ_5 值（相应风速 v）

α	90°	60°	45°
ζ_5	1.1	0.8	0.4

编号	名　称	形状和截面	阻力系数 ζ
6	方形管直角弯头	非成形导风板直角弯头　v 48° 成形导风板直角弯头　v 48°	ζ_6 值(相应风速 v) $\zeta_6 = 1.1$ $\zeta'_6 = 0.4$ $\zeta''_6 = 0.25$

7　圆断面弧弯管(90°)

ζ_7 值(相应风速 v)

R/d	0.5	0.75	1.0	1.5	2.0
ζ_7	0.9	0.45	0.33	0.24	0.19

8　大小头—突然收缩

ζ_9 值(相应风速 v_0)

F_0/F	0	0.1	0.2	0.3	0.4	0.5	0.6	0.7	0.8	0.9	1.0
ζ_8	0.5	0.47	0.42	0.38	0.34	0.30	0.25	0.20	0.15	0.09	0

9　大小头—突然扩大

ζ_9 值(相应风速 v_0)

F_0/F	0	0.1	0.2	0.3	0.4	0.5	0.6	0.7	0.8	0.9	1.0
ζ_9	1.0	0.81	0.64	0.49	0.36	0.25	0.16	0.09	0.04	0.04	0

10　截面变化的弯头　(1)　(2)　(3)

ζ_{10}、ζ'_{10}、ζ''_{10} 值(相应风速为小截面 f 处的风速 v)

$$(1)\ \zeta_{10} = 0.4 + 0.7\left(\frac{f}{F}\right)^2$$

$$(2)\ \zeta'_{10} = 0.75 + 0.7\left(\frac{f}{F}\right)^2$$

$$(3)\ \zeta''_{10} = 1 + 0.1\left(\frac{f}{F}\right)^2$$

11　直角三通

ζ_{11} 值(相应风速 v_z)—分流

v_{zh}/v_z	0.6	0.8	1.0	1.2	1.4	1.6
ζ'_{11}	1.18	1.32	1.50	1.72	1.98	2.28

ζ'_{11} 值(相应风速 v_z)—合流

ζ'_{11}	0.6	0.8	1.0	1.6	1.9	2.5

编号	名　称	形状和截面	阻力系数 ζ								

表格内容：

编号 12：圆形封板式合流三通（45°）

$\dfrac{F_{zt}}{F_z}=1.0$

$\dfrac{F_{zh}}{F_z}$	ζ_{12}	$\dfrac{L_{zh}}{L_z}$（相应风速 v_z）		
		0.5	0.4	0.3
0.8	ζ_{zh}	0.46	0.36	0.16
	$\zeta_{z\cdot t}$	0.08	0.13	0.16
0.63	ζ_{zh}	0.50	0.39	0.20
	$\zeta_{z\cdot t}$	0.07	0.11	0.15
0.50	ζ_{zh}	0.70	0.47	0.25
	$\zeta_{z\cdot t}$	0.03	0.09	0.14
0.40	ζ_{zh}	1.17	0.73	0.38
	$\zeta_{z\cdot t}$	-0.02	0.06	0.12
0.32	ζ_{zh}	2.06	1.26	0.65
	$\zeta_{z\cdot t}$	-0.25	-0.08	0.03

图中标注：F_z　v_z　45°　$F_{z\cdot t}$　$v_{z\cdot t}$　F_{zh}　v_{zh}

编号 13：T 形分流三通，矩形主通道至圆形支通道

图中标注：$F_z v_z$　$v_{z\cdot t}$　$F_{z\cdot t}$　$F_{zh}\ v_{zh}$

直通通道 $\zeta_{z\cdot t}$（相应风速 v_z）

$v_{z\cdot t}/v_z$	0	0.1	0.2	0.3	0.4	0.5	0.6	0.8	1.0
$\zeta_{z\cdot t}$	0.35	0.28	0.22	0.17	0.13	0.09	0.06	0.02	0

支通道 ζ_{zh}（相应风速 v_z）

v_{zh}/v_z	0.40	0.50	0.75	1.0	1.3	1.5
ζ_{zh}	0.80	0.83	0.90	1.1	1.1	1.4

书　名	作　者		定价（元）
普通高等教育"十二五"部委级规划教材（高职高专）			
纺织生产管理与成本核算	李桂华		38.00
纺织高职高专"十二五"部委级规划教材			
针织概论（第3版）	贺庆玉		35.00
织物结构与设计（第2版）	沈兰萍		32.00
纺织检测技术	瞿才新		36.00
羊毛衫设计与生产实训教	徐艳华	袁新林	35.00
会计基础（第2版）	张　慧		35.00
实用纺织商品学（第2版）	朱进忠		35.00
羊毛衫生产工艺	丁钟复		39.00
纺织品外贸操作实务	林晓云	翁　毅	29.00
家用纺织品艺术设计	李　波		39.80
纺纱产品质量控制	常　涛		36.00
现代棉纺技术	常　涛		36.00
创意时装立体裁剪	龚勤理		32.00
服装英语与跟单理单实训	龙炳文		29.00
机织面料设计	朱碧红		48.00
纺织材料基础	瞿才新		38.00
纺织新材料的开发及应用	梁　冬		35.00
纺织品检测实务	翁　毅		35.00
纺织服装外贸双语实训教程	龙炳文		39.80
纺织面料（第2版）	邓沁兰		35.00
纺织高职高专教育教材			
纺织品检测实训	李　南		33.00
棉纺织设备电气控制	张伟林		36.00
纺织品经营与贸易	阎志俊		30.00
会计基础	张　慧		28.00
纺织材料学（第二版）	姜怀等		35.00
纺织测试仪器操作规程	翟亚丽		38.00
纺织机械基础概论	周琪更		36.00
纺织机械基础知识（第二版）	刘超颖		32.00
机织学（第二版）下册	毛新华		36.00
企业管理基础	王　毅		30.00
针织概论（第二版）	贺庆玉		20.00
机织概论（第三版）	吕百熙		25.00
纺织染概论	刘　森		26.00
纺材实验	姜　怀		18.00
亚麻纺纱·织造与产品开发	严　伟		36.00

书　名	作　者				定价(元)
纺织厂空调工程(第二版)	陈民权				37.00
针织工艺学(经编分册)	沈　蕾				22.00
针织工艺学(纬编分册)	贺庆玉				28.00
纺织机械制图(第四版)	刘培文				40.00

全国纺织高职高专教材

纺织品检验	田　恬				36.00
机织技术	刘　森				48.00
纺织材料	张一心				48.00
纺织品设计	谢光银				46.00
纺纱技术	孙卫国				36.00
非织造工艺学	言宏元				25.00
实用纺织商品学	朱进忠				25.00

纺织检测知识丛书

棉纺质量控制(第2版)	徐少范	张尚勇			36.00
纬编针织产品质量控制	徐　红				29.00
棉纺试验(第三版)	刘荣清	王柏润			35.00
出入境纺织品检验检疫500问	仲德昌				38.00
纺织品质量缺陷及成因分析－显微技术法(第二版)	张嘉红				45.00
纱线质量检测与控制	刘恒琦				32.00
织疵分析(第三版)	过念薪				39.80
纺织品检测实务	张红霞				30.00
棉纱条干不匀分析与控制	刘荣清				25.00
纱疵分析与防治	胡树衡	刘荣清			18.00
电容式条干仪在纱线质量控制中的应用	李友仁				38.00
服用纺织品质量分析与检测	万　融	邢声远			38.00
电容式条干仪波谱分析实用手册	肖国兰				65.00
国外纺织检测标准解读	刘中勇				68.00
纺织纤维鉴别方法	邢声远				32.00
纱疵分析与防治(第2版)	王柏润	刘荣清	刘恒琦	肖国兰	32.00
纤维定性鉴别与定量分析	吴淑焕	潘　伟	李　翔	杨志敏	30.00

纺织机械设备

细纱机安装与维修	王显方				45.00
针织横机的安装调试与维修	孟海涛	刘立华			29.00
纺织设备安装基础知识	师　鑫				29.80
工业用缝纫机的安装调试与维修	袁新林	徐艳华			26.00
喷水织机原理与使用	裘愉发				35.00
并粗维修	吴予群				32.00
细纱维修	吴予群				36.00
喷气织机原理与使用(第二版)	严鹤群				38.00